物理学講義

# 力　　学

中央大学名誉教授
理学博士

松下　貢　著

裳　華　房

LECTURES ON PHYSICS

MECHANICS

by

Mitsugu MATSUSHITA, DR. SC.

SHOKABO

TOKYO

# はじめに

## ―なぜ力学を学ぶのか―

私たちは日常生活の中でものを運んだり，押したり，投げたり，落としたりなどのことを常に経験している．自動車や電車，飛行機などの交通機関は私たちの生活にとってなくてはならない．また，日頃見慣れている多くのスポーツでは，それぞれの種目で使われる道具の扱い方や球の動きに，面白さも勝ち負けもかかっていることが多い．これらのすべてに共通しているのは，何らかの力を加えることによる物体の動きである．しかもその運動は決してデタラメではなく，規則性があることを私たちは経験的によく知っている．逆にいうと，その規則性を捉えておくことは，物体の動きを制御したいような場合に非常に重要だということになる．

これから学ぶ「力学」とは，力がはたらくことによる物体の運動の仕方を体系的にまとめたものである．物体の運動は，上に挙げたいくつかの例からわかるように，誰もが日常的に経験しており，最も身近な物理現象である．そのために，力学はルネッサンス期のヨーロッパでケプラーとガリレオによって最初に詳しく研究され，その成果を基礎にニュートンによってまとめられて体系化された，近代科学の最初の分野である．

このような歴史的な事情もあって，力学は物理学のすべての分野の基礎であり，出発点をなしている．力学を貫いている自然現象の捉え方は，物理的な考え方の模範なのである．その意味では力学的な考え方は，力学の後に学ぶことになる電磁気学や量子力学，統計力学などに直接的に関連して重要であるばかりでなく，すべての科学にわたって基礎的な役割を果たしているということができる．理工系のどの分野に進むにしても，近代科学の出発点であり基礎として，科学的な見方や考え方の模範として，力学を学ばずに通過することはできないのである．

従来は，力学を学ぶ理由として以上のことがとりわけ強調されてきた．しかし現在では，さらに次のことも考慮されなければならないであろう．それは，力学の現代的な研究の流れの中で，1970年前後にカオスが見出されたことである．一見しただけではデタラメのように見える力学的現象を生み出すカオスは，山並み，海岸線や雲など，自然界に見られるいろいろなランダム・パターンの背後に潜む規則性を明らかにするフラクタルとともに，新しい自然観の重要な概念である．私たちは目の前に見えている現象が複雑だと，それを生み出す原因も複雑だと思いがちである．ところが，カオスとフラクタルは原因としての発生機構が比較的単純なのに，それらから生み出される現象が非常に複雑なのである．

カオスとフラクタルが私たちに示してくれた教訓は，たとえ結果としての現象が複雑に見えても，それを支配する法則には単純な場合があり得るということである．そして，カオスとフラクタルは1980年代中頃から始まった複雑系科学の展開のための中心的な道具となっている．現在では，複雑系科学は生物学，地球科学などの自然科学だけでなく，経済学・社会学・政治学などの社会科学などにも関連している．このように，力学は単に物理学の基礎的な一分野として重要なだけでなく，現代の自然科学・社会科学すべてにかかわる基本的な道具としてのカオスを学ぶためにも不可欠であることを強調しておきたい．

力学に限らず，物理学一般，それどころか自然科学・工学を学ぶには数学が必須である．特に，力学では微分・積分なしに済ますことはできない．運動は変化であって，瞬間的な変化を記述するのが微分であり，長い目で変化を見るのが瞬間的な変化を足し上げた積分だからである．実をいうと，微分・積分は力学を理解し応用するために導入された数学的手法なのである．そのため，数学が苦手な人でも，それを避けて通ることはできない．だからといって，数学にこだわる必要がないことも事実である．自然科学・工学の基礎を学ぶ者にとって，数学は単なる道具に過ぎないからである．道具は使い方がわかればいいのであって，その意味では大切にしなければならない．現代に生きる私たちにとってコミュニケーションのために携帯電話は大切であるが，開発・製造などに携わらない限り，私たちがそのからくりを詳しく知る必要はないのと同じである．

そんなわけで，道具としての数学は折に触れて必要な個所で，実際に使えるように詳しく解説する．すでにわかっているならスキップすればいいし，苦手意識のある人はぜひとも我慢して目を通していただきたい．少し続けると，力学での微分・積分は数学で学ぶよりもはるかに簡単でワンパターンであることがわかるはずである．

本書は，理工系学部の学生が入学して最初に学ぶ力学の教科書として書かれている．高校時代に物理を学んだ経験のある学生は，力学は物体の自由落下や放物運動，あるいは振り子やバネにつながれた物体の振動などを通して学んでいるはずである．ところが，現在の高校では数学で微分・積分を学習しているのに，物理ではそれを使わないで教育するという不合理なことになっている．そのために，これらの運動に見られる規則性を公式として別々に記憶しなければならない．しかし，重要なことは理解することであって，覚えることではない．本書は高校で学んだ微分・積分を復習しつつ，それを使って力学を順序立てて体系的に解説する構成になっている．この意味で，本書は読者が高校で物理を学んだことを必ずしも前提にしていない．

初稿の段階で丁寧に原稿を読んでいろいろと貴重なコメントをいただいた田中良己，國仲寛人の両氏に深く感謝する．もちろん，まだ残っているかもしれない誤りなどはすべて筆者の責任であり，読者諸氏のご指摘により修正していきたいと思う．遅筆な筆者を暖かく督促し，激励していただいた裳華房編集部の小野達也，須田勝彦の両氏に心からのお礼を申し上げる．特に，これからの教科書の在り方についての小野氏の熱意には常日頃感服している．その上に，彼のいくつもの具体的な提案で大変お世話になっていることをここに記して謝意を表する．

2012年 初秋

松下 貢

本書の流れを図に示しておく．力学は日常的に経験する物体の運動について学ぶ分野であり，自然科学の中では最初に体系化された分野である．そのため，力学は自然科学の基礎としての役割を担っており，これから理工学を学ぶ初学者は力学を一歩一歩着実に理解するように努力しなければならない．

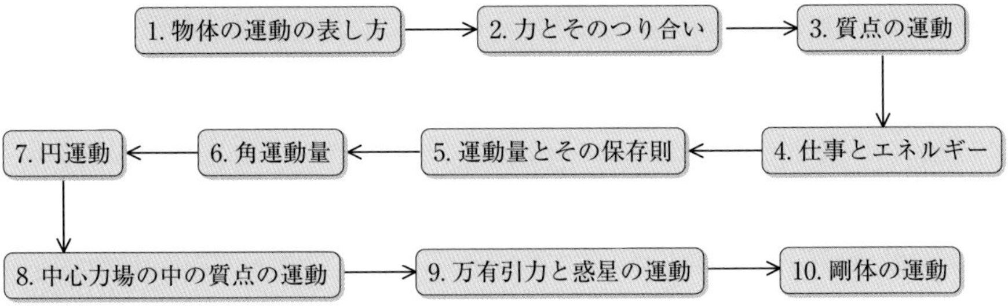


**本書の流れ**

# 目　　次

## 1. 物体の運動の表し方



## 2. 力とそのつり合い

## 3. 質点の運動



## 4. 仕事とエネルギー



## 5. 運動量とその保存則

## 6. 角 運 動 量



## 7. 円 運 動



## 8. 中心力場の中の質点の運動

## 9.　万有引力と惑星の運動



## 10.　剛体の運動

付　録

# 1 物体の運動の表し方

**学習目標**

- 空間中での物体の運動の表し方を理解する.
- 速度，加速度とは何かを説明できるようになる.
- ベクトルの和と内積を理解する.

力学は，物体にはたらく力とそれによる物体の運動を問題にする．したがって，まず，物体がどこにあって，どのように運動しているかを，正確に表現しなければならない．本章では，物体の位置と運動をどのように表すかを学ぶ．ここで最も重要なことは，感覚的あるいは直観的にはよくわかっている速度や加速度が，数学的には微分で表されることである．さらに，私たちが住んでいる3次元空間の中での物体の運動を記述するためには，ベクトルがとても便利であることもわかる.

## 1.1 空間と時間

本書では，古典物理学の範囲内での力学を学ぶ．この場合には空間とか時間といっても，全く日常的な感覚で議論してかまわない．まず，空間と時間は独立なものとして区別する．このことは，石を投げたりしたときの日常的な力学現象はもとより，地球の周りを周回する人工衛星だけでなく，太陽系での地球や火星，木星などの惑星運動を議論する場合でも全く同様である．ちなみに，物体がとんでもなく速くなり，その速さが光速（光の速さ）に近づくとはじめて空間と時間が絡み合うようになり，空間と時間を一緒にまとめて時空として取り扱わなければならなくなる．このことを系統的に議論するのが相対性理論であるが，これは本書の範囲外であり，ここでは空間と時間を別々のものとして議論を進めていく．

まず，**空間**を考える．いま，君が東京スカイツリーの第2展望台にいるとして，地方から出てきて東京スカイツリーを全く知らない友人に自分の居場所を知らせるとしよう．そのためには，まず基準となる場所を指定しなければならない．地方から出て来た友人が相手なら，例えば，東京駅がいいであろう．次は，そこからどんな電車に乗って，などということは一切無視して，ここでは最小の情報で純粋に場所を知らせることを考える．すると，基準の東京駅から東に 4.2 km，北に 3.3 km のところに東京スカイツリーがあるといえばよい．しかし，これだけでは東京スカイツリーがある場所を知らせただけで，さらにそこから地上 450 m の高さの第2展望台にいることを伝えなければ，君の実際の居場所を知らせたことにはならない．

このように，基準の点を決めて，次に東西，南北，高さという3つの距離を与えれば，どこにいてもその位置を指定することができる．これを **3次元ユークリッド空間**といい，基準の点を東京駅の代わりに原点Oとし，そこから東西，南北，高さ方向の代わりに，$x$ 軸，$y$ 軸，$z$ 軸をとれば，図1.1のような座標系が決まる．座標系を決めてしまうと，空間の任意の点Pの位置がその座標 $(x, y, z)$ によって正確に決められる．また，2点間の距離は上の例のように km でもいいし，cm でも尺や里でもかまわないが，物理学の単位系では一般にメートル (m) を使うことが多い．

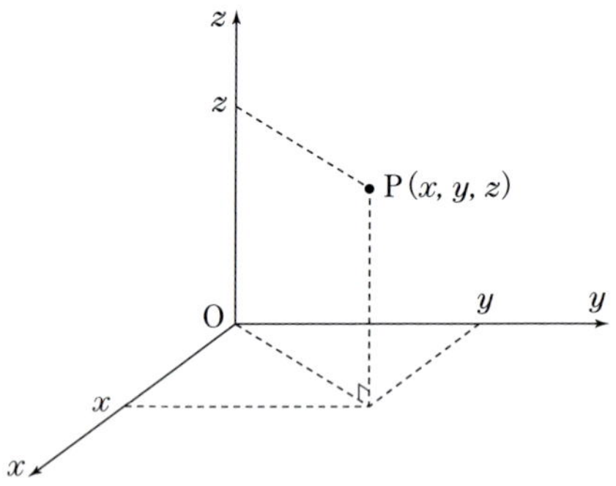


**図 1.1** 3次元 $xyz$ 座標系と点Pの位置座標 $(x, y, z)$

**時間**は単純に進むだけなので1次元の量であり，変数 $t$ で表す．ただし，日常的には時間は過去から現在，未来へと一方向的に進むが，力学では逆向きに進む場合もしばしば考える．なお，単位は年 (yr) でも月 (mo) でも日 (d) あるいは時 (h)，分 (min) でもよいが，物理学では一般に秒 (s) を使う．

こうして，空間と時間を決めておくと，いま注目している物体がどこにいてどのように動いているかを記述できる．物体の運動とは，物体の位置が時間の経過とともにどのように変化するかということである．これからは特に断らない限り，物体は小さいとして，物体のある位置を空間中の1点の座標 $(x, y, z)$ で表す．すると，物体の運動は，物体のある点の位置座標 $(x, y, z)$ が時間とともにどのように変化するかということで記述できる．すなわち，点の位置座標 $(x, y, z)$ を時刻 $t$ の関数と考え，$(x(t), y(t), z(t))$ とすると，これが時々刻々の物体の位置を表すことになる．この様子を図示したのが図 1.2 である．

ここはポイント!

このように，物体の位置座標 $(x(t), y(t), z(t))$ を時刻 $t$ の関数として空間にプロットしていくと，空間に曲線が描かれ，この曲線は物体の運動の軌跡を表すことになる．

ここはポイント!

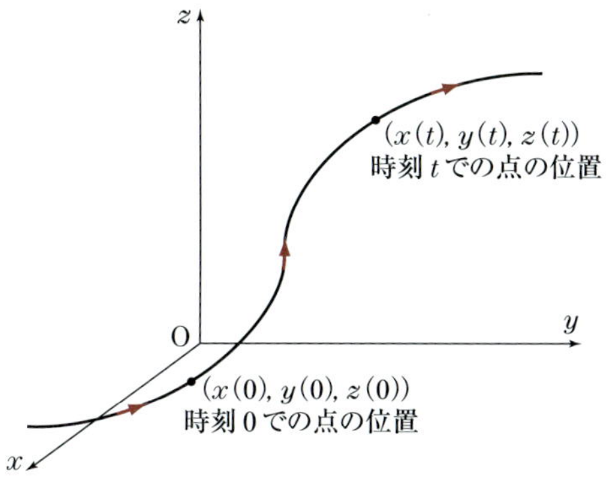


**図 1.2**　点の移動と時刻 $t$ での点の位置 $(x(t), y(t), z(t))$

## 1.2 直線運動と速度

まず，物体の単純な運動から見ていくことにしよう．物体といっても，自動車もあれば，石ころもあるが，物理学はあまり個別の物体にはかかわらず，物体一般を扱うことが多い．しかも差し当っては，物体の大きさや形も問題にしない．(物体の大きさや形が問題になる場合については，後ほど章を改めて議論する.）こうして，物体を抽象化した，質量はあるが大きさをもたないものとして，**質点**を導入する．すなわち，これからは特に断らない限り，物体を質点と見なして議論を進める.

### （1） 一直線上の運動

具体例として，自動車が直線道路を走っている様子を想像してみよう．ここで，自動車を質点Pとし，直線道路を $x$ 軸と抽象化・一般化すれば，自動車の代わりに電車であっても，直線道路の代わりにまっすぐな線路であってもかまわない．こうして，時刻 $t$ での質点P（車など，任意の物体）の位置を $x(t)$ とすると，この状況は図1.3のように図示できる.

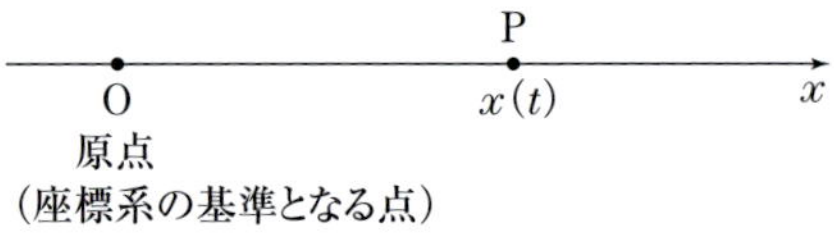


図 1.3 一直線上の運動における質点Pの時刻 $t$ での位置 $x(t)$

時刻 $t$ から微小な時間 $\Delta t$ だけ経った後の時刻 $t+\Delta t$ での質点Pの位置は，$x(t+\Delta t)$ と表される．この間に質点P（例えば，自動車）が $\Delta x$ だけ移動したとすると，図1.4からわかるように，$\Delta x$ は

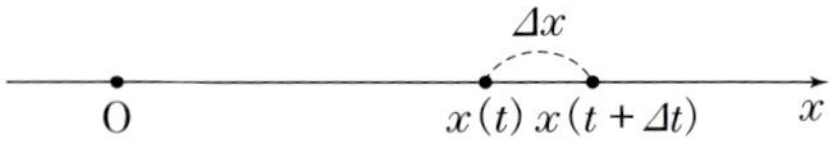


図 1.4 質点の移動 $\Delta x$

$$\Delta x = x(t+\Delta t) - x(t) \tag{1.1}$$

である．したがって，時刻 $t$ と $t+\Delta t$ の間の質点Pの**平均の速さ**は

$$\frac{\Delta x}{\Delta t} = \frac{x(t+\Delta t) - x(t)}{\Delta t} \tag{1.2}$$

と表される．これは物体の**位置の変化率**であり，物体が単位時間当りにどれだけ移動するかを示す.

(1.2) で，微小な時間 $\Delta t$ を限りなく小さくして，$\Delta t \to 0$ の極限をとると，時刻 $t$ での**瞬間的な速さ** $v$ が得られる：

$$v = \lim_{\Delta t \to 0} \frac{\Delta x}{\Delta t} = \lim_{\Delta t \to 0} \frac{x(t+\Delta t) - x(t)}{\Delta t} = \frac{dx}{dt}\ [\mathrm{m/s}] \qquad (1.3)$$

ここはポイント!

数学で学んだ微分の定義を思い出すと，これは $x$ の $t$ による微分に他ならない．

**例題 1**

車が 10 s 間に 150 m 進むときの平均の速さ $v$ はいくらか．

**解** 平均の速さ $v$ は

$$v = \frac{150}{10} = 15\ [\mathrm{m/s}]$$

これは時速にすると，1 [h] = 3600 [s] より

$$15 \times 3600\ [\mathrm{m/h}] = 54000\ [\mathrm{m/h}] = 54\ [\mathrm{km/h}]$$

**問題 1** 電車が 100 m 間隔の電柱をそれぞれ 5 s で通過した．この電車の平均の速さを時速で求めよ．

### （2） $dx/dt$ の幾何学的意味

$x$ と $t$ の関係 $x(t)$ を，$x$ を縦軸に，$t$ を横軸にとって表す．すると，図 1.5 のように，$x(t)$ は $tx$ 平面上の曲線で表される．この図で，時刻 $t$ と $t+\Delta t$ での質点の位置を，それぞれ P と P′ とする．線分 $\overline{\mathrm{PP'}}$ の傾きは (1.2) より $\Delta x/\Delta t$ で与えられる．ここで $\Delta t \to 0$ とすると，P′ は P に接近する．すなわち，$\Delta t \to 0$ のとき，2 点 P と P′ を通る直線は点 P での接線となる．したがって，(1.3) より，$dx/dt$ は点 P での曲線 $x = x(t)$ の傾きということになる．これが微分 $dx/dt$ の幾何学的

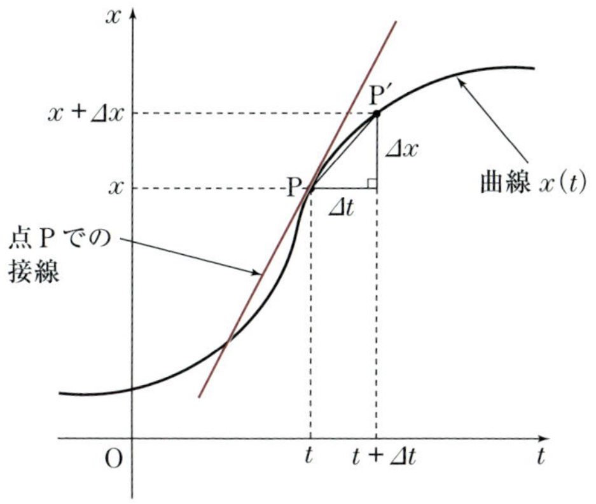


図 1.5　$\dfrac{dx}{dt}$ の幾何学的意味

な意味である．

特に，物理学では時間微分を

$$\frac{dx}{dt} \equiv \dot{x} \tag{1.4}$$

のように˙（ドット）で略記することが多い．本書でも随所にこの記法を使うことがあるので，前もって注意しておく．

物理学で**速度**というときは，速さと運動の向きをもつ．たとえ直線運動であっても，どの向きに運動しているかは区別しなければならないからである．このとき，(1.3) で質点（車など，任意の物体）が $x$ 軸の正の向きに進むか，負の向きに進むかで，$v > 0$ または $v < 0$ となることはすぐにわかるであろう．

### （3） 等速直線運動

(1.3) で $v$ が一定の速度 $v_0$ の場合を**等速直線運動**といい，このとき

$$\frac{dx}{dt} = v_0 (= \text{一定}) \tag{1.5}$$

である．これは $x$ を決めるための方程式と見なすことができ，求めたい $x$ が微分の形で入っているので，**微分方程式**である．

微分方程式と聞くと難しそうに思うかもしれないが，微分と積分はちょうど逆の演算なので，微分方程式を解くとは積分することに他ならない．しかも，この積分はごく簡単で，(1.5) を時間 $t$ で積分すると，

$$x = x_0 + v_0 t \qquad (x_0,\ v_0 : \text{一定}) \tag{1.6}$$

が得られる．実際，(1.6) を $t$ で微分すると，$\dot{x} = dx/dt = v_0$ (= 一定) となることは容易に確かめられよう．すなわち，(1.6) は (1.5) の解となっていることがわかる．

(1.6) の右辺の $x_0$ は，数学的には (1.5) を積分する際に出て来る積分定数にすぎない．しかし，物理的には時刻 $t = 0$ での質点の位置という意味をもち，質点の位置 $x$ の**初期条件**ともいう．(1.6) の関係を $tx$ 平面上に描くと，

これは図 1.6 のように，$x$ 切片が $x_0$ で，傾き $v_0$ の直線である．$v_0$ が一定なので当然であるが，これが**等速直線運動**の意味するところでもある．

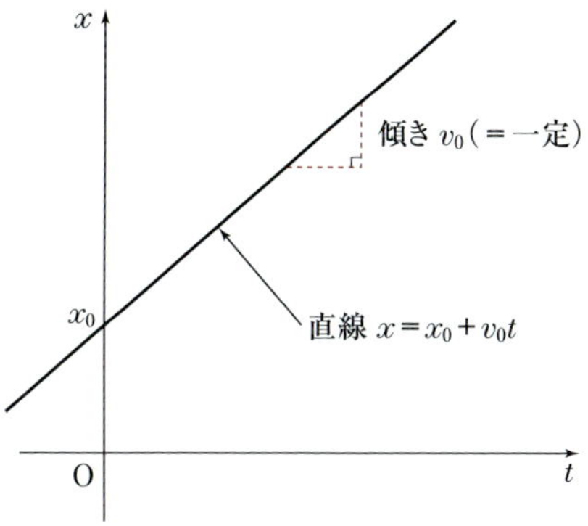


**図 1.6** 等速直線運動

### （4） その他の直線運動

直線運動には，(3) に挙げた等速直線運動の他にもいろいろある．より一般的な直線運動のいくつかを，例題を通して考えてみよう．

**例題 2**

質点の位置が $x = (1/2)\alpha t^2$ ($\alpha$：定数) で表されるときの質点の速度 $v$ を求めよ．

**解** ここでは，あえて微分の定義に戻って計算してみよう．

$$\Delta x = x(t+\Delta t) - x(t) = \frac{1}{2}\alpha(t+\Delta t)^2 - \frac{1}{2}\alpha t^2$$

$$= \frac{1}{2}\alpha\{t^2 + 2t\,\Delta t + (\Delta t)^2\} - \frac{1}{2}\alpha t^2 = \alpha t\,\Delta t + \frac{1}{2}\alpha(\Delta t)^2$$

$$\therefore \quad \frac{\Delta x}{\Delta t} = \alpha t + \frac{1}{2}\alpha\,\Delta t$$

$$\therefore \quad v = \lim_{\Delta t \to 0}\frac{\Delta x}{\Delta t} = \lim_{\Delta t \to 0}\left(\alpha t + \frac{1}{2}\alpha\,\Delta t\right) = \alpha t$$

これは $x$ の $t$ による微分に他ならない．以後，簡単に微分ができる場合には，こんな面倒な計算をせず，単に微分することにしよう．

この例題で $\alpha = 1$ として質点の軌跡 $x(t)$ を $tx$ 平面上に図示したのが図 1.7 である．この場合は質点が $x$ 軸上だけを動くので，もちろん直線運動である．しかし，速度 $v$ が時間 $t$ に依存していて一定ではなく，等速運動ではない．

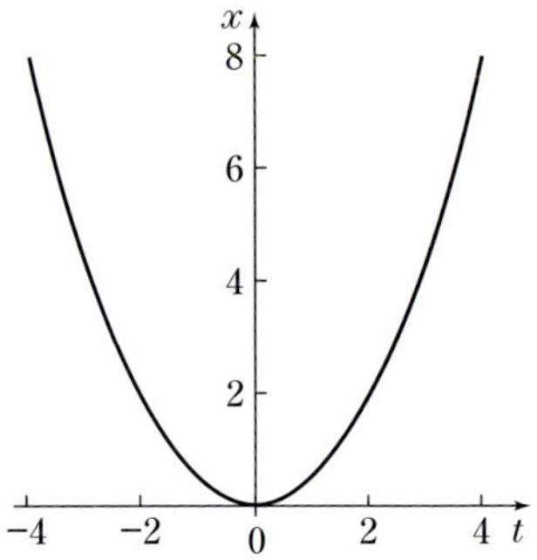


**図 1.7** 物体の位置 $x = \frac{1}{2}t^2$ ($\alpha = 1$ のとき)

**例題 3**

物体の位置が

$$x = A\sin(\omega t + \alpha) \qquad (A,\ \omega,\ \alpha：定数) \tag{1.7}$$

と表されるとき，物体の速度 $v$ を求めよ．

**解** $z = \omega t + \alpha$ とおくと，微小量の単なる等式

$$\frac{\Delta x}{\Delta t} = \frac{\Delta x}{\Delta z}\frac{\Delta z}{\Delta t}$$

において，$\Delta t \to 0$ の極限では $\Delta z \to 0$ でもあるから，微分の定義より

$$\frac{dx}{dt} = \frac{dx}{dz}\frac{dz}{dt} \tag{1.8}$$

が成り立つ．これは合成関数の微分の関係式である．ここで，$x = A\sin z$，$z = \omega t + \alpha$ だから

$$\frac{dx}{dz} = A\cos z = A\cos(\omega t + \alpha), \qquad \frac{dz}{dt} = \omega$$

これを (1.8) に代入すると，求める速度は

$$v = \frac{dx}{dt} = \omega A\cos(\omega t + \alpha) \tag{1.9}$$

となる．これも直線運動であるが，等速運動ではない．

例えば，$A = 1/2$，$\omega = 2$，$\alpha = \pi/6$ として，位置 $x$ と速度 $v$ を図示したのが図 1.8 である．この図では，横軸は時間 $t$，縦軸は $x$ と $v$ である．この場合には，位置 $x$ も速度 $v$ もともに $x = v = 0$ を中心に往復運動する．この運動は**単振動**と

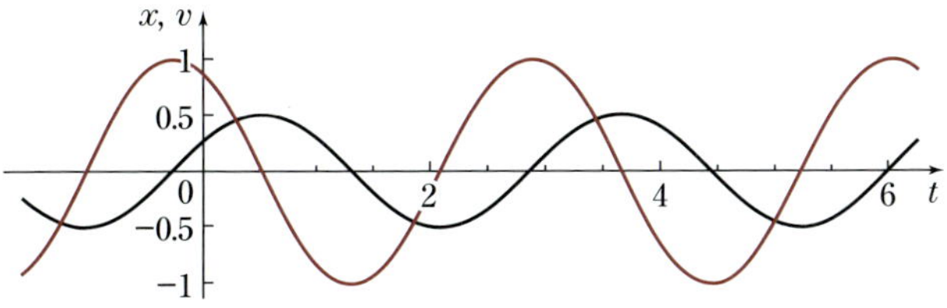


**図 1.8**　物体の位置 $x = \frac{1}{2}\sin\left(2t + \frac{\pi}{6}\right)$（黒）と速度 $v = \frac{dx}{dt} = \cos\left(2t + \frac{\pi}{6}\right)$（赤茶）$\left(A = \frac{1}{2},\ \omega = 2,\ \alpha = \frac{\pi}{6}\right.$ のとき$\left.\right)$

よばれ，今後しばしば登場することになる．

## 1.3　加　速　度

速度の変化率を**加速度**という．これは単位時間に速度がどれだけ変化するかを表す．時刻 $t$ から $t + \Delta t$ までの，時間 $\Delta t$ の間の質点の速度 $v$ の変化分を $\Delta v$ とすると，これは

$$\Delta v = v(t + \Delta t) - v(t) \tag{1.10}$$

であり，その間の**平均の加速度**は

$$\frac{\Delta v}{\Delta t} = \frac{v(t + \Delta t) - v(t)}{\Delta t} \tag{1.11}$$

と表される．したがって，時刻 $t$ での瞬間的な速度の変化率である加速度 $a$ は，(1.11) で $\Delta t \to 0$ の極限をとって

$$a = \lim_{\Delta t \to 0} \frac{\Delta v}{\Delta t} = \lim_{\Delta t \to 0} \frac{v(t + \Delta t) - v(t)}{\Delta t} = \frac{dv}{dt}\ [\mathrm{m/s^2}] \tag{1.12}$$

ここはポイント!

と表される．すなわち，加速度 $a$ は速度 $v$ の時間 $t$ による微分に他ならない．

ここで等加速度直線運動を考えてみよう．これは加速度 $a$ が一定値 $a_0$ の直線運動であり，このとき (1.12) は

$$\frac{dv}{dt} = a_0(= \text{一定}) \tag{1.13}$$

となる．これも (1.5) と同様，速度 $v$ を決めるための微分方程式であり，(1.5) を解いたのと同じようにして

$$v = v_0 + a_0 t \qquad (v_0,\ a_0：\text{一定}) \tag{1.14}$$

と，容易に求められる．実際，(1.14) を $t$ で微分すると，$\dot{v} = dv/dt = a_0(= \text{一定})$ となり，確かに (1.13) を満たす．すなわち，(1.14) は (1.13) の解である．(1.14) の $v_0$ は数学的には積分する際に出て来る積分定数であるが，物理的には時刻 $t = 0$ での質点の速度という意味で**初速度**という．また，質点の速度 $v$ の**初期条件**ともいう．

(1.3) を (1.12) に代入すると，加速度 $a$ は

$$a = \frac{dv}{dt} = \frac{d}{dt}\left(\frac{dx}{dt}\right) = \frac{d^2x}{dt^2} \tag{1.15}$$

ここはポイント!

とも表される．すなわち，加速度 $a$ は物体の位置 $x$ の時間 $t$ に関する 2 階微分なのである．

**例題 4**

物体の位置 $x$ が

$$x = x_0 + v_0 t + \frac{1}{2}a_0 t^2 \qquad (x_0,\ v_0,\ a_0：\text{定数}) \tag{1.16}$$

と表されるとき，その速度 $v$ と加速度 $a$ を求めよ．

**解** (1.3) より，速度 $v$ は

$$v = \frac{dx}{dt} = v_0 + a_0 t$$

であり，これは (1.14) と一致する．(1.15) より，加速度 $a$ は

$$a = \frac{dv}{dt} = \frac{d^2x}{dt^2} = a_0(= \text{一定})$$

となる．したがって，(1.16) は初期位置 $x_0$，初速度 $v_0$ で，加速度 $a_0(= \text{一定})$ の

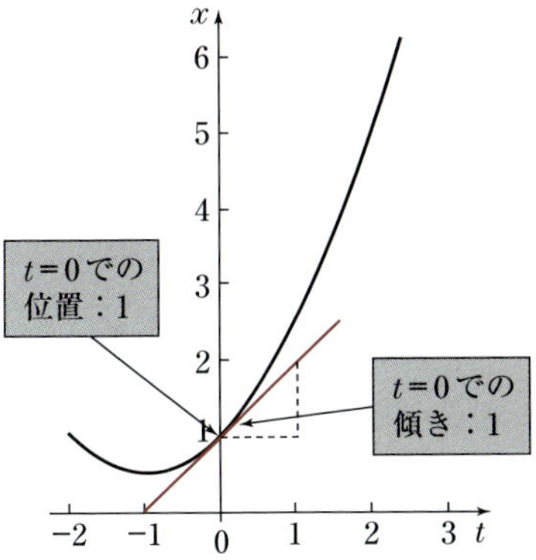


**図 1.9**　等加速度直線運動 $x=1+t+\dfrac{1}{2}t^2$
（$x_0=v_0=a_0=1$ のとき）

等加速度直線運動を表す．

$x_0=v_0=a_0=1$ として等加速度直線運動を図示したのが図 1.9 である．ここで，横軸は時間 $t$，縦軸は位置 $x$ である．

**問題 2**　時刻 $t=0, 1, 2, 3, 4, 5\cdots$ [s] で位置 $x=0, 2, 8, 18, 32, 50, \cdots$ [m] のとき，平均の加速度 $a$ [m/s$^2$] を求めよ．

**問題 3**　物体の位置が $x=A\sin(\omega t+\alpha)$，$y=B\cos(\omega t+\beta)$，$z=Ce^{-\gamma t}$（$A, \omega, \alpha, B, \beta, C, \gamma$：一定）と表されるとき，それぞれの速度と加速度を求めよ．

## 1.4　ベクトルとその内積

**ベクトル**とは，大きさと向きをもつ量である．力学に限らず，物理学のどの分野を学ぶにもベクトルは必須であり，その演算には慣れておかなければならない．一般に，ベクトルは太文字で記し，ベクトル $\boldsymbol{A}$ を

$$\boldsymbol{A}=(A_x, A_y, A_z) \tag{1.17}$$

のように表す．ここで，$A_x, A_y, A_z$ はそれぞれ $\boldsymbol{A}$ の $x, y, z$ 成分である．ベクトル $\boldsymbol{A}$ は大きさと向きをもつ量なので，図 1.10 のように，それを矢印で示すと直観的にわかりやすく，便利である．

図 1.10 とピタゴラスの定理より，ベクトル $\boldsymbol{A}$ の大きさ（長さ）$A$ は

$$A \equiv |\boldsymbol{A}| = \sqrt{A_x{}^2 + A_y{}^2 + A_z{}^2} \tag{1.18}$$

である．ここで，記号 $\equiv$ はそれで結ばれているものが等価である，あるいは一方が他方の定義であることを表す．また，ベクトルが空間のどこにあるかは，特別に指定しない限り，問題にしない．

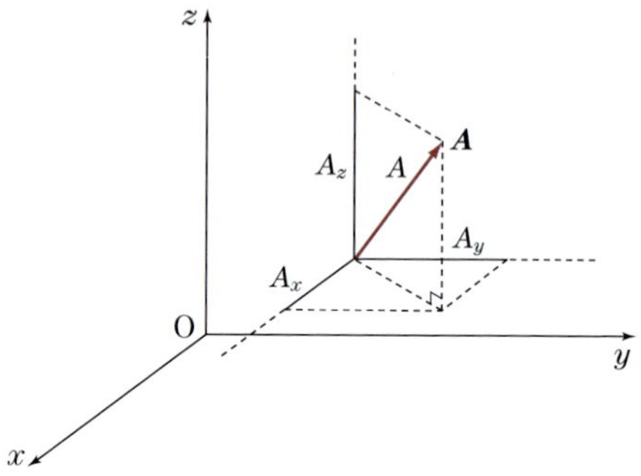


**図 1.10**　3 次元空間中のベクトル $\boldsymbol{A} = (A_x, A_y, A_z)$

2 つのベクトル $\boldsymbol{A} = (A_x, A_y, A_z)$ と $\boldsymbol{B} = (B_x, B_y, B_z)$ の和を $\boldsymbol{C} = (C_x, C_y, C_z)$ とすると

$$\boldsymbol{C} = \boldsymbol{A} + \boldsymbol{B} = (A_x + B_x, A_y + B_y, A_z + B_z) = \boldsymbol{B} + \boldsymbol{A} \tag{1.19}$$

が成り立つ．最後の等号は，ベクトルの和が加える順序によらないという交換則に従うことを表し，ベクトルの成分の和が交換則に従うことによる．また，図 1.11 のように，2 つのベクトル $\boldsymbol{A}$ と $\boldsymbol{B}$ を，始点を同じにして平面上に図示すれば明らかなように，和ベクトル $\boldsymbol{C}$ は 2 つのベクトル $\boldsymbol{A}$ と $\boldsymbol{B}$ でつくられる平行四辺形の，始点からの対角線である．

ここは ポイント!

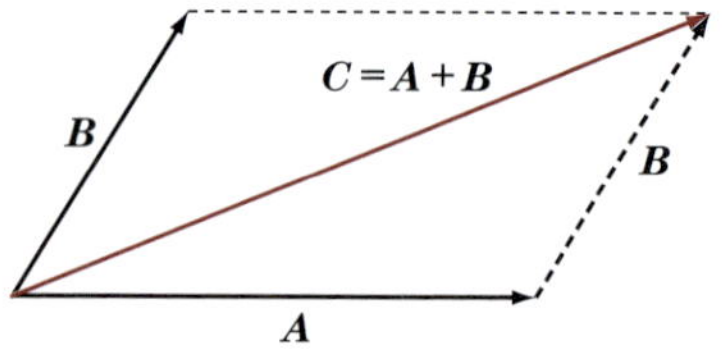


**図 1.11**　2 つのベクトル $\boldsymbol{A}$ と $\boldsymbol{B}$ の和ベクトル $\boldsymbol{C} = \boldsymbol{A} + \boldsymbol{B}$

ベクトルの和は，図 1.11 から直観的にわかりやすい．同じように，2 つのベクトルの積に相当する演算を定義しておくと，ベクトルで表される物理量のいろいろな計算に非常に便利である．それがベクトルの**内積**（**スカラー積**）であって，2 つのベクトルの各成分の積の和，

$$\boldsymbol{A} \cdot \boldsymbol{B} \equiv A_x B_x + A_y B_y + A_z B_z = \boldsymbol{B} \cdot \boldsymbol{A} \tag{1.20}$$

で定義される．この式の後の方の等号は，ベクトルの内積には交換則が成り立つことを表している．これは，内積の定義がそれぞれの成分の積の和であることから明らかであろう．

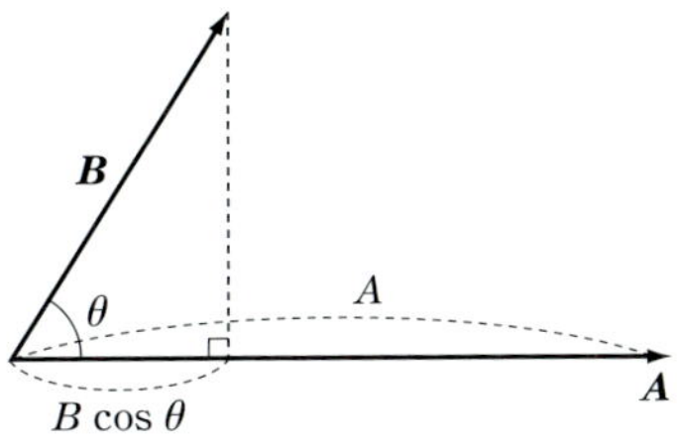


**図 1.12**　2つのベクトル $\boldsymbol{A}$ と $\boldsymbol{B}$ の内積 $\boldsymbol{A}\cdot\boldsymbol{B}=AB\cos\theta$

図 1.12 に示すように，2つのベクトル $\boldsymbol{A}$ と $\boldsymbol{B}$ のなす角を $\theta$ とすると，

$$\boldsymbol{A}\cdot\boldsymbol{B}=AB\cos\theta \quad (1.21)$$

とも表される．これは内積の計算にはとても便利な関係である．また，(1.20) の定義式や (1.21) からもわかるように，内積 $\boldsymbol{A}\cdot\boldsymbol{B}$ そのものはベクトルではなくて唯の数であり，それを**スカラー**という．そのために，内積のことをスカラー積ともいうのである．ついでに言っておくと，2つのベクトルの積はもう1つ定義できて，それを**外積**（**ベクトル積**）といい，こちらはそれ自体もベクトルである．これは後ほど必要になったときに定義することにしよう．

(1.21) の結果として，ベクトル $\boldsymbol{A}$ と自分自身との内積は $\theta=0$ であり，このとき $\cos\theta=\cos 0=1$ だから，

$$\boldsymbol{A}\cdot\boldsymbol{A}\equiv|\boldsymbol{A}|^2=A^2 \quad (1.22)$$

となる．

**問題 4**　$\boldsymbol{A}\cdot\boldsymbol{B}=AB\cos\theta$ であることを示せ．［ヒント：2つのベクトル $\boldsymbol{A}$ と $\boldsymbol{B}$ の始点を原点とし，$\boldsymbol{A}$ を $x$ 軸上に，$\boldsymbol{B}$ を $xy$ 平面上にあるとしても一般性を失わないことを使い，それぞれの成分の積の和を計算すればよい．］

(1.21) より，2つのベクトル $\boldsymbol{A}$ と $\boldsymbol{B}$ が直交 ($\boldsymbol{A}\perp\boldsymbol{B}$) するとき，$\cos(\pi/2)=0$ なので

$$\boldsymbol{A}\cdot\boldsymbol{B}=0 \quad (1.23)$$

である．逆に $\boldsymbol{A}\cdot\boldsymbol{B}=0$ のときには，$\boldsymbol{A}=\boldsymbol{0}$，$\boldsymbol{B}=\boldsymbol{0}$，または $\boldsymbol{A}\perp\boldsymbol{B}$ である．ここで $\boldsymbol{0}$ はゼロベクトルであり，$\boldsymbol{0}=(0,0,0)$ を意味する．

**例題 5**

$\boldsymbol{A} = (2, 1, 3)$，$\boldsymbol{B} = (4, -3, 2)$ のとき，ベクトルの和 $\boldsymbol{C} = \boldsymbol{A} + \boldsymbol{B}$ と内積 $\boldsymbol{A} \cdot \boldsymbol{B}$ を求めよ．

**解** 和 $\boldsymbol{C} = \boldsymbol{A} + \boldsymbol{B} = (2+4, 1-3, 3+2) = (6, -2, 5)$．内積 $\boldsymbol{A} \cdot \boldsymbol{B} = A_x B_x + A_y B_y + A_z B_z = 2 \cdot 4 + 1 \cdot (-3) + 3 \cdot 2 = 8 - 3 + 6 = 11$．

**問題 5** $\boldsymbol{A} = (-5, 4, -2)$，$\boldsymbol{B} = (3, -2, -1)$ のとき，ベクトルの和 $\boldsymbol{C} = \boldsymbol{A} + \boldsymbol{B}$ と内積 $\boldsymbol{A} \cdot \boldsymbol{B}$ を求めよ．

ここで，特別なベクトルをいくつか導入しておこう．これらも今後の議論にとても便利である．

(i) **単位ベクトル** $\boldsymbol{n}$： 大きさが1のベクトル ($|\boldsymbol{n}| = 1$)．ただし，向きは自由．

(ii) **基本ベクトル** $\boldsymbol{i}, \boldsymbol{j}, \boldsymbol{k}$： 座標系の $x$, $y$, $z$ 軸の正の向きをもつ単位ベクトル．したがって，成分で表すと

$$\boldsymbol{i} = (1, 0, 0), \qquad \boldsymbol{j} = (0, 1, 0), \qquad \boldsymbol{k} = (0, 0, 1) \tag{1.24}$$

基本ベクトルは大きさが1であり，互いに直交している．

$$\left.\begin{aligned} &|\boldsymbol{i}|^2 = \boldsymbol{i} \cdot \boldsymbol{i} = 1 = |\boldsymbol{j}|^2 = |\boldsymbol{k}|^2 \\ &\boldsymbol{i} \cdot \boldsymbol{j} = \boldsymbol{j} \cdot \boldsymbol{k} = \boldsymbol{k} \cdot \boldsymbol{i} = 0 \end{aligned}\right\} \tag{1.25}$$

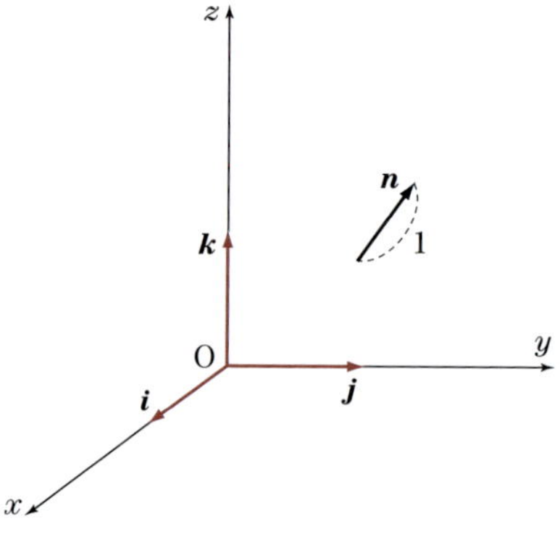


**図 1.13**　単位ベクトル $\boldsymbol{n}$ と基本ベクトル $\boldsymbol{i}, \boldsymbol{j}, \boldsymbol{k}$

この基本ベクトルを使うと，(1.17) は

$$\boldsymbol{A} = (A_x, A_y, A_z) = A_x\boldsymbol{i} + A_y\boldsymbol{j} + A_z\boldsymbol{k} \tag{1.26}$$

と表される．

単位ベクトル $\boldsymbol{n}$ と基本ベクトル $\boldsymbol{i}, \boldsymbol{j}, \boldsymbol{k}$ を図 1.13 に示しておく．

**問 題 6** 内積の定義 (1.20) を使って，(1.25) が成り立つことを示せ．

(iii) **位置ベクトル $\boldsymbol{r}$**: 図 1.14 において，点 P の座標を $(x, y, z)$ とする．このとき，原点 O から点 P に向かうベクトルを点 P の位置ベクトルといい，

$$\overrightarrow{\mathrm{OP}} = \boldsymbol{r} = (x, y, z) = x\boldsymbol{i} + y\boldsymbol{j} + z\boldsymbol{k} \tag{1.27}$$

と表す．図 1.14 を見て容易にわかるように，ピタゴラスの定理より $\boldsymbol{r}$ の大きさ $r$ は

$$r = |\boldsymbol{r}| = \sqrt{x^2 + y^2 + z^2} \tag{1.28}$$

である．

位置ベクトル $\boldsymbol{r}$ は点 P の位置を示すためのベクトルなので，ベクトルを表す矢印の出発点を原点にとる特別なベクトルである．位置ベクトルも今後しばしば使うことになる．

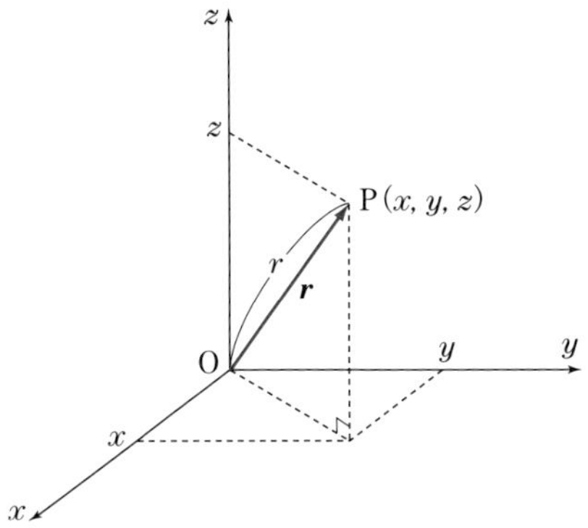


**図 1.14** 点 P の位置ベクトル $\boldsymbol{r} = (x, y, z)$

## 1.5 3次元空間の中での運動の記述

これまでは1次元直線上の物体の運動をみてきたが，ここからは私たちが生活している3次元空間（ユークリッド空間）の中での物体の運動を考える．このとき，前節のベクトルが運動の記述にとても役に立つことがわかる．

### 1.5.1 質　点

ここで再び質点を取り上げよう．日頃手にする通常の物体は大きさと質量をもつ．大きさがあると，バレーボールや野球のボールのように回転させることができる．そのために面白い運動が起こることは日常的にもよく経験することであるが，その取扱いは厄介である．そこで物体の回転の問題は後回しにして，簡単のために，大きさを無視して質量だけをもつ質点というものを定義しておく．すなわち，**質点**とは質量をもつ点のことであり，大きさはない（点は0次元だから）．そのために，物体の所在を空間中の1点で表すことができる．これがミソなのである．

このような質点という考え方を導入してもよい根拠を記しておこう：

(i) 2つの物体AとB（その大体の大きさを$r$とする）が距離$R$だけ離れて相互作用しているとしよう．AとBの運動を議論するとき，$R \gg r$ならば，それらの大きさや形はそれほど気にする必要はないであろう．

(ii) 図1.15のように，半径$r$で密度の一様な球があり，その中心から$R\ (> r)$だけ離れた点Aがあるとする．このとき，この球の点Aに

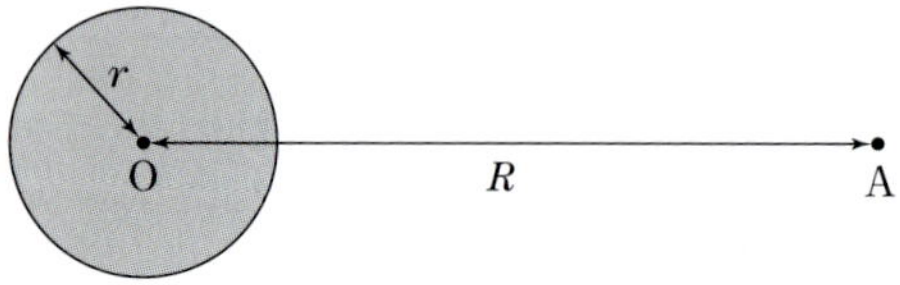

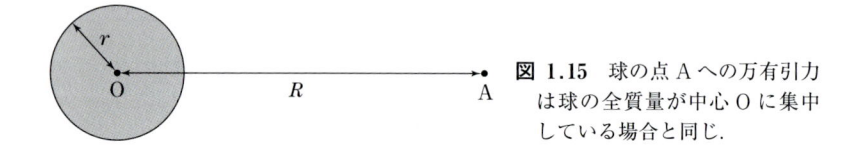

**図 1.15** 球の点Aへの万有引力は球の全質量が中心Oに集中している場合と同じ．

おける万有引力の影響は，球の中心 O にその質量がすべて集中しているときと全く同じであることが証明できる．(その証明には多少複雑な積分が必要なので，ここでは省略する.) すなわち，大きさのある球を質点と見なして議論してもよい．そして，野球のボールを遠くに投げる，リンゴが木から落ちる，あるいは太陽の周りの地球の公転など，このような場合は意外に多いのである．

(iii) 質点の集まりを質点系という．個々の質点をならしてまとめてみた質点系全体の運動は，その重心にすべての質点が集中しているとして議論できる．このことは第 5 章で明らかにされる．物体は質点系と見なせるので，物体をその重心にある質点におき換えることができる．

### 1.5.2 質点の軌道

質点 P の位置ベクトルを $\boldsymbol{r}$ とすると，時刻 $t$ におけるこの質点の位置は $\boldsymbol{r}(t)$ と表すことができる．図 1.16 のように，この質点が空間中を運動すればその位置が変わるので，$\boldsymbol{r}(t)$ は質点 P の軌道を表すことになる．

時刻 $t+\Delta t$ における質点 P の位置は $\boldsymbol{r}(t+\Delta t)$ と表されるので，時間 $\Delta t$ の間に質点 P は

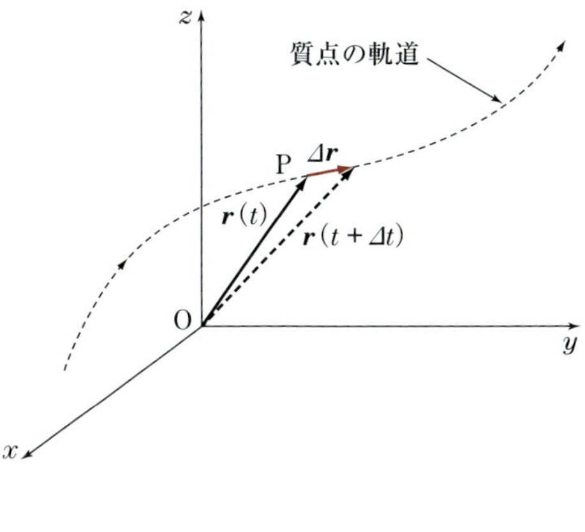


**図 1.16** 質点 P の移動

$$\Delta \boldsymbol{r} = \boldsymbol{r}(t+\Delta t) - \boldsymbol{r}(t)$$

だけ移動する．この様子は図 1.16 から容易にわかるであろう．したがって，空間中での時間 $\Delta t$ の間の質点 P の**平均の速度**は

$$\frac{\Delta \boldsymbol{r}}{\Delta t} = \frac{\boldsymbol{r}(t+\Delta t) - \boldsymbol{r}(t)}{\Delta t} \tag{1.29}$$

となる．

ここはポイント!

### 1.5.3 質点の速度

空間中を運動する質点 P の速度 $\boldsymbol{v}$ とは，時刻 $t$ におけるこの質点の位置の瞬間的な変化率である．したがって，$\boldsymbol{v}$ は (1.29) で $\Delta t \to 0$ の極限をとることによって求められ，

$$\boldsymbol{v} \equiv \lim_{\Delta t \to 0} \frac{\Delta \boldsymbol{r}}{\Delta t} = \lim_{\Delta t \to 0} \frac{\boldsymbol{r}(t+\Delta t) - \boldsymbol{r}(t)}{\Delta t} = \frac{d\boldsymbol{r}}{dt} \tag{1.30}$$

で与えられる．これは質点の位置ベクトルの時間微分である．

図 1.17 を見てわかるように，時間 $\Delta t$ の間の質点 P の位置の変化 $\Delta \boldsymbol{r}$ は，$\Delta t \to 0$ の極限で限りなく質点の軌道の接線に近づく．したがって，図 1.17 のように，速度 $\boldsymbol{v}$ は質点 P の位置での軌道の接線上にあることになる．もちろん，速度は大きさと向きをもつベクトル量なので，その成分は

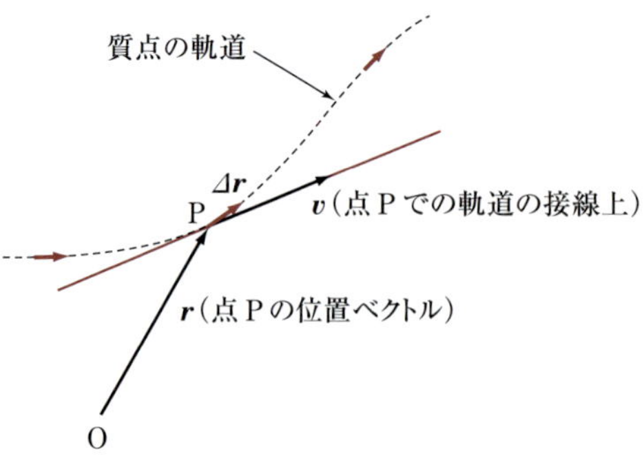


**図 1.17** 質点の移動 $\Delta \boldsymbol{r}$ と速度ベクトル $\boldsymbol{v}$

$$\left.\begin{aligned} \boldsymbol{v} &= (v_x,\, v_y,\, v_z) \\ v_x = \frac{dx}{dt},\quad v_y &= \frac{dy}{dt},\quad v_z = \frac{dz}{dt} \end{aligned}\right\} \tag{1.31}$$

と表される．各成分を個別にみるとこんなに複雑なのに，速度だけを表したいときには1文字の $\boldsymbol{v}$ で済むところにベクトルの便利さがあることに注目しよう．そのために力学に限らず，物理学のすべての分野で，大きさと向きをもつ量は例外なくベクトルで表すのである．

ここはポイント!

## 1.5.4 質点の加速度

時間 $\Delta t$ の間の質点Pの速度の変化を図示したのが，図1.18の左図である．このときの速度の変化 $\Delta\boldsymbol{v}$ は

$$\Delta\boldsymbol{v} = \boldsymbol{v}(t + \Delta t) - \boldsymbol{v}(t) \tag{1.32}$$

と表される．したがって，その間の平均加速度は

$$\frac{\Delta\boldsymbol{v}}{\Delta t} = \frac{\boldsymbol{v}(t + \Delta t) - \boldsymbol{v}(t)}{\Delta t} \tag{1.33}$$

で与えられる．

質点の加速度は速度の瞬間的な変化率なので，速度の場合の(1.30)と同様に，加速度 $\boldsymbol{a}$ は速度 $\boldsymbol{v}$ の時間微分である．ところで，(1.30)より速度 $\boldsymbol{v}$ は質点Pの位置ベクトル $\boldsymbol{r}$ の時間微分なので，$\boldsymbol{a}$ は $\boldsymbol{r}$ の時間に関する2階微分ということになる．すなわち，質点の加速度 $\boldsymbol{a}$ は

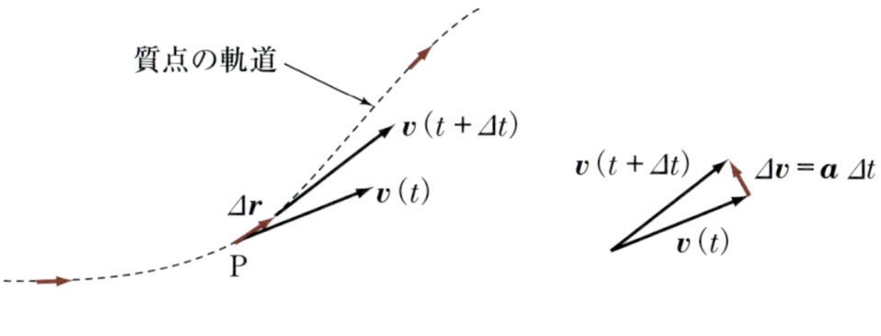


**図 1.18**　質点の速度の変化 $\Delta\boldsymbol{v}$ と加速度ベクトル $\boldsymbol{a}$

$$\boldsymbol{a} \equiv \lim_{\Delta t \to 0} \frac{\Delta \boldsymbol{v}}{\Delta t} = \frac{d\boldsymbol{v}}{dt} = \frac{d}{dt}\left(\frac{d\boldsymbol{r}}{dt}\right) = \frac{d^2\boldsymbol{r}}{dt^2} \tag{1.34}$$

と表される．これもベクトルで，それぞれの成分を明記すると，

$$\left.\begin{array}{c} \boldsymbol{a} = (a_x,\ a_y,\ a_z) \\ a_x = \dfrac{dv_x}{dt} = \dfrac{d^2x}{dt^2}, \quad a_y = \dfrac{dv_y}{dt} = \dfrac{d^2y}{dt^2}, \quad a_z = \dfrac{dv_z}{dt} = \dfrac{d^2z}{dt^2} \end{array}\right\} \tag{1.35}$$

となる．

なお，時間 $\Delta t \to 0$ の極限では (1.33) の右辺を $\boldsymbol{a}$ とおいてもよいので，

$$\Delta \boldsymbol{v} = \boldsymbol{a}\,\Delta t \qquad (\Delta t \to 0) \tag{1.36}$$

である．このことを図示したのが，図 1.18 の右図である．

**例 題 6**

2 次元 $xy$ 平面上での質点の座標が時間 $t$ の関数として

$$x = \alpha t, \qquad y = \frac{1}{2}\beta t^2 \qquad (\alpha,\ \beta : \text{定数})$$

と表される場合の質点の運動を調べよ．

**解**

$$v_x = \frac{dx}{dt} = \alpha(= \text{一定}), \qquad v_y = \frac{dy}{dt} = \beta t$$

$$\therefore \quad a_x = \frac{dv_x}{dt} = \frac{d^2x}{dt^2} = 0, \qquad a_y = \frac{dv_y}{dt} = \frac{d^2y}{dt^2} = \beta(= \text{一定})$$

すなわち，この質点の運動は $x$ 方向では等速運動であり，$y$ 方向では等加速度運動である．また，質点の軌道は，$t = (1/\alpha)x$ を $y = (1/2)\beta t^2$ に代入して $t$ を消去することにより，

$$y = \frac{1}{2}\beta\left(\frac{x}{\alpha}\right)^2 = \frac{\beta}{2\alpha^2}x^2$$

となる．こうして，この場合の質点の軌道は図 1.19 に示した 2 次曲線であることがわかる．

後述するように，$\beta = -g$ ($g$：重力加速度) のときには，この軌道は物体を投げたときの曲線 (放物線) となる．上式のような 2 次曲線を放物線というのは，このことからきているのである．

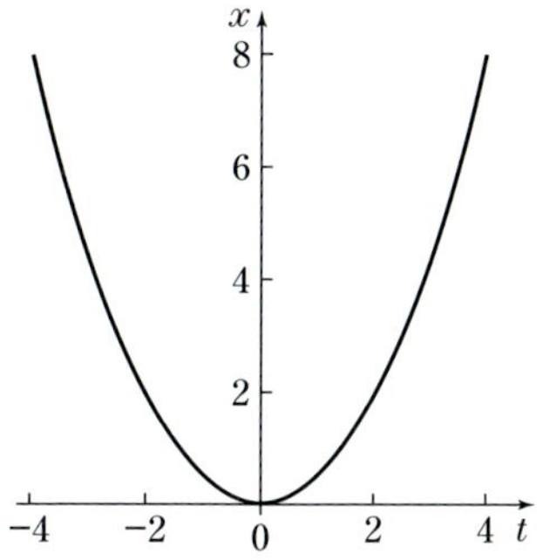


**図 1.19** 物体の位置 $y = \frac{1}{2}x^2$
$\left(ただし，\frac{\beta}{\alpha^2} = 1 とした\right)$

**問 題 7** 2 次元 $xy$ 平面上の質点の位置が

$$x = A\cos(\omega t + \alpha), \quad y = A\sin(\omega t + \alpha) \qquad (A, \omega, \alpha: 正の定数)$$

と表されるとき，この質点の運動を以下の指示に従って調べよ．

（1） まず，質点の位置 $\boldsymbol{r} = (x, y)$ が原点 O からどれだけ離れているかを求めよ．(原点からの距離 $r = |\boldsymbol{r}| = \sqrt{x^2 + y^2}$)

（2） 次に，速度 $\boldsymbol{v} = (v_x, v_y)$ を求め，その大きさ $v = |\boldsymbol{v}| = \sqrt{{v_x}^2 + {v_y}^2}$ を求めよ．

（3） さらに，加速度 $\boldsymbol{a} = (a_x, a_y)$ を求め，その大きさ $a = |\boldsymbol{a}| = \sqrt{{a_x}^2 + {a_y}^2}$ を求めよ．また，$\boldsymbol{a}$ はどこを向いているか．

（4） $\boldsymbol{v}$ と $\boldsymbol{a}$ の内積を計算し，両者がどのような幾何学的関係にあるかを調べよ．

## 1.6 まとめとポイントチェック

力学は物体にはたらく力とそれによる物体の運動を問題にするので，物体がどこにあって，どのように運動しているかを正確に表現しなければならない．そこで本章では，物体の位置と運動をどのように表すかを学んだ．ここで最も重要なことは，速度や加速度が物体の位置の時間微分で表されることである．また，3 次元空間の中での物体の運動を記述する際に，物体の位置，速度，加速度をベクトルで表すと表現が簡潔になって見通しがよく，とても便利であることもわかった．

こうして，物体の様々な運動の仕方を記述できるようになった．次は，物体がどうして運動するのか，その運動の仕方にどんな規則性があるのかが問題となる．

## ポイントチェック

次章に進む前に，本章で学んだことをチェックしてみよう．もしよくわからなかったり，理解があいまいだったりするところがあれば，ただちに本章の関連する節に戻ってはっきりさせることが，これからの学習に非常に重要である．これは次章以下のポイントチェックでも同様である．

---

- □ **直線運動とは何かが理解できた．**
- □ **速度が物体の位置座標の時間微分であることがわかった．**
- □ **加速度が速度の時間微分であることがわかった．**
- □ **等速直線運動と等加速度直線運動の違いがわかった．**
- □ **直線運動でもいろいろな場合があることがわかった．**
- □ **2つのベクトルの和と内積が理解できた．**
- □ **質点という考え方の必要性がわかった．**
- □ **空間中の質点の運動を表すのに，ベクトルを使うと便利であることが理解できた．**

それでは，力学の基礎を理解するために次に進むことにしよう．

# 2 力とそのつり合い

**学習目標**

- **力とそのつり合いを理解する.**
- **重力の起源を理解する.**
- **束縛運動とは何かを説明できるようになる.**
- **摩擦力には静止摩擦力と動摩擦力があることを理解する.**

物体を動かして運動させるためには，その物体に力を加えなければならない．力学にとって，力は最も基本的で重要な物理量の１つであり，力と運動は切っても切り離せない関係にある．本章では力だけに注目し，力とそのつり合いの性質について述べる．

## 2.1 力

ここはポイント!

物体の運動状態を変えたり，物体そのものを変形させたりする原因となる作用のことを**力**という．ただし，本書では一貫して，物体の変形は考えないことにする．

力は大きさと向きをもつから，ベクトルで表せる．質点に２つの力 $\boldsymbol{F}_1$ と $\boldsymbol{F}_2$ が同時にはたらくとき，図 2.1 のように，

$$\boldsymbol{F} = \boldsymbol{F}_1 + \boldsymbol{F}_2 \tag{2.1}$$

という１つの力がはたらくとしてよい．この $\boldsymbol{F}$ を**合力**といい，(1.19) で示した２つのベクトルの和の一例である．逆に，(2.1) に従って１つの力を２つの力に分けることもできる．つまり，任意の力を便宜的に $x$, $y$, $z$ 方向に分解して取り扱うことなどが可能なのである．

力の MKS 単位には N (newton：ニュートン) が使われ，

$$1\,[\mathrm{N}] = 1\,[\mathrm{kg\cdot m/s^2}] \quad (2.2)$$

である．ここで MKS 単位とは，長さの単位に m，質量の単位に kg，時間の単位に s (秒) をとる，物理学の基本的な単位系のことである．

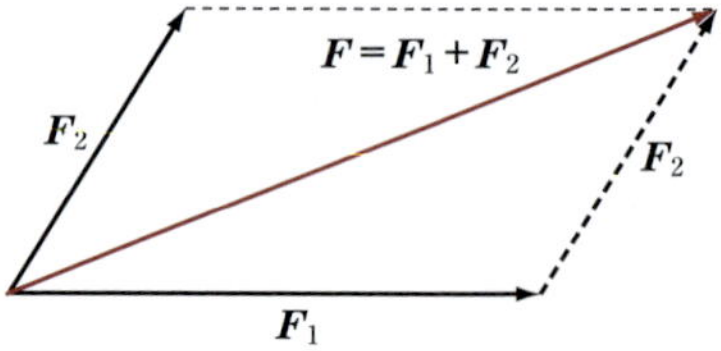


図 2.1　2 つの力 $\boldsymbol{F}_1$ と $\boldsymbol{F}_2$ の合力 $\boldsymbol{F} = \boldsymbol{F}_1 + \boldsymbol{F}_2$

## 2.1.1 重　力

物体にはたらく最も身近な力は**重力**であり，この力は，物体と地球全体との間の万有引力によって引き起こされる．地上近くで質量 $m$ [kg] の物体にはたらく重力 $\boldsymbol{F}$ [N] は，図 2.2 のように鉛直下向きであり，その大きさ $F$ は

$$F = mg\,[\mathrm{N}] \quad (2.3)$$

$$g = 9.81\,[\mathrm{m/s^2}] \quad (2.4)$$

と表される．ここで，$g$ は地表での**重力加速度**である．

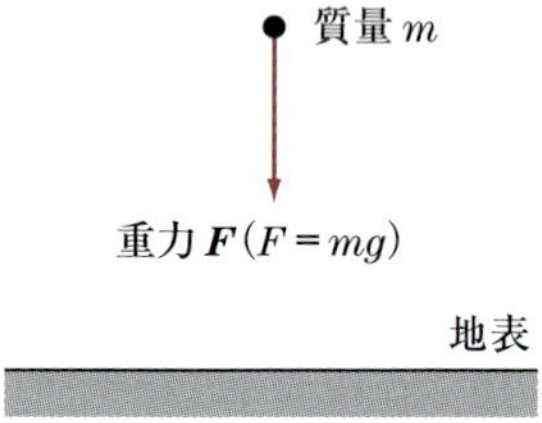


図 2.2　重力 $\boldsymbol{F}$

ここはポイント!

重力加速度 $g$ の値は，実際に物体を落下させることで測定できる．ガリレオの時代からよく知られているように，物体の落下運動は空気の抵抗が無視できる限り，その形状や質量によらず等加速度運動であり，その加速度の値が (2.4) で与えられるのである．落下運動の詳細は次章で議論しよう．

私たちの体重など，日常的に使われている物体の重さは，実は質量ではなくて重力の大きさのことである．実際，月の表面での重力加速度は地表の値の 1/6 ほどなので，月面では自分の体重を含めて地表よりずっと軽く感じるはずである．すなわち，質量はそれぞれの物体に固有の量であるが，物体の重さは地球の表面で測るか，ずっと上空か，あるいは月の表面かでその値は異なる．したがって，物体の重さの単位は，正確には kg 重を使うべきであ

り，地表で質量 1 kg の物体にはたらく重力の大きさは

$$1\ [\mathrm{kg}\ 重] = 9.81\ [\mathrm{N}] \tag{2.5}$$

となるのである．例えば，体重 60 kg の人にはたらく重力の大きさは 60 [kg 重] = 60 × 9.81 [N] ≒ 589 [N] ということになる．

**問題 1** 体重 50 kg の人にはたらく重力は何 kg 重で，何 N か．

## 2.1.2 万有引力

2 つの物体の間には，それらが何であれ，常にそれらの質量に比例した引力がはたらく．そのために，この引力を特に**万有引力**という．質量 $m_1$ [kg], $m_2$ [kg] の 2 つの物体が距離 $r$ [m] だけ離れているときの万有引力の大きさ $F$ [N] は

$$F = G\frac{m_1 m_2}{r^2} \tag{2.6}$$

$$G = 6.67 \times 10^{-11}\ [\mathrm{N \cdot m^2/kg^2}] \qquad (G：万有引力定数) \tag{2.7}$$

と表される．この場合の力は引力なので，はたらく力の様子は図 2.3 に示す通りである．

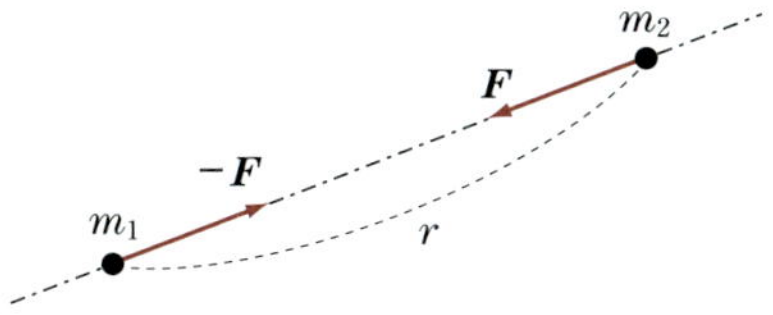


**図 2.3** 2 つの物体の間にはたらく万有引力 $\boldsymbol{F}$

**例題 1**

地球を半径 $R_\mathrm{E} = 6.37 \times 10^6$ [m]，質量 $M_\mathrm{E} = 5.98 \times 10^{24}$ [kg] の球と見なして，地表での重力加速度 $g$ を求めよ．

**解** 地表にある質量 $m$ の物体と地球全体との万有引力 $F$ が，この物体にはたら

く重力 $mg$ に他ならない．このとき，1.5.1 項で述べたように，地球の質量 $M_E$ はその中心 O に集中していると見なしてよい．したがって，物体と地球との万有引力の大きさ $F$ は

$$F = G\frac{M_E m}{R_E{}^2} = m\frac{GM_E}{R_E{}^2} = mg$$

$$\therefore \quad g = \frac{GM_E}{R_E{}^2} = \frac{6.67\times10^{-11}\times5.98\times10^{24}}{(6.37\times10^6)^2} \cong 9.83\left[\frac{(\mathrm{N\cdot m^2/kg^2})\,\mathrm{kg}}{\mathrm{m^2}} = \mathrm{m/s^2}\right]$$

これは実測値 $g \cong 9.81$ [m/s²] に近い．

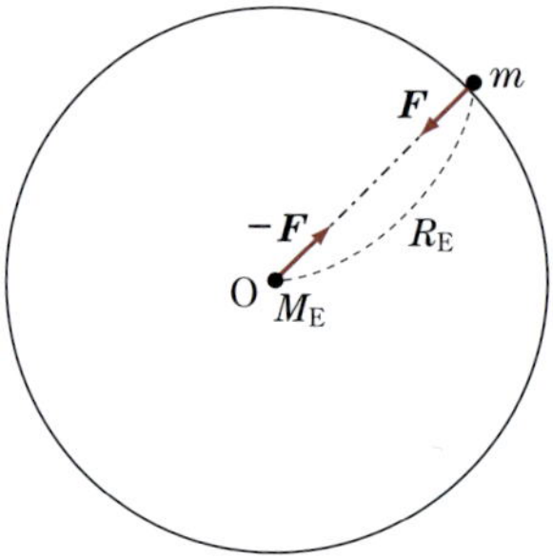


**図 2.4** 物体と地球の間の万有引力としての重力 $\boldsymbol{F}$

**問 題 2** 地球を半径 $R_E = 6.37\times10^6$ [m]の球と見なして，地表での重力加速度 $g = 9.81$ [m/s²] より，地球の質量 $M_E$ を求めよ．

**問 題 3** 月を半径 $R_m = 1.74\times10^6$ [m]，質量 $M_m = 7.35\times10^{22}$ [kg]として，月面での重力加速度 $g_m$ を求めよ．また，地上での重力加速度 $g$ との比 $g_m/g$ は大体いくらか．なるべく単純な分数で表せ．

## 2.1.3 バネの復元力

図 2.5 のように，質量 $m$ の物体が水平で滑らかな床の上にあって，バネ定数 $k$ のバネでつながれており，バネは $x$ 軸方向に伸び縮みするとしよう．バネが伸び縮みしないで自然な状態にあるときの物体の位置をつり合いの位置といい，その状態でのバネの長さをバネの自然長という．ここでは図に示したように，そのつり合いの位置を $x$ 軸の原点 O とする．

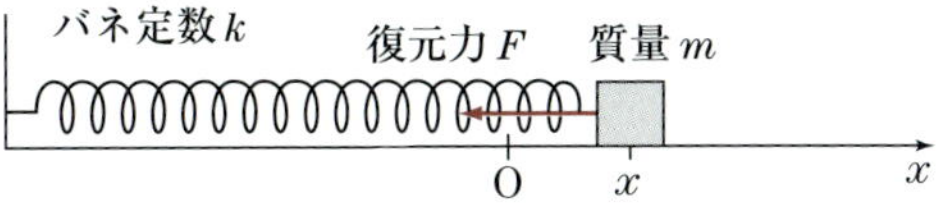


図 2.5 バネの復元力

日常的によく経験するように，バネを引っ張ると引っ張り返されるし，押すと押し戻される．すなわち，バネは物体の変位を元に戻すような力を作用する．これをバネの**復元力**という．

いま，図 2.5 のように，バネにつながれた物体をつり合いの位置から $x$ だけずらすと，この物体にはバネから

$$F = -kx \tag{2.8}$$

という力がはたらく．負号は，物体のつり合いの位置からの変位（ずれ）$x$ が正のときには力が負の向きに，逆に $x$ が負のときには力が正の向きにはたらくという，復元力の性質を表している．また，係数 $k$ はバネの強さあるいは硬さを表す量である．(2.8) のように，復元力が変位に比例することを，その発見者にちなんで**フックの法則**という．

## 2.2 力のつり合い

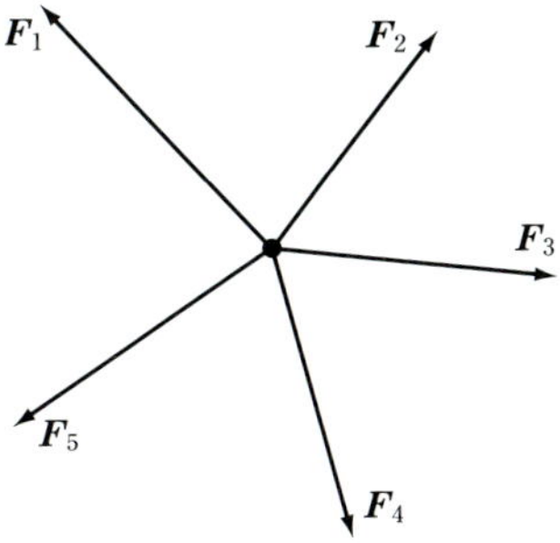


図 2.6 力のつり合い：$\boldsymbol{F} = \boldsymbol{F}_1 + \boldsymbol{F}_2 + \cdots + \boldsymbol{F}_5 = \sum_{i=1}^{5} \boldsymbol{F}_i = \boldsymbol{0}$

図 2.6 のように，1 つの物体（質点）にいくつかの力がはたらいていても，その物体が静止しているとき，それらの力は互いにつり合っているという．このとき，物体は力学的な平衡状態にある，という言い方もする．

1 つの質点に $n$ 個の力 $\boldsymbol{F}_1, \boldsymbol{F}_2, \cdots, \boldsymbol{F}_n$ がはたらいて，それらの力がつり合っているときは，その質点に力がはたらいていない場合と区別がつかず，その合力 $\boldsymbol{F}$ はゼロである．すなわち，

$$\boldsymbol{F} = \boldsymbol{F}_1 + \boldsymbol{F}_2 + \cdots + \boldsymbol{F}_n = \sum_{i=1}^{n} \boldsymbol{F}_i = \boldsymbol{0} \tag{2.9}$$

ということになる．ここで太字の $\boldsymbol{0}$ は各成分がゼロのゼロベクトルであり，

$$\boldsymbol{0} = (0,\ 0,\ 0) \tag{2.10}$$

である．

満員電車の中では，周囲から押されて痛い思いをしながらも動けない場合がよくある．このとき，自分の身体を物体と見なすと，確かに (2.9) のようにその合力はゼロであろう．この状態は，周囲からどんな力も一切受けないで動かない場合と感覚的には大いに異なるが，この感覚的な違いは力学の立場では皮相的であって，本質的ではない．周囲から押されて動けない場合には，私たちの身体の表面が変形し，そのために痛みを感じる．ところが，本章のはじめにも述べたように，ここでは物体の変形を無視して議論している．そのために，私たちの身体を質点と見なした場合には痛みの入る余地はなく，合力がゼロで動けない場合と力がはたらかないで動かない場合を区別しないのである．

## 2.3 束縛力

水平面や斜面上で球を転がす場合のように，物体（質点）が曲線や曲面上に束縛されて運動する場合がよくある．このような運動を**束縛運動**という．物体が水平な机の面上を自由に動いている場合でも，その机の端に来るとそこから落下運動をするはずである．すなわち，束縛運動になるためには，それを維持するために余分に力がはたらかなければならない．これを**束縛力**という．

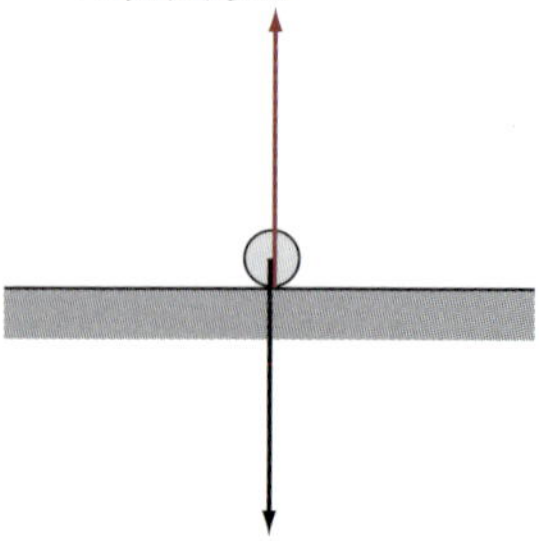


**図 2.7** 水平な床の上に束縛された物体

簡単な例として，図 2.7 のように水平な床の上

に静止した質量 $m$ の物体を考えてみよう．この物体には鉛直下向きに重力 $mg$ がはたらくが，物体そのものは静止しているので，この物体にはたらく力はつり合っているはずである．したがって，この物体には重力をちょうど打ち消すように，鉛直上向きに大きさ $mg$ の力がはたらいていなければならない．この力を**垂直抗力**といい，その大きさ $N$ は

$$N = |\boldsymbol{N}| = mg \tag{2.11}$$

である．

**例 題 2**

傾斜角 $\theta$ の滑らかな斜面があり，その上で質量 $m$ の質点が斜面に沿う力 $F$ で支えられて静止している．このときの力 $F$ と斜面の垂直抗力 $N$ を求めよ．

**解** 質点には重力 $mg$ がはたらく．これは図 2.8 のように

$$\text{斜面に}\begin{cases}\text{平行な成分：} & mg\sin\theta \\ \text{垂直な成分：} & mg\cos\theta\end{cases}$$

に分けることができる．したがって，力のつり合いから

$$F = mg\sin\theta$$
$$N = mg\cos\theta$$

となる．

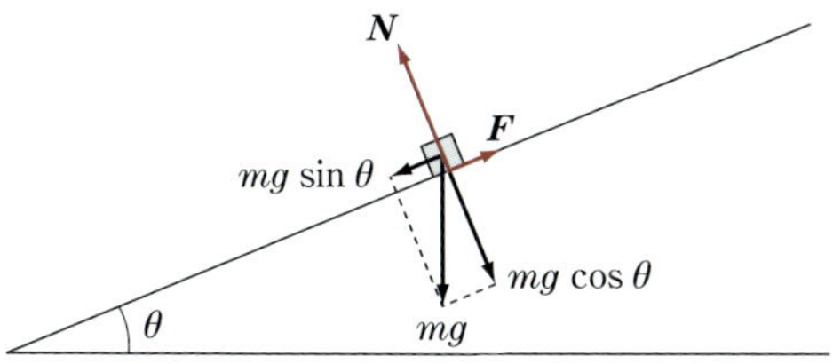


**図 2.8** 斜面上の静止物体

# 2.4 摩擦力

居間にあるカップボードなど，重い家具を動かそうとしても少々の力ではびくともしないことがよくある．力のつり合いの立場からは，加えた力と同じ大きさで逆向きの力が，その家具にはたらいていなければならない．これは，よく知られているように，加えた力に抗して床からはたらく**摩擦力**に他ならない．ところが，頑張って強い力を加えて，その家具が一旦動き始めると，その後は意外に簡単に動き続けることもよく経験することである．すなわち，物体が静止しているときと動いているときとでは，床からはたらく摩擦力は違うのである．

## 2.4.1 静止摩擦力

水平な粗い床の上に置かれた物体を考えよう．すなわち，この物体は床の上に束縛されており，その運動は束縛運動の一種である．この物体に水平方向に力 $T$ を加えても，$T$ が小さいと物体は動かない．これは図 2.9 のように，床が力 $T$ に抗して（力 $T$ と逆向きに），摩擦力 $F$ を物体に作用するからである．このとき，力のつり合いから $F = T$ であり，加える力 $T$ に応じて $F$ も変化することに注意しよう．

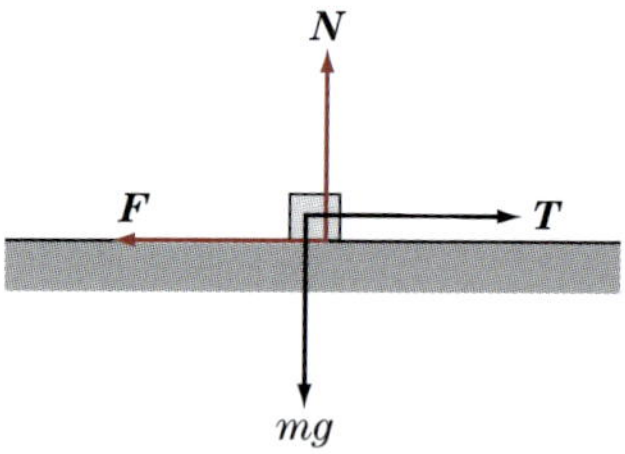

図 2.9 物体にはたらく摩擦力 $\boldsymbol{F}$

力 $T$ をさらに増すと，床からの摩擦力 $F$ では物体を静止させ続けることができず，やがて物体は動き始める．このとき，ぎりぎりまで動きに抵抗した最大の摩擦力を**最大摩擦力**という．経験的には，最大摩擦力 $F_{\mathrm{m}}$ は垂直抗力 $N$ に比例することが知られており，

$$F_{\mathrm{m}} = \mu N \tag{2.12}$$

と表される．ここで，$\mu$ は**静止摩擦係数**とよばれる．

## 2.4.2 動摩擦力

物体を粗い床の上で引きずると，動いている状態で床から摩擦力 $F'$ を受ける．これは物体が静止しているときに受ける静止摩擦力 $F$ と異なり，**動摩擦力**という．この動摩擦力も経験的には垂直抗力 $N$ に比例することが知られており，

$$F' = \mu' N \tag{2.13}$$

と表される．ここで，$\mu'$ は**動摩擦係数**とよばれ，動いているときの摩擦力は静止摩擦力より弱い ($F' < F$) ので，一般に $\mu > \mu'$ である．

**例題 3**

静止摩擦係数 $\mu$ の粗い斜面（傾斜角 $\theta$）において $\theta$ を変えるとき，物体（質量 $m$）が静止し続けるための $\theta$ の条件を求めよ．

**解** 斜面上の物体にはたらく力は，図 2.10 に示すように，

$$\begin{cases} \text{重力 } mg & \text{（鉛直下向き）} \\ \text{摩擦力 } F & \text{（斜面に沿って上向き）} \\ \text{垂直抗力 } N & \text{（斜面に対して垂直上向き）} \end{cases}$$

である．

静止の条件（力のつり合い）は，図より

$$F = mg\sin\theta \quad \text{（斜面に平行な重力成分）}$$
$$N = mg\cos\theta \quad \text{（斜面に垂直な重力成分）}$$

物体が斜面を滑らないためには，摩擦力 $F = mg\sin\theta$ が最大摩擦力 $F_{\mathrm{m}}$ より小さくなければならない：

$$F \leq F_{\mathrm{m}} = \mu N \qquad \therefore \quad mg\sin\theta \leq \mu mg\cos\theta$$

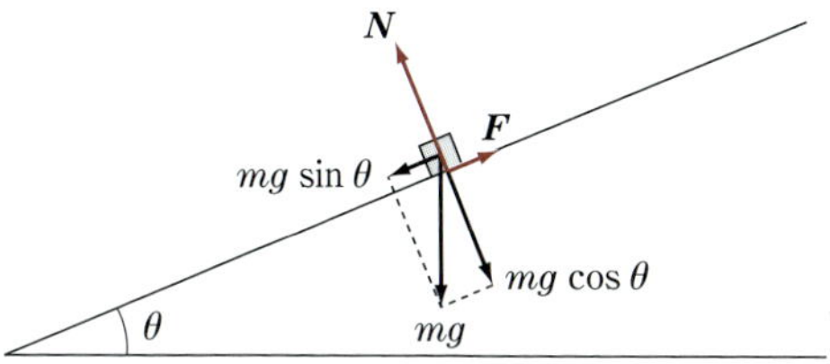


**図 2.10** 斜面上で静止している物体の力のつり合い

$$\therefore \quad \frac{\sin\theta}{\cos\theta} = \tan\theta \leq \mu$$

これが求める $\theta$ の条件である．

なお，ここで $\tan\alpha = \mu$ とおくと，角度 $\alpha$ を**摩擦角**という．すると，静止条件は

$$\tan\theta \leq \tan\alpha \qquad \therefore \quad \theta \leq \alpha \qquad (\alpha = \tan^{-1}\mu)$$

すなわち，傾斜角 $\theta$ が摩擦角 $\alpha$ を超えない限り，物体は静止したままである．

**問題 4** 傾斜角 $\theta$，動摩擦係数 $\mu'$ の斜面上で，質量 $m$ [kg] の物体をゆっくりと動かし続けるのに必要な力 $F$ [N] を求めよ．ただし，重力加速度を $g$ [m/s²] とする．

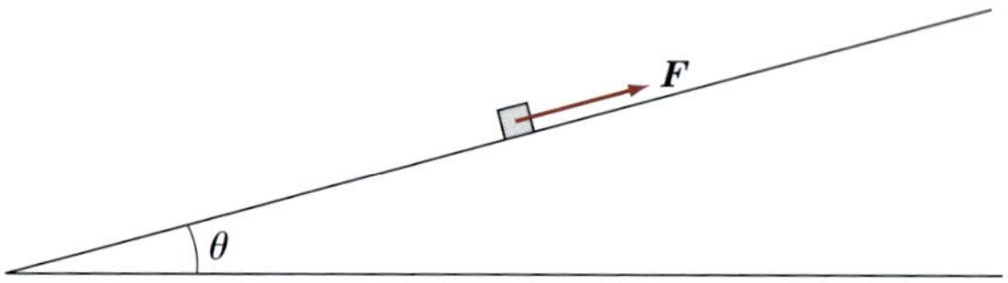


**問題 5** 図のように半径 $R$ のパイプが水平な床に置いてあり，その中に質量 $m$ の物体 A がはじめパイプの中心 O の直下に置かれているとする．パイプの内面は静止摩擦係数 $\mu$ の粗い面であるとする．このパイプを水平な床の上でゆっくりと角度 $\theta$ だけ回転しても，物体 A は静止したままであった．このとき，物体にはたらく摩擦力 $F$ および垂直抗力 $N$ を求めよ．さらにパイプを回転したとして，この物体は水平な床からどれだけの高さで動き始めるか．ただし，物体の大きさ，パイプの肉厚は無視する．

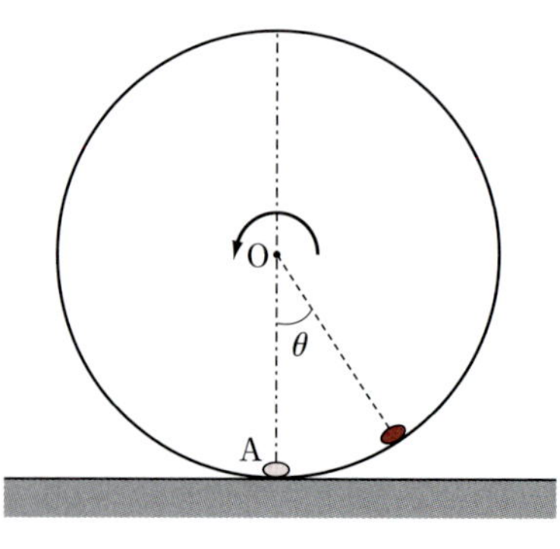

## 2.5 まとめとポイントチェック

本章では，力とそのつり合いの条件を議論した．また，身近な力として物体にはたらく重力があり，それがその物体と地球全体との万有引力によることも学んだ．他の身近な力の例としては，バネの復元力もある．さらに，物体が面などに束縛された束縛運動があり，そのために垂直抗力や摩擦力があることも示した．

### ポイントチェック

- □ 力のつり合いの条件がわかった．
- □ 重力がなぜ生じるかが理解できた．
- □ バネの復元力とフックの法則が理解できた．
- □ 束縛運動の“束縛”の意味が理解できた．
- □ 垂直抗力とは何かがわかった．
- □ 摩擦力がなぜ生じるかが理解できた．
- □ 静止摩擦力と動摩擦力の区別がわかった．

# 3 質点の運動

## 学習目標

- 運動の 3 法則を理解する.
- 慣性系とは何かを説明できるようになる.
- 運動の第 2 法則の重要性を理解する.
- 運動方程式が微分方程式であることを理解する.
- 自由落下, 放物運動, 単振り子などで運動方程式を立て, それらの解を求めることができるようになる.

前章までに学んだことをおさらいしよう. 第 1 に, 空間中を物体が運動するとき, その運動をどのように表すかを学んだ. 次に, 重力など, 物体の運動の原因となる力の基本的な性質を調べた. 本章ではこれらのことを基礎にして, 物体に力が加わると, その物体がどのように運動するかを考察する. 物体に性質のよくわかっている力を加えれば, その物体はある法則に基づいた振舞いを示す. 毎回同じ力を同じように加えているのに, そのたびに違うようなでたらめな振舞いは決して見られない. すなわち, 物体の運動にははっきりした規則性があり, これを運動の法則という. 逆に, 物体の運動の様子を詳しく調べることによって, その物体にはたらく力の性質がわかるであろう. これらのことを学ぶのが本章の目標である. したがって, 本章は力学を学ぶ際に最も基本的で重要であるということができる.

本章でも物体を質点と見なして議論する. 質点の運動には 3 つの基本法則がある. この運動の 3 法則だけから出発して, 力学のいろいろな現象がすべて説明できることは, 驚異的で素晴らしいことというべきであろう. そこでこれらを順次紹介し, 落下運動や振り子の運動などのよく知られた単純な運動を, 運動法則から出発して詳しく考察する.

## 3.1 運動の3法則

歴史的には，太陽の周りの惑星の公転についての観測データを，ケプラーが長い年月をかけて解析して惑星運動の法則を見出したことに始まる．次に，ガリレオが地上での物体の落下運動や斜面での物体の運動を観察し，一見複雑そうに見える物体の運動に単純な規則性があることを見出した．例えば，ビー玉と羽毛を同時に同じ高さから落としたら，ビー玉が速く落ちることは誰でも経験して知っていることである．しかし，ガリレオは同じ高さから鉄球や木球など，いろいろな材質でできた同じサイズの球を同時に落としたり，斜面で転がしたりして実験を繰り返し，それらの結果を詳しく考察した．そして，物体の落下運動の差は空気の抵抗のためであって，空気がなければ，物体の落下には普遍的な法則があることを見抜いたのである．その後，これらの惑星や地上の物体に関する個別の法則を踏まえて，ニュートンがあらゆる物体の運動を，以下の（1）～（3）の3法則にまとめた．

### （1） 第1法則（慣性の法則）

電車や車に乗っているときにそれが急ブレーキで停止したとき，身体がそれまでの進行方向に倒れそうになることは日常よく経験することである．これは，例えば電車の外にいる人から見れば当然で，電車も乗客も一緒に走っていて，突然箱モノの電車が止まれば，それまで電車と同じ速度で動いていた乗客は前に放り出されるであろう．ボールや石を投げる場合も同様で，腕の振りが電車の役割を果たしている．このように，いかなる物体も現在もっている運動の状態をそのまま維持しようとする傾向があり，この性質を**慣性**という．これが**運動の第1法則**であり，**慣性の法則**ともいって，

**「物体は，力の作用を受けない（受けていてもその合力がゼロである）限り，静止したままか等速直線運動を行なう．」**

とまとめることができる．

日常的には，どのように運動しているものもいずれは止まってしまうので，

この法則はしっくりこないかもしれない．しかし，床の上で何かを動かす場合を想像すればすぐにわかるように，それは摩擦力のような抵抗力（外力）がはたらくからである．実際，アイスホッケーのパックの場合には氷との摩擦力が弱く，リンクの端から端までほぼ等速でパックが走って行くのがよく見られる．最近では，スペースシャトルの中で宇宙飛行士が浮いたままゆっくり動いているシーンをテレビでよく見かけるが，これも第1法則の実演である．

ここはポイント!

この第1法則に従う座標系（あるいは空間）を**慣性系**という．地球は太陽の周りを年に一度の公転をしており，日に一度の自転をしているので，それぞれの回転からくる遠心力など，詳しく見るとその運動は複雑である．しかし，地表のごく限られた領域での運動だけを考えるなら，その領域は運動の第1法則に従う単純な慣性系と見なしてかまわないため，そこを等速で走っている電車の中も（揺れがないとすれば），慣性系と見なされる．実際，その電車の中で物体の落下や物体を投げる実験をしても，地表の実験と同じ結果が得られる．

ここはポイント!

ところが，加速しつつある電車の中ではこうはいかない．物体を自由落下させたつもりが，あたかも後の方に投げたように見えるからである．すなわち，慣性系である地表に対して加速しつつある電車に固定した座標系は慣性系ではない．注目する系が慣性系であるかどうかは，その系での運動が第1法則に従うかどうかで判定できる．こうして，運動の第1法則は慣性系を定義しているとみることができるのである．今後は，特に断らない限り，運動の舞台を慣性系に限ることにしよう．

### （2） 第2法則（運動方程式）

第1法則は，力の作用がない（作用があってもその合力がゼロである）と物体の運動は変化しないことを主張している．ということは，物体に力がはたらくと，その運動が変化することを意味する．日常的にも，止まっているものは力を加えない限り動かないし，動いているものにも力を加えれば，運動の向きが変わったりしてその運動の様子が変わることはよく経験することである．**第 2 法則**は物体にはたらく力とその運動の変化の関係を表し，力学において最も重要で基本的な法則である．

質量 $m$ [kg] の質点が力 $\boldsymbol{F}$ [N] の作用によって加速度 $\boldsymbol{a}$ [m/ s$^2$] で運動するとき，これらの間には

$$m\boldsymbol{a} = \boldsymbol{F} \tag{3.1}$$

ここはポイント！

という，ごく単純な関係が成り立つ．質点にはたらく力 $\boldsymbol{F}$ が与えられると，この式から質点の加速度 $\boldsymbol{a}$ がわかる．その意味で (3.1) は質点の運動に関する方程式であり，**ニュートンの運動方程式**とよばれる．加速度や力はベクトルなので，これはベクトルの関係式であることに注意しよう．

この (3.1) 式は，ケプラーの惑星の公転運動の法則とガリレオの物体の運動法則をごく素直に導くことができる基本的な関係として，ニュートンが発見したものである．力学は，この式から出発する．その意味で，この式は力学において最も重要な方程式であり，いつでも使えるように記憶しておかなければならない．

重い石をある一定の距離だけ投げるには，軽い石の場合よりも大きな力が必要である．このことは子供でもよく知っている．(3.1) でいえば，加速度 $\boldsymbol{a}$ を一定にしようとすると，質量の大きい物体には加える力を大きくしなければならないということである．このように，(3.1) の左辺に現れる質量 $m$ は慣性の度合いを表すので，この質量を特に**慣性質量**という．

質点の位置ベクトルを $\boldsymbol{r}$，速度ベクトルを $\boldsymbol{v}$ とすると，(1.34) より質点の加速度ベクトルは $\boldsymbol{a} = d\boldsymbol{v}/dt = d^2\boldsymbol{r}/ dt^2$ であるから，(3.1) の運動方程式は

$$m\frac{d\boldsymbol{v}}{dt} = \boldsymbol{F} \tag{3.2}$$

または

$$m\frac{d^2\boldsymbol{r}}{dt^2} = \boldsymbol{F} \tag{3.3}$$

と表すことができる．(3.2) は速度 $\boldsymbol{v}$ の時間に関する1階微分が含まれる方程式なので，速度 $\boldsymbol{v}$ の時間に関する1階微分方程式という．(3.3) は位置 $\boldsymbol{r}$ の時間に関する2階微分なので，位置 $\boldsymbol{r}$ の時間に関する2階微分方程式である．

質点に力が作用していない ($\boldsymbol{F} = \boldsymbol{0}$) とすると，(3.1) より加速度がゼロとなり，質点は静止状態も含んだ等速運動をすることが導かれる．なお，運動の第1法則で，これから展開する力学の舞台を慣性系としたのであるから，この結果はそうでなければならない当然の結果であることに注意しておく．

### （3） 第3法則（作用・反作用の法則）

何か重いものを押すと，確かにそのものから押し返される．すなわち，ものに力を加えて作用すると，そのものから逆に力を加えられ，作用に対する反作用を受ける．日頃ごく普通に経験しているこの事実を，力学の第3の基本法則にしたのが**作用・反作用の法則**であり，次のように表される：

**「1つの質点Aが他の質点Bに力 $\boldsymbol{F}$ をおよぼすとき，Aには Bによる力 $-\boldsymbol{F}$ がはたらく．ここで力 $\boldsymbol{F}$ と $-\boldsymbol{F}$ は，AとBを結ぶ直線上にある．」**

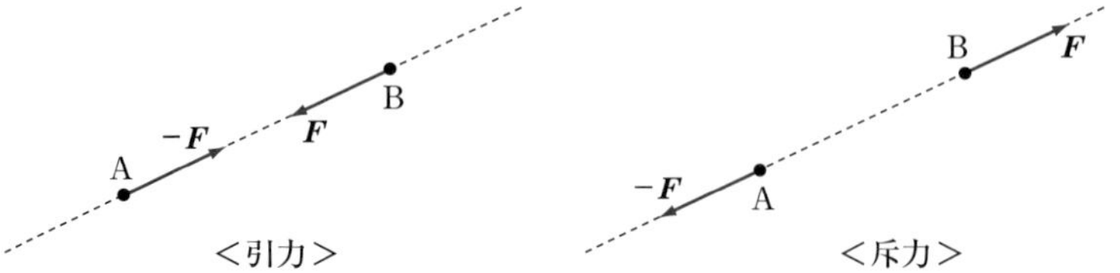


**図 3.1** 引力と斥力の場合の作用・反作用の法則

このことを図示したのが図3.1であり，およぼし合う力が引力と斥力の場合について別々に示してある．

この第3法則（作用・反作用の法則）は第2法則から見直すことができる．いま，図3.2のように，2つの質点AとBがあって，互いに力をおよぼし合っているが，それ以外にはどんな力も作用していないとする．図のように，質点AがBにおよぼす力は $\boldsymbol{F}_{\mathrm{BA}}$ であり，逆にBがAにおよぼす力は $\boldsymbol{F}_{\mathrm{AB}}$ だとしよう．ここで，2つの質点AとBを結合した系を1つの系Cと見なすと，Cに作用する力は $\boldsymbol{F}_{\mathrm{AB}}+\boldsymbol{F}_{\mathrm{BA}}$ である．ところで，系Cを遠くから見ると，Cに外からかかる力はなく，Cの運動方程式の右辺の力はゼロである．したがって，

$$\boldsymbol{F}_{\mathrm{AB}}+\boldsymbol{F}_{\mathrm{BA}}=\boldsymbol{0}, \qquad \therefore \quad \boldsymbol{F}_{\mathrm{AB}}=-\boldsymbol{F}_{\mathrm{BA}}$$

となって，作用・反作用の法則が導かれる．

この議論は何かしっくりしないかもしれない．しかし，運動している現実の物体は，ボールであれ石であれ，すべてが原子・分子でできており，しかもそれらは相互作用し合っている．それでも，このような相互作用の影響は1つの物体全体としての運動には現れない．これは1.5.1項の(iii)にも記したように，大きさをもつ現実の物体を質点と見なすことができることにも関連していて，とても重要なことなので，後の質点系の運動量についての章で改めて詳しく議論する．

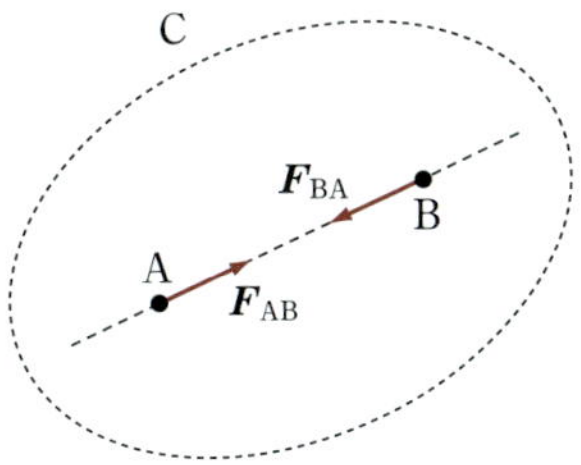


**図 3.2**　質点Aと質点Bからなる1つの系C

これまで見てきたように，運動の第1法則によって舞台を慣性系に決めてしまうと，第3法則（作用・反作用の法則）は，第2法則と力の常識的な性質から導かれるのである．すなわち，力学を具体的に展開する際のすべての基礎は，質点の運動方程式に関する第2法則にあるということができる．力学をさらに見通しよくするために，これからの章では運動量や角運動量などを導入して，それらの基本的な性質を議論する．その際，以上の理由から，必ず第2法則から出発する．ただし，そうはいっても，いろいろな力学現象を具体的に議論する際には，第3法則は非常に便利である．そこで今後は，この第3法則をわかっているものとして利用することにしよう．

ここはポイント!

ここはポイント!

このように，ニュートンの運動方程式 (3.1)，(3.2) または (3.3) が古典力学のすべての基礎といっても過言ではない．日常的に出会う力学現象を理解するためには，これで十分である．それどころか，地球から打ち上げられたロケットが月や火星の指定された場所に正確に到達できるのは，ニュートンの運動方程式のおかげだということができる．ただし，原子・分子のように，日常的に出会う物体に比べて質量が極端に小さいミクロの世界の物体にはニュートンの運動方程式は適用できず，量子力学が必要となる．また，物体の運動が非常に速くなって，その速さが光速 $c$ ($\cong 3 \times 10^8$ m/s) に近づくと，やはりニュートンの運動方程式は成り立たず，特殊相対性理論に頼らなければならない．さらに，質量が極端に大きい恒星やその集団である銀河などが活躍する宇宙では，一般相対性理論が出番となる．このように極端な場合は日常的には例外と考えれば，ニュートンの運動方程式の重要性が理解できるであろう．

**例題 1**

時速 90 km で走っていた質量 5 トンのトラックが急ブレーキをかけて 5 秒後に止まった．この間のトラックの運動は等加速度運動だとする．

（1） その加速度 $a$ [m/ s$^2$] を求めよ．

（2） そのときにトラックにはたらく力 $F$ [N] を求めよ．

**解** （1） 時速 90 [km] ＝ $90 \times 10^3$ [m]/3600 [s] ＝ 25 [m/s]．トラックは 5 秒間で 25 m/s から 0 m/s になるので，加速度 $a$ は

$$a = \frac{0 - 25\ [\mathrm{m/s}]}{5\ [\mathrm{s}]} = -5\ [\mathrm{m/s^2}]$$

（2） トラックにはたらく力は，$F = ma$ より，

$F = 5 \times 10^3\ [\mathrm{kg}] \times (-5\ [\mathrm{m/\,s^2}]) = -2.5 \times 10^4\ [\mathrm{kg \cdot m/\,s^2}] = -2.5 \times 10^4\ [\mathrm{N}]$

ここでの負号は，力がトラックの運動の向きとは逆向きにかかるからである．

**問題 1** 時速 120 km で走っていた質量 20 トンの電車が急ブレーキをかけて

30 秒後に止まった．この間の電車の運動は等加速度運動だとする．

（1）　その加速度 $a$ [m/ s$^2$] を求めよ．

（2）　電車にはたらく力 $F$ [N] を求めよ．

## 3.2　一様な重力場の中での運動

重力がはたらく空間のことを**重力場**という．私たちは，地球による重力場の中で生活している．これからは特に断らない限り，地球の球面性が問題にならないような，地表近くでの物体の運動を問題にする．したがって，物体には常に鉛直下向きに重力がはたらき，その重力加速度 $g$ は一定と見なしてよく，その値は

$$g = 9.81\ [\mathrm{m/s^2}] \tag{3.4}$$

である．ただし，前にも述べたように，この重力加速度は物体と地球全体との万有引力の結果なので，精密に調べると，$g$ の値は場所によって異なる．山の上など標高が増すにつれて小さくなるだけでなく，同じ標高でも，地下の地殻構造の違いにもよるであろう．

質量 $m$ [kg] の質点にはたらく重力の大きさ $F$ は，前にも記したように，

$$F = mg\ [\mathrm{N}] \tag{3.5}$$

である．したがって，この質点に対するニュートンの運動方程式は，(3.2) と (3.3) より，

$$m\frac{d\boldsymbol{v}}{dt} = m\boldsymbol{g} = mg\boldsymbol{e} \tag{3.6}$$

または

$$m\frac{d^2\boldsymbol{r}}{dt^2} = m\boldsymbol{g} = mg\boldsymbol{e} \tag{3.7}$$

と表される．ただし，図 3.3 のように，$\boldsymbol{g} = g\boldsymbol{e}$ は重力加速度ベクトルであり，$\boldsymbol{e}$ は重力の向きの単位ベクトル ($|\boldsymbol{e}| = 1$) である．

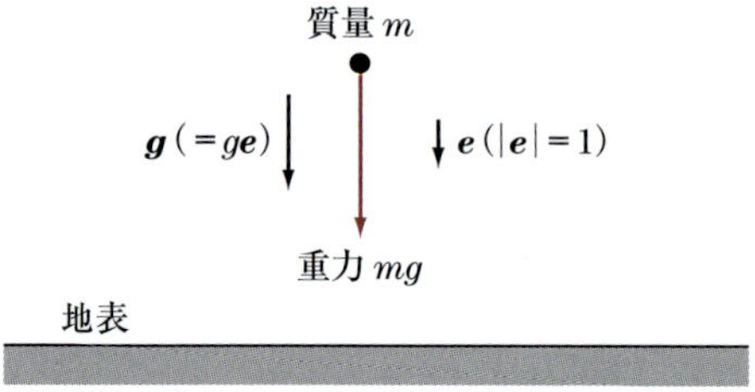


**図 3.3** 質点にはたらく重力

ここで，(3.6) と (3.7) の両辺に現れる質量について一言注意しておこう．左辺の質量 $m$ は前述の運動の第 2 法則に現れた慣性質量 $m_{\mathrm{i}}$ である．他方，右辺の質量 $m$ は運動の法則とは無関係であり，前にも触れたように，物体と地球全体との間の万有引力という力の法則に現れる質量であって，**重力質量** $m_{\mathrm{g}}$ とよばれる．ところが，エトヴェシュが測定したところ，どれだけ精密に測っても両者の差異は見られず，$m_{\mathrm{i}} = m_{\mathrm{g}}$ であった*．したがって，(3.6)，(3.7) の両辺の質量は消去できて，それぞれ，

$$\frac{d\boldsymbol{v}}{dt} = g\boldsymbol{e} \tag{3.8}$$

$$\frac{d^2\boldsymbol{r}}{dt^2} = g\boldsymbol{e} \tag{3.9}$$

となる．

(3.8) は重力場の中にある質量 $m$ の質点の速度 $\boldsymbol{v}$ を求めるための微分方程式であり，(3.9) はその位置 $\boldsymbol{r}$ を求める微分方程式である．ここには質量 $m$ が入っていないことに注意しよう．今後はこれを出発点にして，重力場の中の質点の運動を議論する．

### 3.2.1 自由落下

物体を手にもってそっと放すと，それは静止の状態から次第に速さを増し

* アインシュタインはこの実験事実を逆手にとって，$m_{\mathrm{i}} = m_{\mathrm{g}}$ という原理を出発点として一般相対性理論をつくり上げていったのである．

て下に落ちる．これを**自由落下**という．物体が落ちるといっても，現実には羽毛とパチンコ玉では様子が全く違うことは子供でも知っているし，それが空気のせいであることも周知であろう．野球のボールがカーブしたりするのも空気のためである．

このように，現実の物体の運動では周囲の空気などがもつ粘性（流体の粘り気を表す性質）による抵抗力（摩擦力）や流体そのものの運動の影響を受け，その運動は非常に複雑になる．今後は特に断らない限り，周囲からの影響は一切ないと仮定する．すなわち，真空中での物体の運動を考えることにする．

例えば，月面での羽毛とパチンコ玉の落体実験を想像してみよう．両者は同じ振舞いを示すはずであり，これこそ，ガリレオが（月に行かないで）ピサの斜塔で木球と鉄球で示したとされることである．真空中の物体の運動は，現実からかけ離れすぎだと思うかもしれないが，最も単純な状況を想定して物事の本質を見極めようとするのが物理学であり，科学の面白いところである．

そこで，重力以外の影響は一切ないと仮定し，重力場の中のニュートンの運動方程式 (3.8) または (3.9) を出発点にして，物体の自由落下を議論する．図 3.4 のように，地表に $xy$ 平面を，上向きに $z$ 軸をとり，はじめの時刻 $t=0$ に点 P $(x_0, y_0, z_0)$ にあった質量 $m$ の質点の，時刻 $t$ での位置座標 $(x, y, z)$ を求めよう．

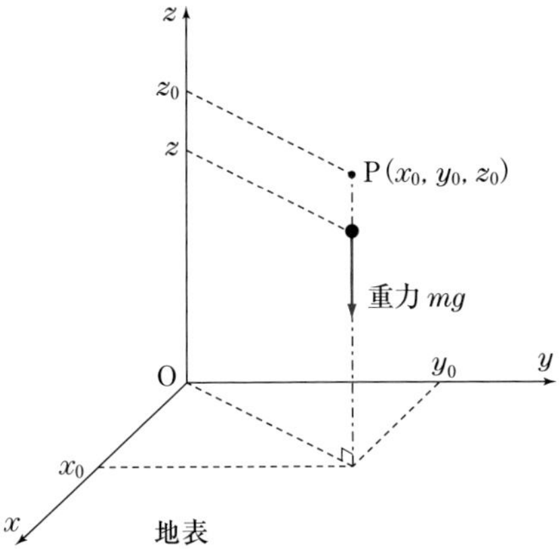


**図 3.4**　時刻 $t=0$ に点 P にあった質点の自由落下

重力 $m\boldsymbol{g} = mg\boldsymbol{e}$ は鉛直下向きなので，この座標系で重力の向きの単位ベクトル $\boldsymbol{e}$ を成分で表すと，その大きさが 1 だから $\boldsymbol{e} =$

(0, 0, −1) である．したがって，ニュートンの運動方程式 (3.8) を各成分ごとに表すと，

$$\frac{dv_x}{dt} = 0 \tag{3.10 a}$$

$$\frac{dv_y}{dt} = 0 \tag{3.10 b}$$

$$\frac{dv_z}{dt} = -g \tag{3.10 c}$$

となる．

式 (3.10 a,b,c) は，それぞれ質点の速度ベクトルの成分 $v_x$, $v_y$, $v_z$ を決める方程式であり，求めたい量 $v_x$, $v_y$, $v_z$ の時間 $t$ に関する微分が入っているので，独立な変数を $t$ とする $v_x$, $v_y$, $v_z$ の微分方程式である．微分方程式というと難しそうに見えるが，要はこれらの方程式を満たす量 $v_x$, $v_y$, $v_z$ を $t$ の関数として探せばよいだけであって，決して難しくはない．

実際，(3.10 a) を満たす $v_x$ は，1 回微分してゼロとなることから，定数であればよいことは容易にわかるであろう．したがって，$v_x = v_{0x}$ (= 定数) が微分方程式 (3.10 a) の解 (答) である．しかも，質点ははじめは $x$ 方向に運動していなかった (実際にはどの向きにも運動していなかった) ので，時刻 $t = 0$ で $v_x = 0$ でなければならない．これは質点のはじめの状態を表すので，$v_x$ に関する微分方程式 (3.10 a) を解くための**初期条件**という．こうして，

$$v_x = v_{0x} = 0 \tag{3.11a}$$

が質点の初期条件を満たす微分方程式 (3.10 a) の解である．全く同様にして，

$$v_y = v_{0y} = 0 \tag{3.11b}$$

であることも容易に理解されるであろう．

次の問題は $v_z$ を求めることで，これは少し丁寧に説明しよう．(3.10 c) を見てわかるように，求めたい $v_z$ は，それを $t$ で 1 回微分したら定数になる関数であるから，それは $t$ の 1 次関数であることは容易にわかるであろう．

すなわち，(3.10 c) を満たす $v_z$ は

$$v_z = a + bt \qquad (a,\ b：定数)$$

の形をしているはずである．実際にこの式を $t$ で1回微分してみると，確かに $b$ (定数) となる．しかし，(3.10 c) はそれが $-g$ でなければならないことを示しているので，(3.10 c) の解 (答) は

$$v_z = a - gt \qquad (a：定数)$$

となる．これを実際に (3.10 c) の左辺に代入してみれば，右辺になることはすぐにわかる．実はこの計算は，(3.10 c) の両辺を $t$ について積分したことに他ならない．

数学の問題ではこれでよいのであるが，物理学の問題としては残りの定数 $a$ にも意味があることを忘れてはならない．上式に $t = 0$ を代入してみるとわかるように，$a$ は質点のはじめの時刻 $t = 0$ での $z$ 方向の速度という，きちんとした物理的な意味があるのである．そこで，これを $v_{0z}$ としよう．これが速度に関する初期条件だということは，前に記した通りであり，これを初速度という．こうして，(3.10 c) の完全な解は

$$v_z = v_{0z} - gt$$

と表されることになる．

上式が (3.10 c) の解であることは，これを (3.10 c) の左辺に代入してみればその右辺に一致することからすぐにわかることである．それだけでなく，$z$ 方向の初速度が $v_{0z}$ であるとした場合の初期条件も満たしていることが，この表式の重要な点なのである．すなわち，上式は時刻 $t = 0$ に初速度 $v_{0z}$ で投げた場合の，物体の時刻 $t$ での速度を表している．ただし，ここでは自由落下 ($v_{0z} = 0$) の場合を考えているので，

$$v_z = -gt \tag{3.11c}$$

となる．

こうして，自由落下する質点の任意の時刻 $t$ における速度の各成分が (3.11a,b,c) で与えられることがわかった．

次は，質点の位置座標を求めることである．これは速度が位置座標の微分であることに注意すれば，これまでに速度成分を求めた計算法がそのまま使えることがわかる．すなわち，(1.31) の速度成分の微分表式を (3.11a,b,c) の各式に代入して，

$$\frac{dx}{dt} = 0 \tag{3.12 a}$$

$$\frac{dy}{dt} = 0 \tag{3.12 b}$$

$$\frac{dz}{dt} = -gt \tag{3.12 c}$$

が得られる．これは時刻 $t$ での質点の位置 $(x,\ y,\ z)$ を求めるための微分方程式である．

(3.12 a,b) については (3.10 a,b) に対する解を求めたのと全く同様にして，その解は定数であり，初期条件から

$$x = x_0 \tag{3.13 a}$$

$$y = y_0 \tag{3.13 b}$$

であることが直ちにわかる．これは図 3.4 で点 P から物体を静かに落としただけなので，その $x$ と $y$ 座標が変わるわけがなく，当然の結果である．ここでは，その当たり前の結果をきちんと求めてみたのである．

問題は微分方程式 (3.12 c) を満たす $z$ が $t$ のどのような関数かということである．これも微分したら 1 次関数になる関数は 2 次関数であることを考えると容易に解が得られ，(3.12 c) の両辺を積分して，その解は

$$z = z_0 - \frac{1}{2}gt^2 \tag{3.13 c}$$

となることがわかる．実際，この式を微分してみれば，(3.12 c) を満たすことは容易に確かめられる．もちろん，上式の第 1 項の $z_0$ が質点の $z$ 座標の初期条件を表すことも理解できるであろう．

自由落下する物体の速度 (3.11c)，高さ (3.13 c) は，高校で物理を学んだ

者にとっては，公式として覚えていてよく知っていることかもしれない．しかし，ここで重要なことは，これらの式がニュートンの運動方程式 (3.2) を解くことによって得られたということである．このことは自由落下の問題だけでなく，力学ではともかくニュートンの運動方程式 (3.2) または (3.3) に戻り，それぞれの状況に応じた初期条件などを考慮して微分・積分を使って (3.2) または (3.3) を解けばよい．決してその結果を丸暗記する必要はないのである．今後は，すべてこの方針で力学を学んでいくことにしよう．ただし，以降はここまで丁寧に説明はしないので，何か難しく思うようなことがあったら，この項に戻ってやり直してみるとよいであろう．

ここはポイント！

**例題 2**

高さ 100 m のビルの屋上から質量 1 kg の鉄球を自由落下させたとき，何秒で地上に達するか．また，そのときの速度はいくらか．

**解** まず，ガリレオの落体の実験，あるいは重力場の中の物体の運動方程式 (3.8)，(3.9) から明らかなように，質量は落体の運動には関係しない．(3.13 c) で $z_0 = 100$ [m]，地上 $z = 0$ [m] を代入して，

$$0 = 100 - \frac{1}{2} \times 9.8 \times t^2, \qquad \therefore \quad t = \sqrt{\frac{200}{9.8}} \cong 4.5\ [\mathrm{s}]$$

すなわち，落としてから約 4.5 秒で地上に達する．そのときの鉄球の速度は，(3.11c) より

$$v_z \cong -9.8 \times 4.5 \cong -44\ [\mathrm{m/s}]$$

ここで負号は運動が下向きであることを表している．物体が地上に達したとき，速さは約 44 m/s であり，これは時速 160 km ぐらいである．

**問題 2** 高さが 450 m の地点から質量 5 kg の銅球が自由落下したとき，何秒で地上に達するか．また，そのときの速度はいくらか．

## 3.2.2 放物運動

物体を水平面に対して斜めに投げたときの物体の運動を**放物運動**という．グランドでボールを遠くに投げた場合を想像しよう．ただし，この場合も空

気の影響を一切考えないので，物体にはたらく力は鉛直下向きの重力だけである．

物体を投げる水平の向きは，簡単のために $x$ 軸とする．図 3.5 のように，質量 $m$ の物体（質点）P を時刻 $t=0$ に原点 O から初速度 $\boldsymbol{v}_0$ で投げる場合を考えよう．図のように，$\boldsymbol{v}_0$ は $x$ 軸に対して角度 $\theta$ の向きをもつとする．この場合も自由落下と同様，ニュートンの運動方程式を解くという方針で議論を進めよう．

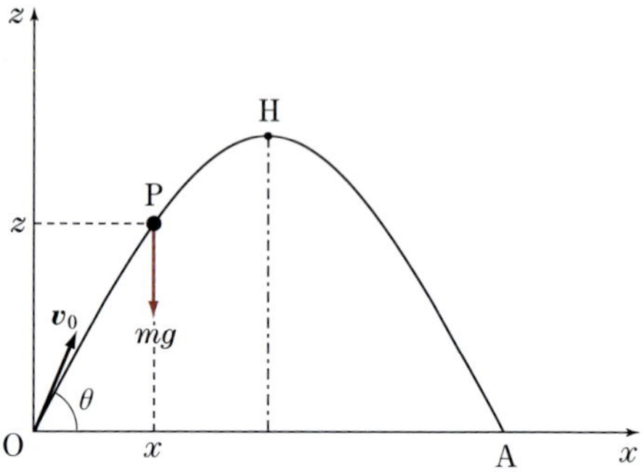


**図 3.5** 物体 P の放物運動．$y$ 軸は原点 O から紙面に対して裏向き．

放物体（放物運動する物体）P に対するニュートンの運動方程式 (3.8) の各成分を別々に表すと，この場合，

$$\frac{dv_x}{dt}=0 \tag{3.14 a}$$

$$\frac{dv_y}{dt}=0 \tag{3.14 b}$$

$$\frac{dv_z}{dt}=-g \tag{3.14 c}$$

のようになる．これは運動方程式としては (3.10 a, b, c) と全く同じであることがわかる．この場合の初期条件は

$$\text{初期位置：}(x_0,\ y_0,\ z_0)=(0,\ 0,\ 0) \qquad \text{（原点）} \tag{3.15}$$

$$\text{初速度：}\boldsymbol{v}_0=(v_{0x},\ v_{0y},\ v_{0z})=(v_0\cos\theta,\ 0,\ v_0\sin\theta) \tag{3.16}$$

ここはポイント!

であり，これは真下に落とすだけの自由落下の場合の初期条件とは当然異なる．

このように，放物運動は自由落下の場合と初期条件が異なるだけで，これらを支配する運動方程式は同じである．したがって，微分方程式 (3.14a, b, c) の解は初期条件に注意すれば同じように求められる．すなわち，(3.14a, b)

より $v_x$，$v_y$ はともに定数であり，初期条件 (3.16) より

$$v_x = v_{0x} = v_0 \cos\theta \tag{3.17 a}$$

$$v_y = v_{0y} = 0 \tag{3.17 b}$$

である．同様にして，(3.14 c) の解も直ちに求められて

$$v_z = v_{0z} - gt = v_0 \sin\theta - gt \tag{3.17 c}$$

となる．予想されたように，(3.17 a,c) は (3.11a,c) と初期条件の部分だけが異なる．

(3.17 a,b,c) から放物体の座標に関する微分方程式

$$\frac{dx}{dt} = v_{0x} \tag{3.18 a}$$

$$\frac{dy}{dt} = 0 \tag{3.18 b}$$

$$\frac{dz}{dt} = v_{0z} - gt \tag{3.18 c}$$

が導かれる．この解も初期条件 (3.15)，(3.16) に注意さえすれば，自由落下の場合と同様にして求められ，

$$x = x_0 + v_{0x}t = v_0 \cos\theta \cdot t \tag{3.19 a}$$

$$y = y_0 = 0 \tag{3.19 b}$$

$$z = z_0 + v_{0z}t - \frac{1}{2}gt^2 = v_0 \sin\theta \cdot t - \frac{1}{2}gt^2 \tag{3.19 c}$$

となる．この場合も，$x$ と $y$ 方向には力がはたらかず，放物体はこれらの方向には等速運動をすることがわかる．もちろん，(3.14 c) より $z$ 方向には等加速度運動である．

**例 題 3**

放物体の軌道 (3.19) は放物線であることを示せ．

**解**　(3.19 a) より，$t = x/\ v_0 \cos\theta$．これを (3.19 c) に代入して

$$z = v_0 \sin\theta \cdot \frac{x}{v_0 \cos\theta} - \frac{1}{2}g\left(\frac{x}{v_0 \cos\theta}\right)^2$$

$$\therefore \quad z = \tan\theta \cdot x - \frac{g}{2{v_0}^2\cos^2\theta}x^2$$

これは $xz$ 面で原点を通る 2 次曲線である．このように放物体の軌道が 2 次曲線を描くことから，このような 2 次曲線のことを放物線というのである．

**問題 3** 0.15 kg のボールを地表から真上に $v_{0z} = 30$ [m/s] で投げ上げたときに，ボールが到達する最高の高さ $H$ および再び地表に戻って来るまでの時間 $T$ を求めよ. ただし, 重力加速度を $g = 9.8$ [m/ s$^2$] とし, 空気の粘性抵抗は無視する.

**問題 4** 質量 $m$ の物体を時刻 $t = 0$ に $xz$ 面の原点から初速度 $\boldsymbol{v}_0$ で $x$ 軸の正方向に投げる．このとき，時刻 $t$ での物体の $x$ 座標と $z$ 座標を求めよ．ただし，重力加速度を $g$ とし，空気の粘性抵抗は無視する．また，この物体が描く軌道を表す式を求めよ．

**問題 5** 図 3.5 で，質量 $m$ の物体を原点から初速度 $\boldsymbol{v}_0$ $(0 < \theta \leq \pi/2)$ で斜め上に投げる．このとき，物体が到達する最高点の高さ $H$ および水平 ($x$ 方向) の到達距離 $L$ (原点 O から点 A までの距離) を求めよ．ただし，重力加速度を $g$ とし，空気の粘性抵抗は無視する．

**問題 6** 前問で水平方向の到達距離 $L$ を最長にするためには角度 $\theta$ をどれだけにすればよいか．また，高さの到達距離 $H$ を最高にするには $\theta$ をどれだけにすればよいか.

## 3.2.3 単振り子

最近の時計はデジタルが多くなり，柱時計はめったに見られなくなった. しかし, ブランコは誰もが子供の頃に楽しんだ思い出をもっているであろう. これらはいずれも，支点の周りを回転する棒やひもの端につながれたおもりがブラブラと往復運動する仕組みでできている．このような運動をするものを**振り子**とよぶ．本項では，振り子の運動を調べてみよう．

図 3.6 (a) のように，長さ $l$ で質量が無視できる軽い棒の一端が支点 O に固定され，他端には質量 $m$ のおもり P が付いていて鉛直面内で滑らかに回転できる振り子を考える．このような振り子を特に**単振り子**という．

単振り子のおもりの運動方程式を考える．まず，おもりの運動は支点 O を中心とする半径 $l$ の円周に限られる．すなわち，おもりの運動は円周上の束縛運動ということになり，この場合の束縛力は棒からの張力 $T$ である．図 3.6 (a) のように，支点 O の鉛直下方の円周上の点を A としよう．この

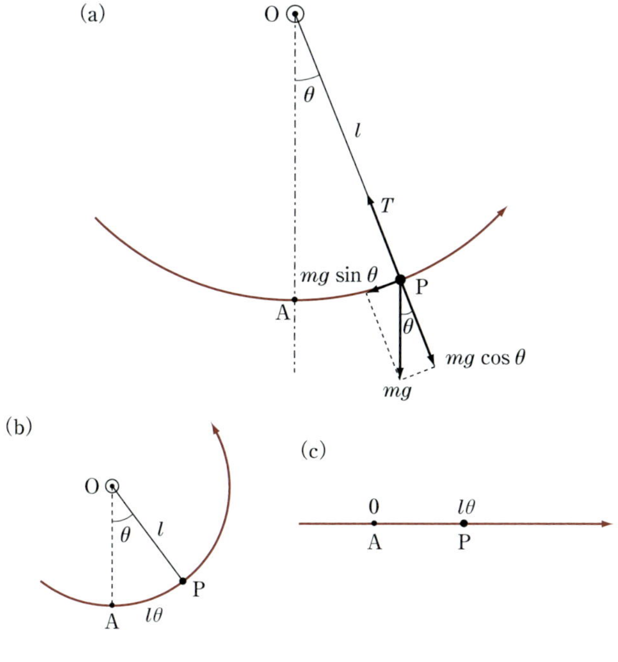


**図 3.6** 単振り子の運動
(a) おもり P にかかる力
(b) おもり P の円周上の位置
(c) おもり P の位置を直線上に表示

点Aを振り子のおもりPの位置を測るときの原点とし，円周の反時計回りを正の向きとする．点AとPの位置関係だけを示したのが，図3.6(b)である．また，図のように，振り子の振れ角を$\theta$(ラジアン)とする．

図3.6(a)，(b)からわかるように，角度$\theta$の値を決めると，おもりPの位置が決まる．この意味で，ここでの円周は一種の1次元曲線座標系(例えば，$x$軸がぐるっと円を描いているイメージ)であって，これを**円周座標系**という．円弧$\overset{\frown}{\mathrm{AP}}$の長さは弧度法より$l\theta$なので，おもりPの位置座標は

$$l\theta \tag{3.20}$$

だけで済むのである．このことをわかりやすくイメージするために，図3.6(b)の円周座標をまっすぐに表示したのが，図3.6(c)である．

実際，振り子のおもりが2次元鉛直平面内で運動するからといって2次元直交座標系を使うと，計算が大変面倒になる．点の位置さえ決められれば，座標軸は直線である必要はなく，どんな曲線でもよい．例えば，地球の表面は2次元球面と見なすことができ，経線と緯線が一種の2次元曲面座標系である**球面座標系**をつくっている．そして，地表の1地点を指定するのに緯度と経度の2つの量だけで済むことは誰もが知っている．地球が3次元空間に浮かんでいるからといって，例えば地球の中心を原点にとって3次元直交座標系をとる必要は全くないのである．

おもりPにはたらく力は重力と棒からの張力である．ただし，ここではおもりの運動が円周上に束縛されているので，おもりの運動に影響する力は作用する力の円周に沿った成分だけである．図3.6のように，それは重力を起因とする

$$-mg\sin\theta \tag{3.21}$$

である．ここでの負号は，$\theta$が正のときには負の向きに，$\theta$が負のときには正の向きに力がはたらくことを表している．また，重力の円周に鉛直な成分$mg\cos\theta$はおもりを固定している棒の張力とつり合っており，おもりの運動には影響しない．

こうして，おもりPの運動方程式は (3.3) で1次元の場合を考えればよく，おもりの位置とそれにはたらく力がそれぞれ (3.20) と (3.21) で与えられているので，

$$m\frac{d^2(l\theta)}{dt^2} = -mg\sin\theta \tag{3.22}$$

$$\therefore \quad \frac{d^2\theta}{dt^2} = -\frac{g}{l}\sin\theta \tag{3.23}$$

となる．ここで

$$\omega_0{}^2 = \frac{g}{l}, \qquad \therefore \quad \omega_0 = \sqrt{\frac{g}{l}} \qquad \left(\text{単位：}\sqrt{\frac{\mathrm{m/s^2}}{\mathrm{m}}} = \mathrm{s}^{-1}\right) \tag{3.24}$$

と定義すると，$\omega_0$ はこの振り子に固有な角振動数であることが後の議論でわかる．こうして，おもりの運動方程式は

$$\frac{d^2\theta}{dt^2} = -\omega_0{}^2\sin\theta \tag{3.25}$$

という簡潔な形に表すことができる．

(3.25) は，単振り子の振れ角 $\theta$ を時間 $t$ の関数として決めるための，2階微分方程式である．2階である理由は，求めたい $\theta$ の $t$ に関する2階微分が方程式に含まれているからである．また，これまでの議論で角 $\theta$ の値に関して一切制限をしてこなかったので，(3.25) は普通の振り子のように往復運動する場合だけでなく，支点Oの周りをぐるぐる回転する場合にも適用できる一般的な運動方程式である．そこで，微分方程式 (3.25) を解くことがこれからの課題となる．

(3.25) は一見簡単そうであるが，その右辺にある $\sin\theta$ が $\theta$ の線形 (1次) 関数ではなく非線形関数であるために，その解を求めることは一般に容易ではないし，得られたとしてもそれは簡単な関数で表すことができない．そこで，振れ角 $\theta$ が微小な場合 ($|\theta| \ll 1$) を考える．このとき，三角関数は

$$\sin\theta \cong \theta, \qquad \cos\theta \cong 1, \qquad \tan\theta = \frac{\sin\theta}{\cos\theta} \cong \theta \qquad (3.26)$$

と，線形（1次）関数で近似できる．これを使うと，(3.25) は

$$\frac{d^2\theta}{dt^2} = -\omega_0{}^2\theta \qquad (3.27)$$

となる．これが単振り子の振れ角 $\theta$ が微小なとき（$|\theta| \ll 1$）の，$\theta$ の運動を決める2階微分方程式である．見てわかるように，この方程式は $\theta$ について線形なので，その解はよく知られている簡単な関数（初等関数という）で与えられる．それを次に調べてみよう．

高校数学の微分・積分で学んだように，三角関数の微分は

$$\frac{d}{dx}\sin x = \cos x, \qquad \frac{d}{dx}\cos x = -\sin x \qquad (3.28)$$

である．上の第1式をもう一度微分してみると，第2式を使って，

$$\frac{d^2}{dx^2}\sin x = \frac{d}{dx}\cos x = -\sin x$$

となる．ここで $y = \sin x$ とおくと，上式は

$$\frac{d^2y}{dx^2} = -y \qquad (3.29)$$

と表される．

(3.29) は求めたい関数が $y$ の場合の，独立変数 $x$ に関する線形な2階微分方程式であり，上の議論から $y = \sin x$ がその解であることがわかる．しかし，実は $y = \cos x$ も (3.29) の解であることが容易に確かめられる．そのため，両者の線形結合である

$$y = C_1 \sin x + C_2 \cos x \qquad (C_1,\ C_2：定数) \qquad (3.30\,\mathrm{a})$$

も (3.29) の解であることがわかる．また，(3.30 a) の右辺は1つの三角関数を使って

$$y = A\cos(x+\alpha) \qquad (A,\ \alpha：定数) \qquad (3.30\,\mathrm{b})$$

ここは
ポイント!

とも表されるので，線形2階微分方程式 (3.29) は，三角関数 (3.30 a, b) を解とする標準的な微分方程式だということができる．しかも，この解で十分であるという解の一義性が数学的に証明できるのである．

**問題 7** $y = \cos x$ が (3.29) の解であることを示せ．

**問題 8** (3.30 a, b) が (3.29) の解であることを示せ．

ここまでくると，微分方程式 (3.29) は単振り子についての (3.27) と非常によく似ていることがわかるであろう．実際，$x = \omega_0 t$，$y = \theta$ とおくと，合成関数の微分 (1.8) から

$$\frac{d\theta}{dt} = \frac{dy}{dt} = \frac{dy}{dx}\frac{dx}{dt} = \omega_0 \frac{dy}{dx}, \qquad \frac{d^2\theta}{dt^2} = {\omega_0}^2 \frac{d^2 y}{dx^2}$$

が導かれ，$y = \theta$ と上の第2式を (3.27) に代入すれば (3.29) が得られる．これは，(3.30 a, b) で $x = \omega_0 t$，$y = \theta$ とおいた

$$\theta = C_1 \sin \omega_0 t + C_2 \cos \omega_0 t \qquad (C_1, C_2 : \text{定数}) \tag{3.31a}$$

または

$$\theta = A \cos(\omega_0 t + \alpha) \qquad (A, \alpha : \text{定数}) \tag{3.31b}$$

が (3.27) の解であることを意味する．そして，数学的にはこれで十分なのである．単振り子についての物理学の問題としては，初期条件である時刻 $t = 0$ でのおもり P の位置 ($\theta$ の値) と速度 ($d\theta/dt$ の値) から定数 $C_1$, $C_2$ または $A$, $\alpha$ がきちんと決まる．

微分方程式 (3.27) の解 (3.31b) は，単振り子の振れ角 $\theta$ が周期関数である三角関数で表されることを意味する．これは単振り子が往復運動することから納得できるであろう．その大体の様子を図 3.7 に示す．特に，(3.31b) の右辺にある $A$ は単振り子の**振幅**を，$\omega_0$ はその**固有角振動数 (角周波数)** を表す．また，(3.31b) のように三角関数で表される運動を，振幅 $A$，角振動数 $\omega_0$ の**単振動**という．

周期関数には，それに固有の**周期**がある．(3.31b) の周期関数 $\cos(\omega_0 t + \alpha)$

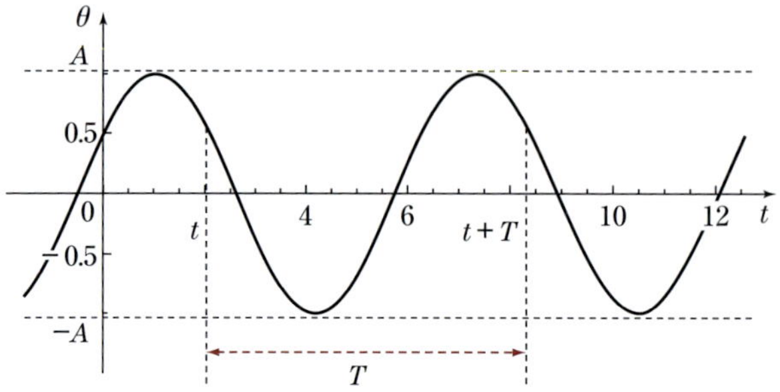


**図 3.7** 振幅 $A$，周期 $T$ の単振動

についてその周期を $T$ とすると，周期そのものの定義から

$$\cos\{\omega_0(t+T)+\alpha\} = \cos(\omega_0 t+\alpha)$$

が成り立たなければならない．これは図 3.7 から明らかであろう．この式が $t$ の値によらず常に成り立つためには

$$\omega_0 T = 2\pi$$

でなければならない．なぜなら，三角関数の周期が $2\pi$ だからである．したがって，周期 $T$ は

$$T = \frac{2\pi}{\omega_0} \qquad (単位：[\mathrm{s}]) \tag{3.32}$$

であり，これは周期と角振動数の間に成り立つ重要な関係式である．特に，単振り子の場合には角振動数が (3.24) なので，その周期は

$$T = 2\pi\sqrt{\frac{l}{g}} \tag{3.33}$$

で与えられる．この式からわかるように，単振り子の周期は振幅によらない．これは単振り子の**等時性**といい，周期がおもりの質量によらないことと共に，ガリレオが発見したことである．高校で物理を学んだ人は，この式を暗記した記憶があるかもしれないが，それが運動方程式から出発して少しもあいまいなところがなく導かれたことに注意しよう．

**例題 4**

図 3.6 (a) の単振り子で，点 A に静止していたおもりを時刻 $t = 0$ に初速度 $v_0$ で振らせはじめたとして，その運動を調べよ．

**解** おもりの初期位置が点 A にあるので，$t = 0$ のときに $\theta = 0$．これを (3.31a) に代入すると $C_2 = 0$ となり，

$$\theta = C_1 \sin \omega_0 t$$

が得られる．おもりの位置は (3.20) なので，その速度 $v$ は上式を時間微分して

$$v = l\frac{d\theta}{dt} = l\omega_0 C_1 \cos \omega_0 t$$

上式において初期条件 $t = 0$ で $v = v_0$ より，振動の振幅は $C_1 = v_0/l\omega_0 = v_0/\sqrt{gl}$ となる．以上により，おもりは

$$\theta = \frac{v_0}{\sqrt{gl}} \sin \omega_0 t$$

で表される単振動をする．なお，おもりの位置は

$$l\theta = v_0\sqrt{\frac{l}{g}} \sin \omega_0 t = \frac{v_0}{\omega_0} \sin \omega_0 t$$

で与えられる．

**問題 9** 上の例題で，$l = 1$ [m]，$v_0 = 0.2$ [m/s] としたときの振れ角および振幅の値を求めよ．

**問題 10** 単振り子のおもりの質量を 2 倍にし，さらに棒の長さを 4 倍にすると，周期は何倍になるか．質量の違うおもり（釣り用のおもりなど）を何種類か用意し，それを吊るす紐の長さを変えてみて，実際に確かめてみよ．

## 3.3 単振動の簡単な例

図 3.8 のように，水平で滑らかな床の上に，バネ定数 $k$ のバネに固定された質量 $m$

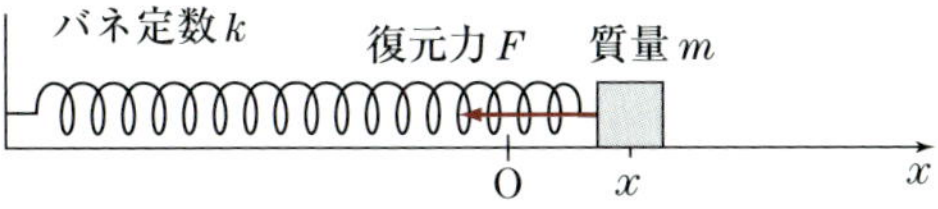


**図 3.8** バネにつながれた質量 $m$ の物体の運動

の物体があるとして，この物体の運動を調べてみよう．物体は $x$ 軸方向にだけ動くものとし，バネが伸びも縮みもしない自然な状態にあるときの物体の位置を $x$ 軸の原点とする．

図 3.8 のように，物体が原点から $x$ だけ離れると，バネは物体を原点に戻そうとする力，すなわち復元力 $F$ を物体に作用する．しかもこの力がフックの法則 (2.8) に従うことは，すでに 2.1.3 項でみた．したがって，バネにつながれた物体の運動方程式は，(3.3) において $x$ 成分だけを考えればよく，

$$m\frac{d^2x}{dt^2} = -kx \tag{3.34}$$

となる．この場合も

$$\omega_0 = \sqrt{\frac{k}{m}} \qquad \left(\text{単位}：\sqrt{\frac{\mathrm{kg/s^2}}{\mathrm{kg}}} = \mathrm{s^{-1}}\right) \tag{3.35}$$

とおくと，(3.34) は

$$\frac{d^2x}{dt^2} = -\omega_0{}^2 x \tag{3.36}$$

と表される．

(3.36) は (3.27) で $\theta$ の代わりに $x$ とおいただけで，全く同じ形の 2 階微分方程式である．したがって，(3.36) の解は (3.31a, b) で $\theta$ を $x$ におき換えるだけでよく，

$$x = C_1 \sin \omega_0 t + C_2 \cos \omega_0 t \qquad (C_1,\ C_2：\text{定数}) \tag{3.37a}$$

または

$$x = A\cos(\omega_0 t + \alpha) \qquad (A,\ \alpha：\text{定数}) \tag{3.37b}$$

と表される．

ここはポイント!

(3.37a, b) は，バネ定数 $k$ のバネでつながれた質量 $m$ の物体の運動が固有角振動数 $\omega_0$ の単振動であることを表す．この場合の単振動の周期は，(3.32) と (3.35) より

$$T = 2\pi\sqrt{\frac{m}{k}} \tag{3.38}$$

であることがわかる．これも高校の物理では暗記しなければならない公式であったであろう．また，(3.27) や (3.36) は振動現象に頻繁に現れる重要な微分方程式であり，単振動の標準的な微分方程式ということができる．

ここはポイント!

**例題 5**

図のように，質量 $m$ の物体が水平で滑らかな床の上にあり，バネ定数 $k$ のバネで左右からつながれている．2 つのバネがともに自然な状態にあるときの物体の位置を $x$ 軸の原点とする．物体の位置 $x$ に関する運動方程式を導き，その角振動数 $\omega$ を求めよ．また，物体を時刻 $t=0$ で $x=A$ から静かに放したときの時刻 $t$ での物体の位置 $x$ を求めよ．

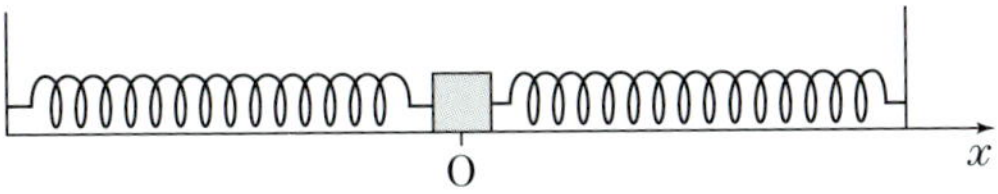


**解** 物体には左のバネから復元力 $-kx$ を，右のバネからも復元力 $-kx$ を受ける．例えば，$x$ が正の場合を考えると，物体は左のバネから負の向きに引っ張られ，右のバネからやはり負の向きに押されるからである．したがって，その運動方程式は

$$m\frac{d^2x}{dt^2} = -kx - kx = -2kx$$
$$= -m\omega^2 x$$

となって，この場合の角振動数 $\omega$ は

$$\omega = \sqrt{\frac{2k}{m}}$$

で与えられる．この場合の物体の位置 $x$ は，(3.37a) で $\omega_0$ を $\omega$ におき換えて

$$x(t) = C_1 \sin \omega t + C_2 \cos \omega t$$

初期条件より $x(t=0) = C_2 = A$，$v(t=0) = dx/dt(t=0) = \omega C_1 = 0$ であるから，物体の位置 $x$ は

$$x(t) = A\cos\omega t \qquad \left(\omega = \sqrt{\frac{2k}{m}}\right)$$

となる.

**問 題 11** 図のように，質量 $m$ の物体が傾斜角 $\theta$ の斜面上で固定されたバネにつながれていて，滑らかな斜面上で運動する．ただし，重力加速度の大きさを $g$，バネのバネ定数を $k$ とし，その自然な長さを $L$ とする．また，バネが斜面上で固定された点を原点 O とし，斜面の下向きに $x$ 軸をとることにしよう．

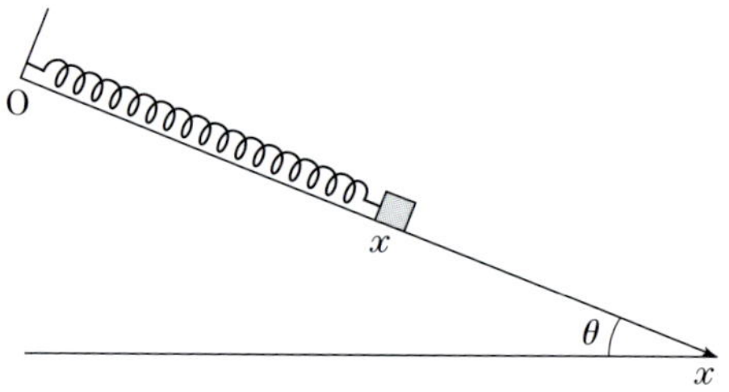


（1） この物体の位置 $x$ に関する運動方程式を記せ.

（2）（1）で求めた運動方程式を単振動の標準的な微分方程式にするには，物体の位置 $x$ の代わりに新しい変数 $\xi$ を導入する必要がある．この変数 $\xi$ を何にすればよいか.［ヒント： 物体の静止位置がどこかを考えてみよ.］

（3） バネにつながれて静止していた物体を，その位置から $A$ だけ伸ばして時刻 $t=0$ で静かに放した（初期振幅 $A$）．時刻 $t$ での物体の位置 $x$ を求めよ.

## 3.4 まとめとポイントチェック

本章では，まず運動の基本的な 3 法則について述べた．特に，その第 2 法則であるニュートンの運動方程式の重要性を強調した．すなわち，力学を学ぶ際に最も重要なことは，それぞれの問題について，物体にどのような力がはたらいているかを考察して運動方程式を立て，その解を求めることである.

ところで，運動方程式は，質点の位置や速度の時間微分を含む微分方程式である．一般的に微分方程式の解を求めることは容易ではないが，単純な力学現象に対しては，微分方程式そのものが簡単な形をしており，基礎的な微分・積分の知識があれば，解は求められる．

本章では，具体例として一様な重力場の中の運動である自由落下，放物運動，単振り子の運動を取り上げた．特に，単振り子の運動は単振動であり，単振動を示す別の典型例として，バネにつながれた物体の運動も議論した．また，高校物理では暗記しなければならなかった重要な公式が，運動方程式を解くだけでごく自然に導かれたことを強調しておく．本章には力学での考え方の基本が盛り込まれており，その意味で，次章以下の基礎であることをきちんと理解しておく必要がある．

## ポイントチェック

- □ **運動の 3 法則の意味することが理解できた．**
- □ **運動の第 2 法則（運動方程式）が微分方程式であることがわかった．**
- □ **一様な重力場の中で物体にはたらく力がわかり，その運動方程式を立てることができた．**
- □ **自由落下の運動方程式が簡単な微分方程式で表せることを理解し，その解を導くことができた．**
- □ **単振り子の運動方程式の導き方と，その解が単振動であることが理解できた．**
- □ **バネにつながれた物体の運動が単振動であることが理解できた．**
- □ **単振動には復元力が必要であることが感覚的にわかった．**
- □ **単振り子やバネの振動の周期を表す公式を暗記する必要がないことがわかった．**

# 4 仕事とエネルギー

**学習目標**

- 力学的な仕事を理解する．
- 保存力と位置エネルギーの関係を理解する．
- 保存力と位置エネルギーの実例を知る．
- 運動エネルギーを理解する．
- 力学的エネルギー保存則とその有用性を理解する．

前章では，物体が力を受けているとき，その物体がどのように運動するかを学んだ．本章ではまず，物体に力が加わると，その力が物体に仕事をすることや，その仕事がどのくらいの量なのかということを考察する．次に，物体に加わる力が保存力の場合には，この物体は位置エネルギーをもつことを学ぶ．重力やバネによる力などの身近な力が保存力であり，そのときの物体の位置エネルギーの具体的な表式を導く．さらに，物体が運動状態にあるときには，それが必然的に運動エネルギーをもつことを示す．

以上の考察を踏まえて，物体の運動エネルギーと位置エネルギーの和である力学的エネルギーが保存することを導き，この力学的エネルギー保存則の有用性を具体例を通じて学ぶのが本章の大きな目標である．

## 4.1 仕　事

水をたっぷり入れたバケツや重いものの入った段ボール箱などを運ぶと，仕事をしたという実感がわく．この仕事の本質は，ものに力を加えて移動するということであろう．力学でも，仕事を正確に定義しておくと，これからの議論に非常に有用である．

図 4.1 のように，物体に力 $\boldsymbol{F}$ が作用してその物体が距離 $\Delta \boldsymbol{r}$ だけ動いたと

しよう．このとき，力がした**仕事** $\Delta W$ を

$$\Delta W = \boldsymbol{F}\cdot\Delta\boldsymbol{r} = F\,\Delta r\cos\theta \tag{4.1}$$

と定義する．ここには1.4節で学んだベクトルの内積が使われていることに注意しよう．$F$, $\Delta r$ はそれぞれベクトル $\boldsymbol{F}$, $\Delta\boldsymbol{r}$ の大きさであり，$\theta$ は両者のなす角である．仕事が内積で表されるのは，物体にはたらく力のうち，物体の移動方向の成分 ($F\cos\theta$) だけが効くことから理解できる．床にある重いものを水平に動かすときに，斜め上に力を加えるよりも水平方向に力を加える方が効率的なことは，誰もが日常経験から知っていることである．

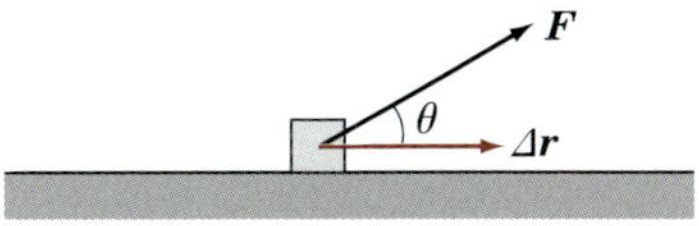

**図 4.1** 物体の移動と仕事

(4.1) によると，力を加えても物体を移動させなければ仕事はゼロである ($\Delta r = 0$ だから) し，移動方向とは垂直な力の成分は仕事に寄与しない ($\cos(\pi/2) = 0$ だから) ことになる．これは日常的な経験からはおかしいと思うかもしれない．実際，ビルのコンクリート壁を押して微動だにしなくても，押し続けていると汗だくになって疲労困憊する．また，重いカバンを手にぶら下げ続けても，そのうちに疲れてくる．いずれにしても，仕事をしたという実感をもつはずである．しかし，壁もカバンも何の変化もないので，確かにそれらには仕事はされていない．実際には動かないものを押し続けたりもち続けているとき，私たちの筋肉をつくる2種類のたんぱく質であるアクチンとミオシンがお互い一生懸命にひっぱったりゆるんだりし続けており，その意味では確かに (4.1) に従って仕事をしているのであるが，それが物体にまでいかないだけなのである．

次に，仕事 $\Delta W$ の単位をみておこう．力 $\boldsymbol{F}$ [N = kg·m/s²]，距離 $\Delta\boldsymbol{r}$ [m] と (4.1) より，仕事 $\Delta W$ の単位は [N·m = kg·m²/s² = J] である．ここで単位 [J] はジュール (joule) であり，仕事と熱エネルギーの間の定量的な関係を実験的に求めた物理学者ジュールにちなんで名付けられたもので，

$$1\,[\mathrm{J}] = 1\,[\mathrm{N\cdot m}] = 1\,[\mathrm{kg\cdot m^2/s^2}] \tag{4.2}$$

である．

単位 [kg·m²/s²] は $(1/2)mv^2$ の単位と同じであり，これは質量 $m$ [kg]，速さ $v$ [m/s] の質点の運動エネルギーであることが後でわかる．すなわち，仕事はエネルギーの一形態であり，物体の力学的状態（位置，速度）を変える操作に関係する．このことは，これから詳しくみていくことになる．また，電球などの電気器具でよく見かけるワット（watt，W）は仕事率（単位時間にする仕事）の単位であって，

ここはポイント！

$$1\,[\mathrm{W}] = 1\,[\mathrm{J/s}] \tag{4.3}$$

である．

## 4.2 経路に沿って力がする仕事

図 4.2 のように，空間中の点 A から B までの経路 C があるとしよう．いま，物体に力 $\boldsymbol{F}$ を加えながら経路 C に沿って点 A から B まで移動させる．つまり，この物体はこの間ずっと力 $\boldsymbol{F}$ によって仕事をされることになるが，その仕事 $W$ を求めてみよう．

図 4.2 のように，経路 C を $\mathrm{A} = \boldsymbol{r}_0, \boldsymbol{r}_1, \boldsymbol{r}_2, \boldsymbol{r}_3, \cdots, \boldsymbol{r}_{i-1}, \boldsymbol{r}_i, \cdots, \boldsymbol{r}_{n-1}, \boldsymbol{r}_n = \mathrm{B}$ と，細かく $n$ 分割する．ベクトル $\boldsymbol{r}_i (i = 1, 2, \cdots, n)$ は原点 O からのそれ

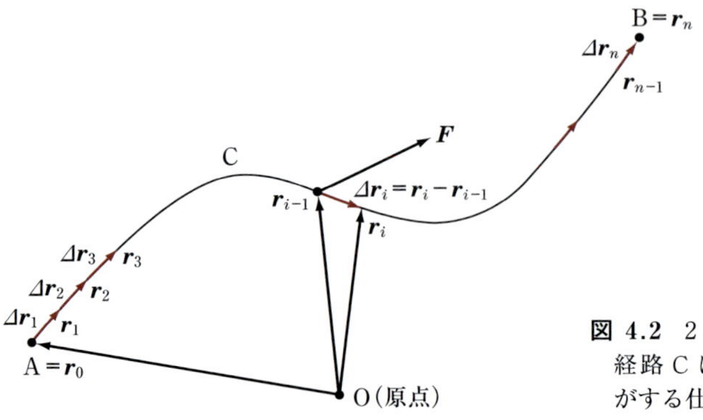


**図 4.2**　2 点 A，B 間の経路 C に沿って力 $\boldsymbol{F}$ がする仕事

ぞれの分割点の位置ベクトルである．このとき，分割点 $\boldsymbol{r}_{i-1}$ と $\boldsymbol{r}_i$ の間にはたらく力を $\boldsymbol{F}(\boldsymbol{r}_i)$ とし，点 $\boldsymbol{r}_{i-1}$ から $\boldsymbol{r}_i$ までの微小な位置ベクトルを $\Delta\boldsymbol{r}_i = \boldsymbol{r}_i - \boldsymbol{r}_{i-1}$ とする．この微小な区間では力 $\boldsymbol{F}(\boldsymbol{r}_i)$ が一定と見なされるので，この区間で力がした仕事 $\Delta W_i$ は，(4.1) より

$$\Delta W_i = \boldsymbol{F}(\boldsymbol{r}_i)\cdot\Delta\boldsymbol{r}_i \tag{4.4}$$

と表される．

経路 C に沿って点 A から B までに力がした仕事 $W$ は，分割区間での仕事 $\Delta W_i$ を全部集めてその和をとればよく，

$$W = \sum_{i=1}^{n}\Delta W_i = \sum_{i=1}^{n}\boldsymbol{F}(\boldsymbol{r}_i)\cdot\Delta\boldsymbol{r}_i \tag{4.5}$$

となる．ここで，$n\to\infty$ にして $\Delta\boldsymbol{r}_i$ をどんどん小さくしていくと，上の和は積分で表現できて，

$$W = \int_{\mathrm{A}\,\mathrm{C}}^{\mathrm{B}}\boldsymbol{F}(\boldsymbol{r})\cdot d\boldsymbol{r} \tag{4.6}$$

と表される．これは力 $\boldsymbol{F}$ の経路 C に沿っての成分を，点 A から B まで経路 C に沿って積分することを表し，このような積分を**線積分**という．

**例題 1**

質量 $m$ [kg] の物体を高さ $h$ [m] まで持ち上げるのに必要な仕事 $W$ [J] はいくらか．

**解** 図 4.3 のように，物体を点 A (座標 $(x_0, y_0, z_0)$) から点 B (座標 $(x, y, z_0+h)$) まで経路 C に沿って移動させる．点 A と B の高さの差は $h$ である．物体には常に鉛直下方に重力 $mg$ がかかる．したがって，物体を持ち上げるには，重力に打ち勝つだけの力 $\boldsymbol{F}$ ($|\boldsymbol{F}| = F = mg$) を鉛直上方に加える必要がある．経路 C の途中で物体を微小な距離 $d\boldsymbol{r}$ だけ動かしたとすると，

$$\boldsymbol{F} = (0,\ 0,\ mg), \qquad d\boldsymbol{r} = (dx,\ dy,\ dz)$$

だから，この微小区間での微小な仕事 $dW$ は，(4.1) より，

$$dW = \boldsymbol{F}\cdot d\boldsymbol{r} = mg\,dz$$

である．したがって，この場合の仕事 $W$ は，(4.6) から

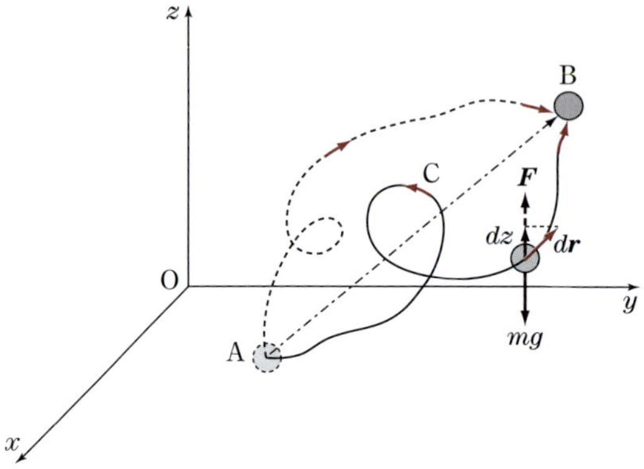


**図 4.3** 重力がはたらいている物体を点 A から B まで移動させる.

$$W = \int_{\mathrm{A}}^{\mathrm{B}}{}_{\mathrm{C}} \boldsymbol{F} \cdot d\boldsymbol{r} = \int_{z_0}^{z_0+h} mg\, dz = mg \int_{z_0}^{z_0+h} dz = mgh \qquad (4.7)$$

となる.

ここはポイント!

(4.7) で注意すべきことは, 一様な重力場の中で物体をゆっくり運ぶ場合に必要な仕事は, 物体をどれだけの高さ移動させたかだけによるのであって, 物体のはじめの位置や途中の経路には一切よらないことである. 図 4.3 には例として 3 つの経路を示してあるが, 仕事に効くのは移動のはじめの点 A と終わりの点 B の間の高さの差 $h$ だけだというわけである. 仕事をされた物体は高さだけによるエネルギー $mgh$ をもらうことになり, これが次に議論する物体の位置エネルギーに結び付くのである.

## 4.3 位置エネルギー

例題 1 では物体にはたらく力が一様な重力であったために, (4.6) の右辺の積分が容易にできた. 一般にはそう簡単にいかないが, ここに例外がある. もし力 $\boldsymbol{F}$ がある関数の微分で書けるとすると, (4.6) は微分した関数を積分することになる. 微分と積分はちょうど逆の演算なので, この場合はほとんど何もしないことと同じで, (4.6) の右辺の積分は簡単に求まるのである.

実は，このような場合は力学だけでなく物理学一般で意外に多いのである．そこで，力学での場合を以下に詳しく議論しよう．

力 $\boldsymbol{F}$ の成分 $F_x$, $F_y$, $F_z$ が座標 $x$, $y$, $z$ の関数 $U(x, y, z)$ の微分

$$F_x = -\frac{\partial U}{\partial x}, \qquad F_y = -\frac{\partial U}{\partial y}, \qquad F_z = -\frac{\partial U}{\partial z} \tag{4.8}$$

で表される場合を考える．ここで見慣れない微分記号 $\partial/\partial x$ などが出てきたので，その説明をしよう．例えば，$\partial U/\partial x$ は

$\dfrac{\partial U}{\partial x}$: 他の変数 $y$, $z$ を固定して（一定と見なして），$x$ だけについて関数 $U(x, y, z)$ を微分する

ことを意味する微分演算の記号であり，$\partial U/\partial y$, $\partial U/\partial z$ も同様である．

このように，複数の独立変数をもつ関数があって，その関数をある 1 つの変数だけについて微分することを**偏微分**という．偏微分は一見難しそうであるが，それは慣れていないからに過ぎない．上の例で言えば，$x$ で微分するときに他の変数 $y$, $z$ の存在を忘れていてよいというわけだから，複合関数の微分などと比べてこれほど簡単な微分はないといっていい．しかも偏微分は物理学だけでなく，自然科学，工学すべてに頻繁に出てくるので，これを機会に覚えておくとよい．この意味で数学は道具に過ぎない．ただし，それは非常に便利な道具であること，および道具を使いこなすには慣れなければならないことを，決して忘れてはいけない．このとき，意味と用法がわかっていればいいのであって，数学そのものに深入りする必要はない．

**例題 2**

2 変数の関数 $f(x, y) = x^2y + 2y^2$ の偏微分 $\partial f/\partial x$, $\partial f/\partial y$ を求めよ．

**解** 微分 $\partial f/\partial x$ を計算するとき，$y$ は定数と見なしてよいので，$\partial f/\partial x = 2xy$ と簡単に計算できてしまう．特に，右辺第 2 項の $2y^2$ は $x$ の微分に全く効かないことに注意しよう．もし $y$ が $x$ の関数だと，このようなわけにはいかない．同様にして，$\partial f/\partial y = x^2 + 4y$ である．

**問題 1** 3 変数の関数 $f(x, y, z) = x^2 + y^2 + z^2$ の偏微分 $\partial f/\partial x$, $\partial f/\partial y$, $\partial f/\partial z$

を求めよ.

力 $\boldsymbol{F}$ の成分 $F_x,\ F_y,\ F_z$ が (4.8) のように1つの位置の関数 $U(x,\ y,\ z)$ の微分で表されるとき，力 $\boldsymbol{F}$ を**保存力**といい，関数 $U(x,\ y,\ z)$ を**位置エネルギー（ポテンシャル）**という．その理由は，これからの議論ではっきりする．また，位置ベクトル $\boldsymbol{r} = (x,\ y,\ z)$ を1つ決めると，関数 $U(x,\ y,\ z) = U(\boldsymbol{r})$ は1つの数値（スカラー）を与える．このような関数を**スカラー関数**という．すなわち，この場合には，関数 $U(x,\ y,\ z) = U(\boldsymbol{r})$ そのものはスカラーであるが，その変数 $\boldsymbol{r} = (x,\ y,\ z)$ はベクトルということになる．物理的な考え方としては，空間が力 $\boldsymbol{F}$ を与える場になっており，質点が場の1点 $\boldsymbol{r}$ にいると位置エネルギー $U(\boldsymbol{r})$ をもつと考えるわけである．

ここはポイント!

力 $\boldsymbol{F} = (F_x,\ F_y,\ F_z)$ はベクトルであり，(4.8) より

$$\boldsymbol{F} = (F_x,\ F_y,\ F_z) = \left(-\frac{\partial U}{\partial x},\ -\frac{\partial U}{\partial y},\ -\frac{\partial U}{\partial z}\right) = -\left(\frac{\partial U}{\partial x},\ \frac{\partial U}{\partial y},\ \frac{\partial U}{\partial z}\right)$$

なので，$(\partial U/\partial x,\ \partial U/\partial y,\ \partial U/\partial z)$ もベクトルである．ここで関数 $U(x,\ y,\ z) = U(\boldsymbol{r})$ は位置 $\boldsymbol{r} = (x,\ y,\ z)$ の関数なので，場所が変わるとその値も変化する．微分の定義から，関数 $U$ の位置座標による微分は，そこでの $U$ の傾きである．こうして，$\partial U/\partial x$ は関数 $U$ の $x$ 方向の変化の傾きということになる．$\partial U/\partial y,\ \partial U/\partial z$ も同様で，それぞれ $U$ の $y,\ z$ 方向の傾きである．

ここはポイント!

したがって，ベクトル $(\partial U/\partial x,\ \partial U/\partial y,\ \partial U/\partial z)$ は空間中の1点 $\boldsymbol{r} = (x,\ y,\ z)$ での関数 $U(x,\ y,\ z) = U(\boldsymbol{r})$ の変化の向きを表す傾きベクトルということができる．そこで，

$$\mathrm{grad}\ U \equiv \nabla U \equiv \frac{\partial U}{\partial \boldsymbol{r}} = \left(\frac{\partial U}{\partial x},\ \frac{\partial U}{\partial y},\ \frac{\partial U}{\partial z}\right) \tag{4.9}$$

というものを定義しておくと便利であり，これは関数 $U$ の**勾配ベクトル**とよばれる．grad は勾配を表す英字 gradient のはじめの4文字からきており，それを簡略に記したのが記号 $\nabla$ であり，偏微分で結果がベクトルである

ことを表したのが記号 $\partial/\partial \boldsymbol{r}$ であって，いずれもグラッドなどと発音する．

こうして，(4.8) と (4.9) より，この場合の力 $\boldsymbol{F}$ は

$$\boldsymbol{F} = -\mathrm{grad}\, U = -\nabla U = -\frac{\partial U}{\partial \boldsymbol{r}} \tag{4.10}$$

と，簡潔な形で表すことができる．力が (4.8) や (4.10) で表されるのは，決して特殊なことではない．万有引力や重力は力学における最も典型的な力であるが，実はそれらが (4.10) で表されるのである．電磁気的な力の典型であるクーロン力も，(4.10) で表される例の 1 つである．

**例題 3**

質量 $m$ の質点にはたらく重力は位置エネルギーで表されることを示せ．

**解** 図 4.4 のように，地表に原点と $xy$ 平面を，鉛直上方に $z$ 軸をとる．このとき，座標 $(x, y, z)$ にある質量 $m$ の質点 P には重力 $\boldsymbol{F} = (0, 0, -mg)$ がはたらく．これが位置エネルギー $U(x, y, z)$ で表されるとすると，(4.8) より

$$\frac{\partial U}{\partial x} = 0, \qquad \frac{\partial U}{\partial y} = 0, \qquad \frac{\partial U}{\partial z} = +mg$$

でなければならない．上のはじめの 2 式は $U$ が $x$ と $y$ にはよらないことを表しているので，この場合の $U$ は $z$ だけの関数 $U = U(z)$ である．したがって，上の第 3 式は

$$\frac{dU}{dz} = mg$$

と表される．$U$ は $z$ だけの 1 変数の関数なので，偏微分にする必要もない．これは $U$ を $z$ の関数として決める微分方程式であるが，右辺が定数なので容易に解が求められて，

$$U = mgz + U_0 \qquad (U_0：定数) \tag{4.11}$$

である．実際，これが上の微分方程式を満たすことは容易に確かめられる．

こうして，重力は (4.8) を満たす関数 $U$ で表されることが確かめられた．右辺の定数 $U_0$ は，数学的には積分した際に現れる積分定数であるが，$z = 0$ (この場合，地上) での位置エネルギーという物理的な意味をもつ．

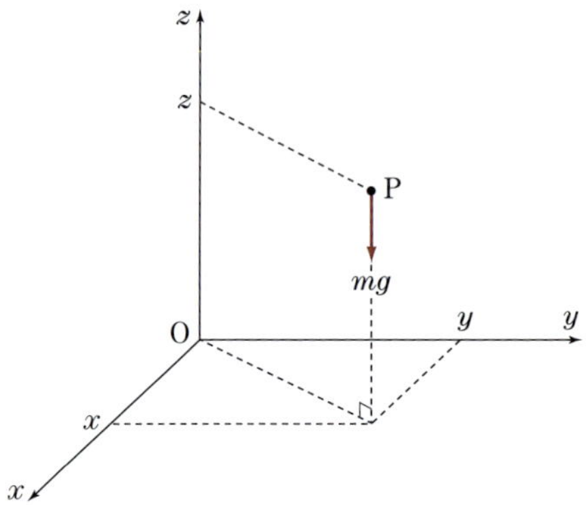


**図 4.4** 質量 $m$ の質点 P にはたらく重力 $mg$

質量 $m$ の物体を高さ $h$ だけ持ち上げるには重力に対して仕事 $mgh$ をしなければならないことは，例題 1 でみた通りである．物体はその分だけ仕事をされ，$mgh$ のエネルギーを獲得したことになる．それがちょうど (4.11) で表されていると考えることができる．このエネルギーは物体の位置だけによるという意味で，位置エネルギーという言い方が納得できるであろう．すなわち，物体にはたらく力が (4.8) で表される場合には，その物体が位置 $\boldsymbol{r} = (x, y, z)$ にあるので位置エネルギー $U(\boldsymbol{r}) = U(x, y, z)$ をもっているということができるのである．

ここはポイント!

## 4.4 仕事と位置エネルギー

力 $\boldsymbol{F}$ が (4.8) や (4.10) で表されるとき，その力がする仕事 $W$ を考えてみよう．図 4.2 のように，2 点 A，B 間の経路 C に沿って力 $\boldsymbol{F}$ がする仕事 $W$ は，(4.6) に (4.10) を代入して

$$W = \int_{\mathrm{A}}^{\mathrm{B}}{}_{\mathrm{C}} \boldsymbol{F}(\boldsymbol{r}) \cdot d\boldsymbol{r} = -\int_{\mathrm{A}}^{\mathrm{B}}{}_{\mathrm{C}} \frac{\partial U}{\partial \boldsymbol{r}} \cdot d\boldsymbol{r} = -\int_{U_{\mathrm{A}}}^{U_{\mathrm{B}}} dU = U_{\mathrm{A}} - U_{\mathrm{B}} \tag{4.12}$$

と求められる．ここで $U_{\mathrm{A}}$，$U_{\mathrm{B}}$ はそれぞれ点 A，B での位置エネルギーであ

る．第2の積分では同じ変数 $\boldsymbol{r}$ で微分した関数を積分しているだけなので，第3の積分へと変形できる．あるいは，微分は微小量の割り算であり，第2の積分で被積分関数の分母の微小量 $\partial\boldsymbol{r}$ と掛ける方の微小量 $d\boldsymbol{r}$ は記法が違うだけで，微分と積分をするためのベクトル $\boldsymbol{r}$ の向きの同じ微小量である．そのために，両者は互いに消し合って微小量 $dU$ となり，第3の積分に変形できたとみてもよい．（このように直観的ですっきりした等式 $dU = (\partial U/\partial\boldsymbol{r})\cdot d\boldsymbol{r}$ の説明に納得できない読者は，巻末の付録Aを参照．）

ここはポイント!

ここで重要なことは，(4.10) のように表される力 $\boldsymbol{F}$ がする仕事 $W$ は，出発点Aと終点Bでの位置エネルギーの差だけで決まり，途中の経路Cにはよらないということである．したがって，図4.5のように，出発点Aと終点Bが一致して経路Cがぐるりと回るような場合には，(4.12) から仕事はゼロとなる．すなわち，(4.10) で表される力 $\boldsymbol{F}$ が物体に仕事をしても，物体がもとの位置に戻ると，物体の獲得したエネルギーに増減がなく，その位置エネルギーは保存される．この意味で，(4.10) のように表される力のことを**保存力**という．

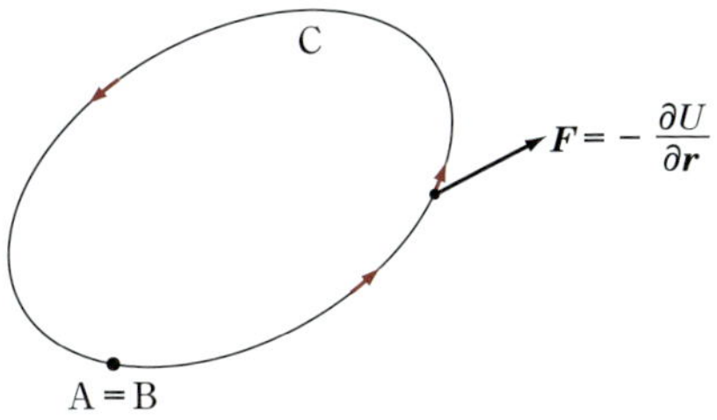


**図 4.5** 力 $\boldsymbol{F}$ が閉じた経路Cに沿って仕事をする．

(4.12) を重力の場合について考えてみよう．出発点Aと終点Bの $z$ 座標をそれぞれ $z_A$，$z_B$ とし，その高さの差を $z_B - z_A = h$ として (4.12) に (4.11) を代入すると，仕事 $W$ は

$$W = (mgz_A + U_0) - (mgz_B + U_0) = -mgh$$

となって，例題1の結果 (4.7) と矛盾すると思われるかもしれない．しかし，ここでは鉛直下向きの重力がしている仕事が問題なのであって，例題1ではその重力に抗して上向きの力を加える人（あるいはクレーンなどの機械）がする仕事を問題にしていたのである．重力が物体にした仕事は重力を生み出

している源（地表では，地球が重力源）にとってはエネルギーの支出である．それが仕事をされた物体の位置エネルギーへの収入になるように，(4.10) の右辺に負号が付いているのである．

## 4.5 運動エネルギー

水平で滑らかな床に静止している物体に動いている物体をぶつけると，静止していた物体が動くことは日常的によく経験することだし，このことを使った遊びやゲーム，スポーツには事欠かない．この場合，水平な床の上での運動なので，重力による位置エネルギーは何の役割も果たしていない．すなわち，動いている物体には動いているということだけで仕事をする能力があることになる．これを物体の**運動エネルギー**という．ここでは，それがどのように表せるかを考えてみよう．

図 4.6 のように，質量 $m$ の質点 P が力 $\boldsymbol{F}$ を受けて速度 $\boldsymbol{v}$ で経路 C に沿って運動しているとする．このときの質点の運動方程式は，(3.2) より

$$m\frac{d\boldsymbol{v}}{dt} = \boldsymbol{F}$$

である．速度の定義式 $\boldsymbol{v} = d\boldsymbol{r}/dt$ の左辺を上式の左辺に，右辺を上式の右辺に掛けて内積をとると，

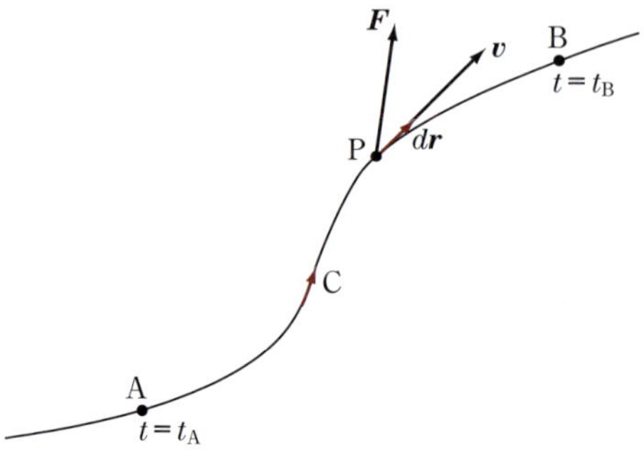


**図 4.6** 質量 $m$ の質点 P が力 $\boldsymbol{F}$ を受けて速度 $\boldsymbol{v}$ で運動している．

$$m\boldsymbol{v}\cdot\frac{d\boldsymbol{v}}{dt}=\boldsymbol{F}\cdot\frac{d\boldsymbol{r}}{dt}$$

となる．ところで，上式の左辺はベクトルの内積の性質を使って変形できて，

$$\frac{d}{dt}\left(\frac{1}{2}mv^2\right)=\boldsymbol{F}\cdot\frac{d\boldsymbol{r}}{dt} \tag{4.13}$$

と表すことができる(問題 2 を参照)．

そこで，$K=(1/2)mv^2$ とおくと，(4.13) は

$$\frac{dK}{dt}=\boldsymbol{F}\cdot\frac{d\boldsymbol{r}}{dt} \tag{4.14}$$

という単純な形になる．この式の両辺を時刻 $t=t_{\mathrm{A}}$ から $t_{\mathrm{B}}$ まで積分しよう．ただし，図 4.6 のように，この質点は時刻 $t_{\mathrm{A}}$ には点 A にあり，時刻 $t_{\mathrm{B}}$ には点 B にあるとする．このとき，左辺の積分は

$$\int_{t_{\mathrm{A}}}^{t_{\mathrm{B}}}\frac{dK}{dt}dt=\int_{K_{\mathrm{A}}}^{K_{\mathrm{B}}}dK=K_{\mathrm{B}}-K_{\mathrm{A}} \tag{4.15}$$

となる．ここで $K_{\mathrm{A}}$，$K_{\mathrm{B}}$ はそれぞれ点 A，B での $K$ の値である．ここでも第 1 の積分では同じ変数 $t$ で微分した関数を積分しているだけなので，第 2 の積分へと変形できる．あるいは，微分は微小量の割り算であり，第 1 の積分で被積分関数の分母の微小量 $dt$ と掛ける方の微小量 $dt$ は互いに消し合って微小量 $dK$ となり，第 2 の積分に変形できたとみてもよい．

(4.14) の右辺を積分する際には，上と同様にして微小量 $dt$ が打ち消し合って

$$\int_{t_{\mathrm{A}}}^{t_{\mathrm{B}}}\boldsymbol{F}\cdot\frac{d\boldsymbol{r}}{dt}dt=\int_{\mathrm{A}\,\mathrm{C}}^{\mathrm{B}}\boldsymbol{F}\cdot d\boldsymbol{r}=W \tag{4.16}$$

となる．$W$ は，(4.12) からわかるように，力 $\boldsymbol{F}$ が点 A から B までに質点にする仕事である．

ところで，(4.14) より (4.15) と (4.16) の左辺の積分は等しいので，

$$K_{\mathrm{B}}-K_{\mathrm{A}}=W \tag{4.17}$$

ここは
ポイント!

でなければならない．この等式の意味は，運動する質点になされた仕事は，その質点のもつ $K = (1/2)mv^2$ というエネルギー量の増加に等しいということである．(4.17) が常に成り立つためには，質量 $m$，速度 $\boldsymbol{v}$ の質点は $K = (1/2)mv^2$ というエネルギーをもっているとすればよい．これは純粋に質点の運動状態だけによる量なので，

$$K = \frac{1}{2}mv^2 \qquad (\text{単位：[kg・m}^2/\text{s}^2] = [\text{N・m}] = [\text{J}]) \tag{4.18}$$

を質量 $m$，速度 $\boldsymbol{v}$ の質点の運動エネルギーという．

**問題 2** $\dfrac{d}{dt}\left(\dfrac{1}{2}mv^2\right) = m\boldsymbol{v}\cdot\dfrac{d\boldsymbol{v}}{dt}$ であることを示せ．

## 4.6 力学的エネルギーとその保存則

図 4.6 において質点にはたらく力 $\boldsymbol{F}$ が (4.8) や (4.10) で表される保存力であり，質点が位置エネルギー $U(\boldsymbol{r})$ をもつ場合を考えてみよう．このとき，力 $\boldsymbol{F}$ が経路 C に沿って点 A から B までに質点にする仕事 $W$ は (4.12) で与えられる．これを (4.17) に代入して整理すると，

$$K_\mathrm{A} + U_\mathrm{A} = K_\mathrm{B} + U_\mathrm{B} \tag{4.19}$$

が得られる．経路 C は全く任意にとった経路だし，その上の 2 点 A，B も勝手にとった点なので，上式は空間のどこででも成り立つことに注意しよう．

ここは
ポイント!

(4.19) は，質点が力 $\boldsymbol{F}$ を受けて点 A から B に移動しても運動エネルギー $K$ と位置エネルギー $U$ の和 $K + U$ が変わらないことを意味する．そこで，位置 $\boldsymbol{r}$ にある質量 $m$ の質点が速度 $\boldsymbol{v}$ で運動しており，位置エネルギー $U(\boldsymbol{r})$ をもっている場合の質点のエネルギー量として，

$$E = K + U = \frac{1}{2}mv^2 + U(\boldsymbol{r}) \tag{4.20}$$

を定義する．これは質点の**力学的エネルギー**とよばれる．(4.19) より，この量は運動状態の変化によらず一定に保たれるので，力学では非常に重要な量

である．

以上のことをまとめると，

**「質点が保存力 $F = -\nabla U$ を受けて運動しているとき，その力学的エネルギー $E = K + U$ は一定に保たれる．」**

ということができ，これを**力学的エネルギー保存則**という．これは力学では最も重要な法則の1つであり，今後しばしば使うことになる．ただ，(4.8)，(4.10) や (4.13) で見られるように，もとはと言えばニュートンの運動方程式が出発点であり，それに力が保存力であるという性質を使って，この法則が導かれたことに注意すべきである．

ここはポイント！

**例題 4**

図 3.8 のように，質量 $m$ の物体がバネ定数 $k$ のバネにつながれている．この物体にはたらく力が位置エネルギーで表されることを示せ．また，この物体が原点 $x = 0$ を通過するときの速さが $v_0$ のとき，この物体の振動の振幅 $A$ を求めよ．

**解** 物体の位置が $x$ のとき，物体がバネから受ける力 $F$ はフックの法則 (2.8) に従うので，力 $F$ は

$$F = -kx = -k\frac{d}{dx}\left(\frac{1}{2}x^2\right) = -\frac{d}{dx}\left(\frac{1}{2}kx^2\right) = -\frac{dU}{dx}$$

と表すことができる．これは，質量 $m$ の物体がバネ定数 $k$ のバネにつながれていて，バネが自然の長さから $x$ だけ伸縮しているとき，この物体は位置エネルギー

$$U = \frac{1}{2}kx^2 = \frac{1}{2}m\omega_0^2x^2 \tag{4.21}$$

をもつことを意味する．ただし，上式に定数を加えてもよいが，便宜上，$x = 0$ での位置エネルギーを $U_0 = 0$ とした．また，$\omega_0 = \sqrt{k/m}$ は，(3.35) で定義した単振動する物体の固有角振動数である．

この場合の力学的エネルギー $E$ は

$$E = \frac{1}{2}mv^2 + \frac{1}{2}kx^2 \tag{4.22}$$

であり，これが運動中に保存される．$x = 0$ のときに $v = v_0$ なので，$E = (1/2)mv_0^2$ ($=$ 一定) である．バネが最大に伸縮するときの伸縮幅が振幅であり，そのときに物体は静止 ($v = 0$) しているので，力学的エネルギー保存則から

$$E = \frac{1}{2}mv_0^2 = \frac{1}{2}kA^2$$

が成り立つ．これより，物体の単振動の振幅は

$$A = \sqrt{\frac{m}{k}}\,v_0 = \frac{v_0}{\omega_0}$$

であることがわかる．

**問題 3** 質量 $m$ の物体を初速 $v_0$ で地表から真上に投げたときに物体が到達する最高点の高さ $H$ を，力学的エネルギー保存則から求めよ．ただし，重力加速度を $g$ とし，空気の抵抗は無視する．また，$m = 0.15$ [kg]，$v_0 = 50$ [m/s]，$g = 9.8$ [m/s$^2$] として，$H$ を求めよ．

**問題 4** 図のような，滑らかな凹面の点 A から質量 $m$ の物体 P を静かに放したとき，凹面の底の点 O での物体の速さ $v$ を求めよ．ただし，点 A の底からの高さを $h$ とする．

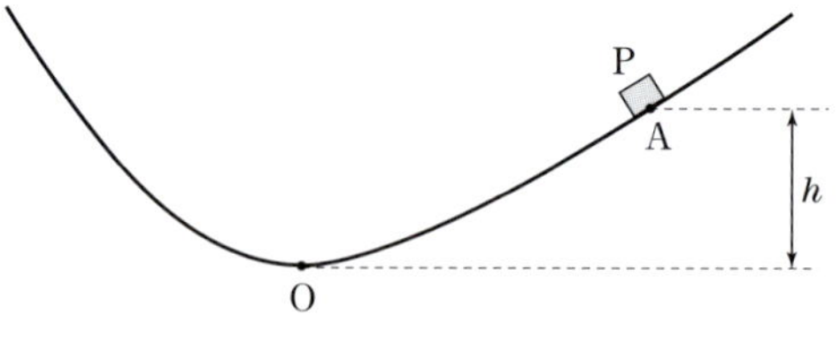


## 4.7 まとめとポイントチェック

本章では，力が物体にする仕事と物体のもつエネルギーの関係を詳しく考察した．力学的に重要な場合として，力が保存力である場合を詳しく調べ，その場合には物体は位置エネルギーをもつことを考察した．その典型例として，地上にあるすべての物体はその高さに応じた位置エネルギーをもつことを明らかにした．また，運動する物体は，その運動状態に固有な運動エネル

ギーをもつこともみてきた．そして，物体の運動状態がどのように変化しようとも，その運動エネルギーと位置エネルギーの和である力学的エネルギーが保存することを明らかにし，この力学的エネルギー保存則の有用性を学んだ．

## ポイントチェック

- □ 仕事がエネルギーの一形態であることがわかった．
- □ 力のする仕事は，力の向きと移動の向きとの内積であることが理解できた．
- □ 力がスカラー関数の勾配ベクトルで表される場合があることがわかった．
- □ そのスカラー関数が位置エネルギーであることが理解できた．
- □ 重力が位置エネルギーの微分で表されることがわかった．
- □ 保存力が何を意味しているかがわかった．
- □ 運動する物体が運動エネルギーをもち，それがどのように表されるかがわかった．
- □ 力学的エネルギーが保存することがわかった．
- □ 力学的エネルギー保存則の有用性が理解できた．

# 5 運動量とその保存則

**学習目標**

- 運動量の重要性を理解する．
- 運動量で表した運動方程式を取り扱えるようになる．
- 運動量の変化と力積の関係を理解する．
- 質点系の運動の性質を理解する．
- 運動量保存則とその有用性を理解する．

本章では，まずはじめに質点の運動量を導入する．これを使って運動方程式を書き直すと簡潔になるので，より複雑な系での計算の見通しが非常によくなる．例えば，運動量の変化と力積の関係は，この運動方程式を時間で積分することにより直ちに導かれる．

運動量で表した運動方程式は，複数の質点からなる質点系の運動を議論する際に，その威力を十分に発揮することになる．系を構成する質点の数がどんなに多くても，その運動方程式はきれいに表される．その上，質点にはたらく力を，質点相互に作用する内力と系の外から作用する外力に分けると，質点系全体の運動方程式では内力による力が作用・反作用の法則によってきれいさっぱりと消えてしまう．すなわち，質点系を全体として見た場合の運動には，外から加わる外力だけが効き，内力の影響は現れない．そのために，質点系全体の運動はその重心に全質量が集中し，外力も集中して運動していると見なすことができる．逆にいうと，質点系に外力がはたらかない場合には，質点系の全運動量は時間的に一定不変であって，これを質点系の運動量保存則という．この運動量保存則の有用性を具体例を通じて学ぶのが本章の大きな目標である．

## 5.1 運 動 量

床に静止している物体に動いている物体をぶつけると，静止していた物体が撃力（インパクト）を受けて動き出すことは4.5節でもみた．そこでは物体にする仕事の観点から物体の運動エネルギーを導入したのであるが，ここでは向きをもった運動状態そのものを特徴づけるような量を導入するために，同じ現象をもう一度見直してみよう．

動いている物体がぶつかる相手に与える力は，その速度が大きいほど強く，質量が大きいほど強いことは，遊びやゲーム，スポーツでも日常的によく経験することである．この傾向を表す力学的な量が**運動量**であり，質量 $m$ の質点が速度 $\boldsymbol{v}$ で運動しているとき，この質点の運動量 $\boldsymbol{p}$ は

$$\boldsymbol{p} = m\boldsymbol{v} \qquad [\text{単位：kg・m/s}] \tag{5.1}$$

で定義される．もちろん，運動には向きがあるので，運動量はベクトルである．

例えば，硬式野球ボールの質量を $m = 0.145$ [kg]（正式には141.7～148.8 g）として，そのボールを時速 160 km で投げたときの運動量の大きさ $p$ を求めてみよう．時速 160 [km] = $(160 \times 10^3)$ [m]/3600 [s] $\cong 44.4$ [m/s] なので，ボールの運動量の大きさは $p = mv \cong 0.145 \times 44.4 \cong 6.44$ [kg・m/s] である．

質量 $m$ の質点が力 $\boldsymbol{F}$ を受けて速度 $\boldsymbol{v}$ で運動しているとき，それに対するニュートンの運動方程式は，(3.2) より

$$m\frac{d\boldsymbol{v}}{dt} = \boldsymbol{F}$$

である．質量 $m$ は一定と見なされるので，それを上の微分の中に含めて (5.1) を使うと，この質点の運動方程式は

$$\begin{aligned}\frac{d(m\boldsymbol{v})}{dt} &= \frac{d\boldsymbol{p}}{dt} \\ &= \boldsymbol{F}\end{aligned} \tag{5.2}$$

と，簡潔な形で表される*.

* 物体の速さが光速近くになると特殊相対性理論の世界となり，運動方程式 (3.2) は成り立たなくなるが，(5.2) は成り立つ．その意味で，簡潔な (5.2) がより基礎的な法則を表現している．

質点に力がはたらいていない ($\boldsymbol{F}=\boldsymbol{0}$) ときは，(5.2) において右辺がゼロとなるので，質点の運動量 $\boldsymbol{p}$ は一定であり，時間的に変化しない．すなわち，このときには質点の運動量は保存される．これは運動の第 1 法則である慣性の法則の表現とみることができる．

## 5.2 力 積

(5.2) を時刻 $t_1$ から $t_2$ まで積分すると，

$$\int_{t_1}^{t_2} \frac{d\boldsymbol{p}}{dt}\,dt = \int_{t_1}^{t_2} \boldsymbol{F}\,dt \qquad (5.3)$$

であるが，例によって左辺は $dt$ が打ち消し合って容易に積分できて，

$$\int_{t_1}^{t_2} \frac{d\boldsymbol{p}}{dt}\,dt = \int_{\boldsymbol{p}(t_1)}^{\boldsymbol{p}(t_2)} d\boldsymbol{p} = \boldsymbol{p}(t_2) - \boldsymbol{p}(t_1) \qquad (5.4)$$

となる．$\boldsymbol{p}(t)$ は時刻 $t$ での運動量である．上式の第 1 の積分は時間 $t$ について行なっているので，積分の下端，上端はそれぞれ $t_1$，$t_2$ である．それに対して，第 2 の積分は運動量 $\boldsymbol{p}$ について行なうので，その下端と上端はそれぞれの時刻での運動量 $\boldsymbol{p}(t_1)$ と $\boldsymbol{p}(t_2)$ なのである．

ここで，(5.3) の右辺の積分はそのままにしておいて

$$\boldsymbol{I} \equiv \int_{t_1}^{t_2} \boldsymbol{F}\,dt \qquad \left[\text{単位：N} \cdot \text{s} = \text{kg} \cdot \frac{\text{m}}{\text{s}^2} \cdot \text{s} = \text{kg} \cdot \frac{\text{m}}{\text{s}}\right] \qquad (5.5)$$

と定義し，この $\boldsymbol{I}$ を**力積**とよぶ．

こうして，運動方程式 (5.2) を積分した結果は

$$\boldsymbol{p}(t_2) - \boldsymbol{p}(t_1) = \boldsymbol{I} \qquad (5.6)$$

と表される．これは，

**「ある時間内での質点の運動量の変化は，その時間内に質点に作用する力積に等しい．」**

ことを意味している．ここでも (4.17) と同じように，(5.6) は運動方程式だ

けから導かれていることに注意しよう．そのために，(4.17) の左辺の運動エネルギーの変化がここでは (5.6) の左辺の運動量の変化に，(4.17) の右辺の仕事が (5.6) の右辺の力積に変わっているだけである．

特に，力 $\boldsymbol{F}$ が微小時間 $\Delta t$ の間に瞬間的に作用する場合には，力積 (5.5) は

$$\boldsymbol{I} \cong \bar{\boldsymbol{F}} \Delta t \tag{5.7}$$

と近似してよい．ここで，$\bar{\boldsymbol{F}}$ は微小時間 $\Delta t$ の間に作用する力の平均値である．そして，この間の運動量変化を $\Delta \boldsymbol{p}$ とすると，(5.6) は

$$\Delta \boldsymbol{p} = \bar{\boldsymbol{F}} \Delta t \tag{5.8}$$

と表される．これは運動方程式 (5.2) で $d\boldsymbol{p}/dt$ を微小量の割り算 $\Delta \boldsymbol{p}/\Delta t$ に，$\boldsymbol{F}$ をその平均値 $\bar{\boldsymbol{F}}$ におき換えて近似した式とみることができる．

物体が力を受けて運動状態が変化したときに運動量変化と経過時間が粗い近似でも何とか求められれば，(5.8) に従って物体にはたらく力が評価できる．そのために，(5.8) は物体が激しい力を瞬時に受けるような場合の破壊や安全性の評価にとても有用な関係式である．

ここはポイント!

**例題 1**

時速 150 km で飛んで来た質量 0.145 kg の硬式野球ボールをバットの芯でとらえ，時速 210 km で打ち返した．このときのボールの運動量変化，バットがなした力積を求めよ．

**解** バットに当たる直前と直後のボールの速度 $v_1$ と $v_2$ は

$$v_1 = \frac{150 \times 10^3}{3600} \cong 41.7\ [\mathrm{m/s}], \qquad v_2 = \frac{210 \times 10^3}{3600} \cong 58.3\ [\mathrm{m/s}]$$

である．バットに当たる前後のボールの運動量変化 $\Delta p$ は

$$\Delta p = mv_2 - (-mv_1) = m(v_1 + v_2) = 0.145 \times (41.7 + 58.3) = 14.5\ [\mathrm{kg \cdot m/s}]$$

である．ここで $-mv_1$ の負号は，図のようにボールの運動方向を $x$ 軸にとり，バットに当たる前のボールが図の $x$ 軸の負の向きに進むとしたからである．(5.6) より，これがバットがなした力積 $I$ に等しい：

$$I = 14.5\ [\mathrm{kg \cdot m/s}]$$

バットがボールに接触している時間 $\Delta t$ がわかれば，(5.8) からその間にバットが

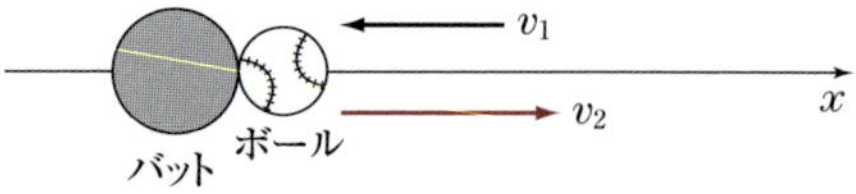


ボールにおよぼす力の平均 $\bar{F}$ が求められる．この場合，$\Delta t$ が非常に短いであろうから，ボールにかかる力はかなり大きいであろう．

**問 題 1** 質量 $0.056\,\mathrm{kg}$ の硬式テニスボールを高さ $1\,\mathrm{m}$ のところから硬い床に自由落下させたところ，高さ $0.66\,\mathrm{m}$ のところまで跳ね上がった．このテニスボールが床にぶつかる直前の速度 $v_1$ と直後の速度 $v_2$ を求め，その前後でのテニスボールの運動量変化 $\Delta p$ と床がテニスボールにおよぼす力積 $I$ を求めよ．ただし，床から鉛直上向きに $z$ 軸をとり，重力加速度を $g = 9.8\,\mathrm{m/s^2}$ として，空気の抵抗は無視する．

## 5.3 質点系とその重心

複数の質点があるとき，それらをひとまとめにしたものを**質点系**という．ここでは $n$ 個の質点からなる質点系を考えよう．その $i$ 番目の質点の質量を $m_i$，位置ベクトルを $\boldsymbol{r}_i$，速度を $\dot{\boldsymbol{r}}_i = \boldsymbol{v}_i$，運動量を $\boldsymbol{p}_i = m_i\boldsymbol{v}_i$ $(i = 1, 2, \cdots, n)$ とする．例として，図 5.1 には 4 個の質点からなる質点系を示してある．

質点系の全質量を

$$M = m_1 + m_2 + \cdots + m_n = \sum_{i=1}^{n} m_i \tag{5.9}$$

とすると，質点系の**重心** G の位置ベクトル $\boldsymbol{r}_\mathrm{G}$ は

$$\boldsymbol{r}_\mathrm{G} = \frac{m_1\boldsymbol{r}_1 + m_2\boldsymbol{r}_2 + \cdots + m_n\boldsymbol{r}_n}{m_1 + m_2 + \cdots + m_n} = \frac{1}{M}\sum_{i=1}^{n} m_i\boldsymbol{r}_i \tag{5.10}$$

で与えられる．これは，質点系の全質量 $M$ が重心に集中していると見なすことに相当する．

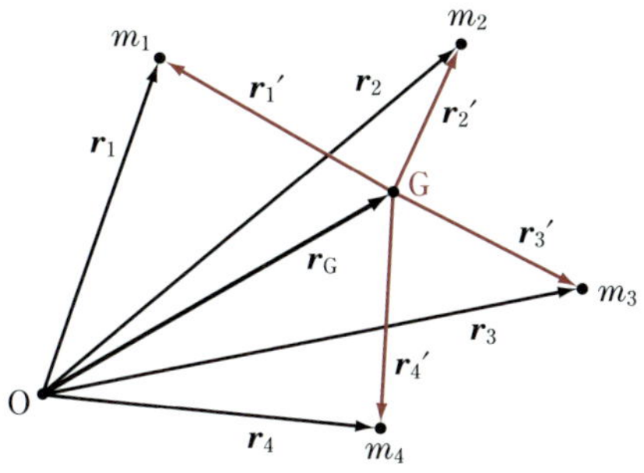


**図 5.1** 4 個の質点からなる質点系. O は原点で G は重心.

(5.10) の時間微分をとってみると,

$$\dot{\boldsymbol{r}}_{\rm G} = \frac{1}{M}\sum_{i=1}^{n} m_i \dot{\boldsymbol{r}}_i = \frac{1}{M}\sum_{i=1}^{n} m_i \boldsymbol{v}_i = \frac{1}{M}\sum_{i=1}^{n} \boldsymbol{p}_i \tag{5.11}$$

となるので,

$$M\dot{\boldsymbol{r}}_{\rm G} = \sum_{i=1}^{n} \boldsymbol{p}_i = \boldsymbol{P} \tag{5.12}$$

と表される. ここで $\boldsymbol{P} = \sum_{i=1}^{n} \boldsymbol{p}_i$ は各質点の運動量の総和であり, これを**質点系の全運動量**という. 上式は, 質点系の全運動量とは, 重心 G に系の全質量 $M$ が集中しているとしたときの重心の運動量であることを意味する.

原点から見て位置ベクトル $\boldsymbol{r}_i$ にある $i$ 番目の質点が, 重心 G から見ると位置ベクトル $\boldsymbol{r}_i'$ にあるとする. このとき, $\boldsymbol{r}_i$ と $\boldsymbol{r}_i'$ との関係は

$$\boldsymbol{r}_i = \boldsymbol{r}_{\rm G} + \boldsymbol{r}_i' \tag{5.13}$$

である. この関係は, 例えば図 5.1 で, 質点 1 を例にベクトルの和 ($\boldsymbol{r}_1 = \boldsymbol{r}_{\rm G} + \boldsymbol{r}_1'$) を考慮すれば明らかであろう. (5.13) を (5.10) に代入すると,

$$\boldsymbol{r}_{\rm G} = \frac{1}{M}\sum_{i=1}^{n} m_i \boldsymbol{r}_i = \frac{1}{M}\sum_{i=1}^{n} m_i (\boldsymbol{r}_{\rm G} + \boldsymbol{r}_i') = \boldsymbol{r}_{\rm G} + \frac{1}{M}\sum_{i=1}^{n} m_i \boldsymbol{r}_i'$$

となるので,

$$\sum_{i=1}^{n} m_i \boldsymbol{r}_i' = \boldsymbol{0} \tag{5.14}$$

が導かれ，その時間微分も

$$\sum_{i=1}^{n} m_i \dot{\boldsymbol{r}}_i' = \sum_{i=1}^{n} m_i \boldsymbol{v}_i' = \sum_{i=1}^{n} \boldsymbol{p}_i' = \boldsymbol{0} \tag{5.15}$$

である．ここで $\dot{\boldsymbol{r}}_i' = \boldsymbol{v}_i'$ と $\boldsymbol{p}_i'$ は，それぞれ重心 G から見た $i$ 番目の質点の速度と運動量である．

ここはポイント!

(5.15) は，重心から見た質点の運動量の総和がゼロであることを意味する．重心 G に系の全質量 $M$ が集中しているとしたときの重心の運動量が質点系の全運動量 $\boldsymbol{P}$ なので，重心から見た運動量の総和はゼロになってしまうのである．もちろん，重心から見ても各質点は動いているが，その動きがバラバラで運動量の総和をとるとちょうど打ち消し合うというわけである．

次に，質点系の全運動エネルギーと重心から見た質点系の運動エネルギーとの関係を見ておこう．質点系の全運動エネルギーを $K$ とすると，

$$K = \frac{1}{2}\sum_{i=1}^{n} m_i (\dot{\boldsymbol{r}}_i)^2 = \frac{1}{2}\sum_{i=1}^{n} m_i \boldsymbol{v}_i^2 \tag{5.16}$$

である．系の全質量 $M$ が重心 G に集中しているとしたときの重心の運動エネルギーを $K_{\mathrm{G}}$ とすると，

$$K_{\mathrm{G}} = \frac{1}{2} M (\dot{\boldsymbol{r}}_{\mathrm{G}})^2 = \frac{1}{2} M \boldsymbol{v}_{\mathrm{G}}^2 \tag{5.17}$$

であり，$\boldsymbol{v}_{\mathrm{G}} = \dot{\boldsymbol{r}}_{\mathrm{G}}$ は重心の速度である．重心から見た各質点の運動エネルギーの総和を $K'$ とすると，これは

$$K' = \frac{1}{2}\sum_{i=1}^{n} m_i (\dot{\boldsymbol{r}}_i')^2 = \frac{1}{2}\sum_{i=1}^{n} m_i \boldsymbol{v}_i'^2 \tag{5.18}$$

と表される．

(5.15) でみたように，重心から見た運動量の総和はゼロであった．しかし，各質点は重心から見ても動き回っているので，その運動エネルギー $K'$ は決してゼロではなく，これら 3 つの量の間には

$$K = K_{\mathrm{G}} + K' \tag{5.19}$$

という関係がある．すなわち，質点系の全運動エネルギーは，全質量が重心に集中しているときの重心の運動エネルギーと，各質点を重心から見たときの全運動エネルギーとの和で与えられる．

**問 題 2** (5.19) を示せ．［ヒント：(5.13) を (5.16) に代入し，(5.15) を考慮すればよい．］

これまでの議論のポイントは，質点系全体の運動量や運動エネルギーが，質点系の重心から見るとどう変わるかということである．すなわち，もともとの座標系から重心を原点にするような座標系に移ると，$\boldsymbol{r}_{\mathrm{G}} = \boldsymbol{0}$，$K_{\mathrm{G}} = 0$，全運動量もゼロとなって，質点系の運動が見通し良く議論できるようになるのである．

## 5.4 質点系の運動量保存則

作用・反作用の法則を議論した図 3.2 を，本章の立場からもう一度見直して，運動方程式から作用・反作用の法則を導いてみよう．図の系 C は 2 個の質点 A と B からなる質点系と見なすことができる．質点 A と B は相互作用し合っているが，それ以外はどこからも力がかかっていない．したがって，A と B の運動量を $\boldsymbol{p}_{\mathrm{A}}$，$\boldsymbol{p}_{\mathrm{B}}$ として，それぞれの運動方程式は (5.2) より

$$\frac{d\boldsymbol{p}_{\mathrm{A}}}{dt} = \boldsymbol{F}_{\mathrm{AB}} \tag{5.20a}$$

$$\frac{d\boldsymbol{p}_{\mathrm{B}}}{dt} = \boldsymbol{F}_{\mathrm{BA}} \tag{5.20b}$$

である．ここで，$\boldsymbol{F}_{\mathrm{AB}}$ は図 3.2 にある通り質点 A が B から受ける力であり，$\boldsymbol{F}_{\mathrm{BA}}$ はその逆の力である．

この質点系の全運動量は $\boldsymbol{P} = \boldsymbol{p}_{\mathrm{A}} + \boldsymbol{p}_{\mathrm{B}}$ であり，その時間微分は (5.20a, b) を使って，

$$\frac{d\boldsymbol{P}}{dt} = \frac{d\boldsymbol{p}_{\mathrm{A}}}{dt} + \frac{d\boldsymbol{p}_{\mathrm{B}}}{dt} = \boldsymbol{F}_{\mathrm{AB}} + \boldsymbol{F}_{\mathrm{BA}} \tag{5.21}$$

となることがわかる．ところで，質点 A と B は互いに力をおよぼし合うだけで，他には一切の力が作用しないので，系 C にかかる力はないはずである．したがって，2 つの質点を 1 つの塊と見た場合の 2 質点系 C の運動方程式は

$$\frac{d\boldsymbol{P}}{dt} = \boldsymbol{0} \tag{5.22}$$

でなければならない．こうして，(5.21) と (5.22) より

$$\boldsymbol{F}_{\mathrm{AB}} + \boldsymbol{F}_{\mathrm{BA}} = \boldsymbol{0}, \qquad \therefore \quad \boldsymbol{F}_{\mathrm{AB}} = -\boldsymbol{F}_{\mathrm{BA}} \tag{5.23}$$

となる．

(5.23) は第 3 章の冒頭で学んだ運動の第 3 法則（作用・反作用の法則）に他ならない．次節以降では，質点がもっとたくさんある一般の場合を議論する．その際，作用・反作用の法則をそのまま使っていくことにしよう．

**例題 2**

水平で滑らかな床の上に同じ大きさで同じ質量 $m$ の 2 つの物体がある．図のように，1 つの物体が速度 $v_1$ で，床に静止しているもう 1 つの物体に衝突した．2 つの物体は完全弾性衝突*をし，衝突の前後で一直線上にあるとして，衝突後の 2 つの物体の速度 $v_1'$，$v_2'$ を求めよ．

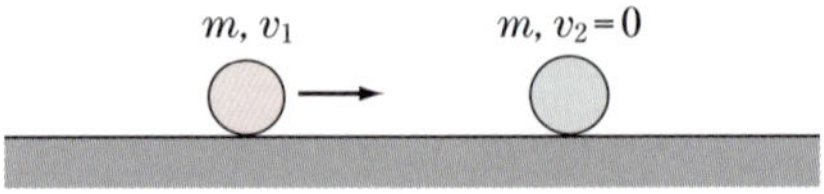


**解** 衝突前後の運動量保存則より，

$$mv_1 = m(v_1' + v_2'), \qquad \therefore \quad v_1 = v_1' + v_2' \tag{1}$$

* 完全弾性衝突（単に弾性衝突ともいう）とは，物体の運動エネルギーが衝突の前後で保存される場合をいう．衝突によって物体の運動エネルギーの一部が物体内部の振動エネルギーや熱エネルギーに変わる場合を非弾性衝突というが，完全弾性衝突ではそれがない．

2つの物体は完全弾性衝突をするので，衝突の前後でエネルギーは保存され，

$$\frac{1}{2}mv_1{}^2 = \frac{1}{2}mv_1{}'^2 + \frac{1}{2}mv_2{}'^2, \qquad \therefore \quad v_1{}^2 = v_1{}'^2 + v_2{}'^2 \tag{2}$$

(1) を (2) の左辺に代入して，

$$v_1{}'^2 + 2v_1{}'v_2{}' + v_2{}'^2 = v_1{}'^2 + v_2{}'^2, \qquad \therefore \quad v_1{}'v_2{}' = 0 \tag{3}$$

(2) より，$v_1{}'$，$v_2{}'$ がともにゼロになることはない．また，衝突された方の速度がゼロになることもない ($v_2{}' \neq 0$) ので，

$$v_1{}' = 0$$

これを (1) に代入して

$$v_2{}' = v_1$$

が得られる．

**問題 3** 上の例題で，2つの物体の質量が異なり，図のように，第1の物体の質量を $m_1$，第2の物体の質量 $m_2$ とする．このとき，衝突後の2つの物体の速度 $v_1{}'$，$v_2{}'$ を求めよ．

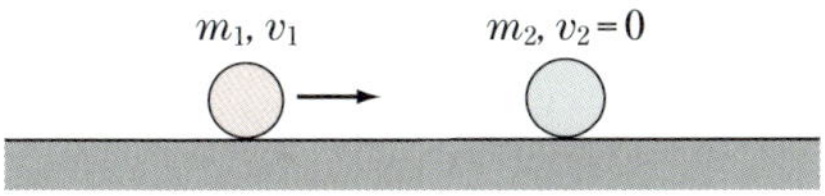


## 5.4.1 内力と外力

質点系の質点同士の間にはたらく力を**内力**という．例えば，粒子間にはたらく万有引力や，荷電粒子（電子など電荷をもっている粒子）の間にはたらくクーロン力などが内力である．これに対して，注目する質点系の外から

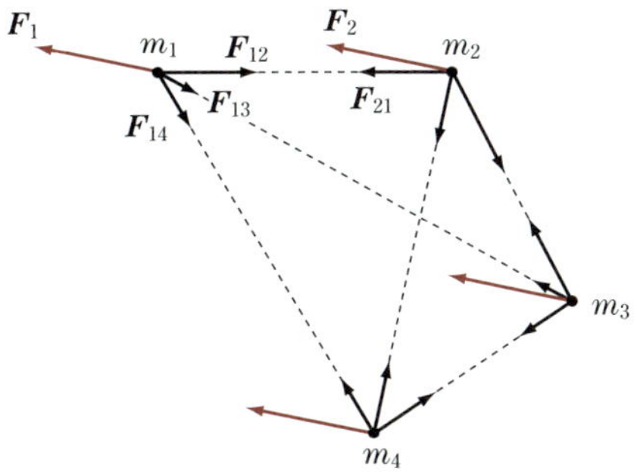


**図 5.2** 4質点系にはたらく内力と外力．簡単のため，質点1にはたらく内力と外力はすべて明記．質点2にはたらく内力の一部と外力は明記してあるが，その他は矢印のみ．

はたらく力を**外力**という．空に浮かぶ雲は水滴や氷の粒からなるが，それらは相互に衝突して相互作用しているだけでなく，重力が外力としてはたらいている．また，荷電粒子の系に外から加える電場や磁場は外力としてはたらく．

図 5.2 に 4 個の質点からなる質点系にはたらく内力と外力のおおよその様子を示す．先に議論した図 3.2 の 2 質点系 C は内力 $\boldsymbol{F}_{\mathrm{AB}}$ と $\boldsymbol{F}_{\mathrm{BA}}$ があるだけで，外力がない場合に相当する．

### 5.4.2 質点系の運動方程式

図 5.3 のように，質点系の $i$ 番目の質点にはたらく外力を $\boldsymbol{F}_i$ $(i = 1, 2, \cdots, n)$，$i$ 番目の質点が $j$ 番目の質点から受ける内力を $\boldsymbol{F}_{ij}$ $(j = 1, 2, \cdots, n)$ とする．ただし，自分が自身に作用する内力はないとしてよいので，$\boldsymbol{F}_{ii} = \boldsymbol{0}$ とおく．

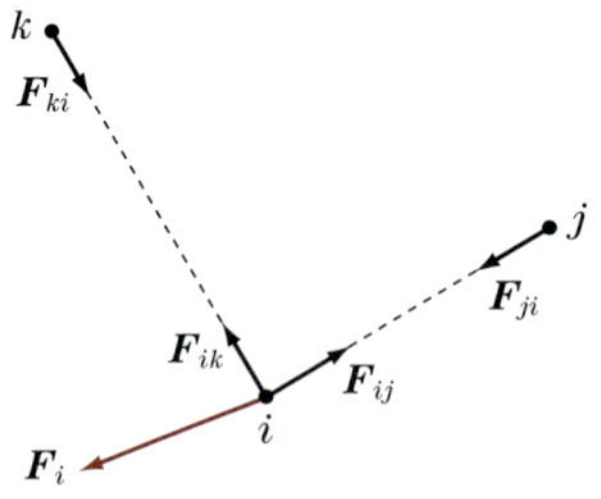


**図 5.3**　$i$ 番目の質点にはたらく外力と $j$ 番目と $k$ 番目の質点から受ける内力

このとき，$i$ 番目の質点の運動方程式は

$$m_i \frac{d^2 \boldsymbol{r}_i}{dt^2} (= m_i \ddot{\boldsymbol{r}}_i = m_i \dot{\boldsymbol{v}}_i = \dot{\boldsymbol{p}}_i) = \boldsymbol{F}_i + \boldsymbol{F}_{i1} + \boldsymbol{F}_{i2} + \cdots + \boldsymbol{F}_{in} \quad (5.24)$$

である．あるいは，簡潔にまとめて

$$\dot{\boldsymbol{p}}_i = \boldsymbol{F}_i + \sum_{j=1}^{n} \boldsymbol{F}_{ij} \qquad (i = 1, 2, \cdots, n) \quad (5.25)$$

と表すこともできる．参考のために，これを $i = 1, 2, \cdots, n$ について全部ば

らして書いてみると

$$\left.\begin{aligned}\dot{\boldsymbol{p}}_1 &= \boldsymbol{F}_1 + \boldsymbol{F}_{11} + \boldsymbol{F}_{12} + \boldsymbol{F}_{13} + \cdots\cdots\cdots + \boldsymbol{F}_{1n} \\ \dot{\boldsymbol{p}}_2 &= \boldsymbol{F}_2 + \boldsymbol{F}_{21} + \boldsymbol{F}_{22} + \boldsymbol{F}_{23} + \cdots\cdots\cdots + \boldsymbol{F}_{2n} \\ \dot{\boldsymbol{p}}_3 &= \boldsymbol{F}_3 + \boldsymbol{F}_{31} + \boldsymbol{F}_{32} + \boldsymbol{F}_{33} + \cdots\cdots\cdots + \boldsymbol{F}_{3n} \\ \vdots & \qquad\qquad \ddots \qquad\qquad \vdots \\ \dot{\boldsymbol{p}}_n &= \boldsymbol{F}_n + \boldsymbol{F}_{n1} + \boldsymbol{F}_{n2} + \boldsymbol{F}_{n3} + \cdots\cdots\cdots + \boldsymbol{F}_{nn}\end{aligned}\right\} \tag{5.26}$$

となる．ただし，ここでは $\boldsymbol{F}_{11} = \boldsymbol{F}_{22} = \boldsymbol{F}_{33} = \cdots = \boldsymbol{F}_{nn} = \boldsymbol{0}$ の各項も，表示を対称にするためにあえて残しておいた．これを見ると，(5.25) がいかにすっきりと表されているかがわかるであろう．ぜひとも，(5.25) のような記法に慣れるべきである．

### 5.4.3 質点系の運動量保存則

質点系の全運動量 $P$ の時間微分 $\dot{P}$ は，(5.12) からわかるように，(5.26) を全部加えたものであり，

$$\begin{aligned}\frac{dP}{dt} \equiv \dot{\boldsymbol{P}} &= \dot{\boldsymbol{p}}_1 + \dot{\boldsymbol{p}}_2 + \dot{\boldsymbol{p}}_3 + \cdots + \dot{\boldsymbol{p}}_n = \sum_{i=1}^{n} \dot{\boldsymbol{p}}_i \\ &= \boldsymbol{F}_1 + \boldsymbol{F}_2 + \boldsymbol{F}_3 + \cdots\cdots\cdots + \boldsymbol{F}_n \\ &\qquad + \boldsymbol{F}_{11} + \boldsymbol{F}_{12} + \boldsymbol{F}_{13} + \cdots\cdots + \boldsymbol{F}_{1n} \\ &\qquad + \boldsymbol{F}_{21} + \boldsymbol{F}_{22} + \boldsymbol{F}_{23} + \cdots\cdots + \boldsymbol{F}_{2n} \\ &\qquad + \boldsymbol{F}_{31} + \boldsymbol{F}_{32} + \boldsymbol{F}_{33} + \cdots\cdots + \boldsymbol{F}_{3n} \\ &\qquad\qquad\qquad \vdots \\ &\qquad + \boldsymbol{F}_{n1} + \boldsymbol{F}_{n2} + \boldsymbol{F}_{n3} + \cdots\cdots + \boldsymbol{F}_{nn}\end{aligned}$$

となるが，これも (5.25) と同じ記法を使うと，

$$\dot{\boldsymbol{P}} = \sum_{i=1}^{n} \boldsymbol{F}_i + \sum_{i,j=1}^{n} \boldsymbol{F}_{ij} \tag{5.27}$$

と，すっきりした形にまとめられる．ここで，右辺第 1 項は質点系の各質点にはたらく外力の総和であり，第 2 項は内力の総和である．

ところが，内力の総和の中身を見ると，任意の 2 質点の対 $i$ と $j$ の間の内力 $\boldsymbol{F}_{ij}$ に対して，必ず $\boldsymbol{F}_{ji}$ が存在する．これは図 5.3 を見ても明らかであろう．しかも，この内力の対に対しては作用・反作用の法則によって

$$\boldsymbol{F}_{ij} = -\boldsymbol{F}_{ji}, \qquad \therefore \quad \boldsymbol{F}_{ij} + \boldsymbol{F}_{ji} = \boldsymbol{0} \tag{5.28}$$

が成り立つ．さらに $\boldsymbol{F}_{ii} = \boldsymbol{0}$ を考慮すると，内力の総和はちょうどキャンセルし合って，

$$\sum_{i,j=1}^{n} \boldsymbol{F}_{ij} = \boldsymbol{0} \tag{5.29}$$

となる．

他方，外力の総和を $\boldsymbol{F}$ とすると，

$$\boldsymbol{F} = \boldsymbol{F}_1 + \boldsymbol{F}_2 + \boldsymbol{F}_3 + \cdots\cdots\cdots + \boldsymbol{F}_n = \sum_{i=1}^{n} \boldsymbol{F}_i \tag{5.30}$$

である．これと (5.29) を (5.27) に代入すると，全運動量 $\boldsymbol{P}$ の時間微分は非常に簡潔に

$$\dot{\boldsymbol{P}} = \boldsymbol{F} \tag{5.31}$$

と表される．これは質点系全体を 1 つの物体と考えたときの，物体の運動方程式と見なされる．質点系の重心 G に全質量 $M$ が集中しているだけでなく，全外力 $\boldsymbol{F}$ も集中していると見なしたときの重心の運動方程式とみることもできる．しかもこれまでの議論に何らあいまいさがないので，質点系にどれだけたくさんの質点があっても，また，それらの質点が系内でどんなに激しく相互に運動していても，(5.31) が成り立つことに注意しよう．

野球のボールなど，日常的に目にする現実の物体は非常に多くの原子・分子からなり，それらの原子・分子は激しく運動している．それにもかかわらず，物体の運動がこれまでに学んできた力学で議論することができるのは，(5.31) が成り立っているからである．ただ，現実の物体は有限の大きさをもつので，運動を詳しく議論するには物体が素直に動く並進運動だけでなく，重心の周りの回転運動も考慮しなければならない．しかし，当面は並進運動

だけを考え，回転運動は後に質点系の角運動量や剛体の運動を議論する際に詳しく考察しよう．

質点系に外力が一切はたらいていない（$\boldsymbol{F}_i = \boldsymbol{0}$ $(i = 1, 2, \cdots, n)$）か，あるいは外力の総和がゼロ（$\boldsymbol{F} = \boldsymbol{0}$）のときには，(5.31) は

$$\dot{\boldsymbol{P}} \equiv \frac{d\boldsymbol{P}}{dt} = \boldsymbol{0} \tag{5.32}$$

となる．これは質点系の全運動量が時間的に変化せず，一定不変であることを意味する．これを**質点系の運動量保存則**といい，非常に重要な法則である．

**例題 3**

全質量 $M$ のロケットが速度 $V$ で飛んでいる．あるとき，瞬間的に質量 $m$ の燃料をロケットに対して速度 $v$ で後方に噴射した．その後のロケットの速度 $V'$ を求めよ．

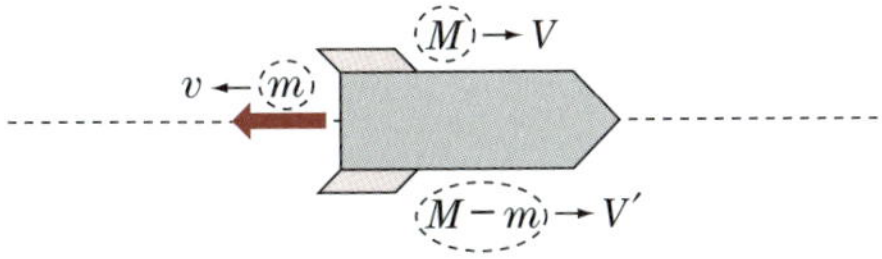


**解** 燃料を噴射する前のロケットの運動量 $P$ は

$$P = MV \tag{1}$$

燃料を噴射した後のロケットの質量は $M - m$ であり，速度は $V'$ なので，このときの運動量 $P'$ は

$$P' = (M - m)V' \tag{2}$$

噴射された燃料の質量は $m$ であり，ロケットを観察している立場から見た燃料の速度は $V - v$ なので，燃料の運動量 $p'$ は

$$p' = m(V - v) \tag{3}$$

燃料を噴射する前後での運動量保存則より，

$$P = P' + p' \tag{4}$$

これに (1) ～ (3) を代入して $V'$ を求めると，

$$V' = V + \frac{m}{M - m}v \tag{5}$$

となって，燃料を噴射した後のロケットの速度が求められる．

**問 題 4** 水平で滑らかな床の上で一直線上に同じ向きに運動する2つの物体がある．図のように，第1の物体の質量 $m_1$，速度 $v_1$，第2の物体の質量 $m_2$，速度 $v_2$ で，$v_1 > v_2$ とする．このとき，第1の物体はいずれ第2の物体に追いつき，衝突する．衝突後は2つの物体はくっ付いて運動するとしよう．そのときの2つの物体の速度 $V'$ を求めよ．［ヒント： 衝突前後の見かけのエネルギー保存則は成り立たないが，運動量保存則は成り立つことに注意．物体が衝突前後でどのように振る舞っても，これらを質点系と見なすと全運動量は保存する．もちろん，衝突後の物体の振動などの内部運動を考慮すれば，エネルギー保存則も成り立つ．］

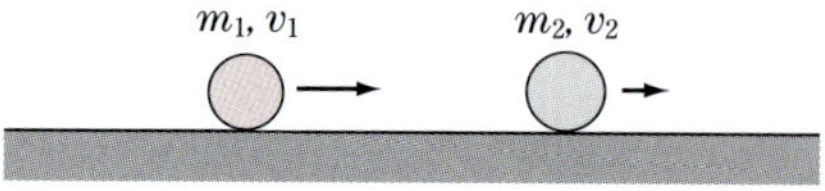


## 5.5 まとめとポイントチェック

本章では，質点の運動量を導入し，それによって運動方程式を簡潔に表すことからはじめた．結果として，運動量の変化が力積に等しいことは，運動方程式を時間について積分することで直ちに導かれた．

運動量で表した運動方程式は，複数の質点からなる質点系の運動を議論する際にその威力を見事に発揮する．系を構成する質点の数がどんなに多くても，その運動方程式は和の記号を使って難なくきれいに表される．その上，質点にはたらく力を，質点相互に作用する内力と系の外からはたらく外力に分けると，質点系全体の運動方程式では内力による力が作用・反作用の法則によってきれいさっぱりと消えてしまう．すなわち，質点系を全体として見た場合の運動には，外から加わる外力だけが効き，内力の影響は現れないのである．そのために，質点系全体の運動はその重心に全質量が集中し，外力も重心に集中してはたらいていると見なすことができる．このことは，無数の原子・分子からなる現実の物体を質点と見なしてよい根拠を与える．また，逆にいうと，質点系に外力がはたらかない場合には，質点系の全運動量は時間的に一定不変であって，これを質点系の運動量保存則という．

この運動量保存則の有用性が理解できたであろうか．本章でも，すべての結論は運動方程式と作用する力の性質から導かれていることは理解できたであろう．

## ポイントチェック

- □ 運動量の物理的な意味がわかった．
- □ 運動量の変化と力積の関係がわかった．
- □ 質点系とはどんなものかがわかった．
- □ 質点系の重心の重要性が理解できた．
- □ 質点系全体の運動には内力の影響がないことが理解できた．
- □ 質点系全体の運動は，その重心の運動であることがわかった．
- □ 現実の物体の運動が質点の運動として扱えることがよくわかった．
- □ 質点系の運動量保存則が理解できた．

# 6 角運動量

**学習目標**

- ベクトルの外積（ベクトル積）を取り扱えるようになる．
- 角運動量がなぜ必要かを理解する．
- 角運動量の運動方程式を導けるようになる．
- 質点系の角運動量とその保存則を理解する．
- 質点系の全運動量と全角運動量の役割の違いを理解する．

質点には大きさがないので，質点そのものの回転は意味がない．しかし，質点の運動には並進運動だけでなく，回転運動（例えば，円運動）もある．これをどのように定量的に議論したらよいかが，本章の課題である．前章で見たように，質点の並進運動は運動量によって特徴づけることができる．それに対して，回転運動を特徴づけるのが，角運動量である．角運動量の特徴を議論するためには，ベクトルの外積を導入しなければならない．

大きさのある普通の物体が静止しているときにいくつかの力がはたらいても，それらが全体としてつり合っていると，並進運動はしない．それでも，ある点や軸の周りに物体が回転し得ることは日常的にもよく経験することである．例えば，誰もが子供の頃に楽しんだコマはその身近な例である．すなわち，回転運動を引き起こす要因として力のモーメントが必要であり，角運動量の運動方程式には，力そのものではなくて力のモーメントが現れるのである．

質点系を全体として見たとき，全運動量 $\boldsymbol{P}$ の運動方程式 (5.31) は，全質量 $M$ が集中した重心 G の並進運動を記述する．逆にいうと，(5.31) はそれ以外のことを何も言っていない．ところが，質点系全体の運動には重心 G の並進運動の他に，その周りの回転運動もある．(5.31) だけでは抜け落ちていた質点系の回転運動を記述するのが，全角運動量 $\boldsymbol{L}$ の運動方程式なのである．

## 6.1 ベクトルの外積（ベクトル積）

2つのベクトル $\boldsymbol{A}$ と $\boldsymbol{B}$ の内積（スカラー積）は，すでに1.4節で学んだ．ここではもう1つの重要なベクトルの積である外積（ベクトル積）について学ぶ．両者の第1の違いは，内積の結果はスカラー（普通の数値）になるのに対して，外積の結果はベクトルになることであり，それが両者の名前の由来でもある．いずれも力学や電磁気学を学ぶ際だけでなく，理工系のどの分野においても必須のものである．本章では，外積は運動の回転的な特徴を定量的に議論するために使われる．これなくしては計算がどんなに煩雑になるかがわかるはずである．

任意の2つのベクトルを $\boldsymbol{A} = (A_x, A_y, A_z)$，$\boldsymbol{B} = (B_x, B_y, B_z)$ とするとき，$\boldsymbol{A} \times \boldsymbol{B}$ をそれらの**外積**（**ベクトル積**）といい，これは次の性質をもつ：

(a)　$$\boldsymbol{A} \times \boldsymbol{B} \equiv (A_yB_z - A_zB_y,\ A_zB_x - A_xB_z,\ A_xB_y - A_yB_x) \qquad (6.1\mathrm{a})$$

これは外積の定義である．したがって，以下の(6.1b)～(6.1e)はすべて，この定義式から導かれる．

(b)　$\boldsymbol{A}$ と $\boldsymbol{B}$ のなす角を図6.1のように $\theta$ とすると，

$$|\boldsymbol{A} \times \boldsymbol{B}| = AB|\sin\theta| \qquad (A = |\boldsymbol{A}|,\ B = |\boldsymbol{B}|) \qquad (6.1\mathrm{b})$$

図からわかるように，右辺は2つのベクトルがつくる平行四辺形の面積である．

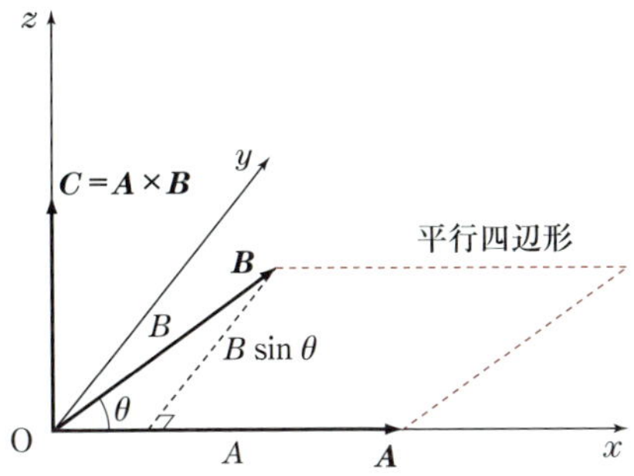


**図 6.1**　2つのベクトル $\boldsymbol{A}$ と $\boldsymbol{B}$ の外積 $\boldsymbol{C} = \boldsymbol{A} \times \boldsymbol{B}$

(c)
$$\boldsymbol{A}\times\boldsymbol{B} = -\boldsymbol{B}\times\boldsymbol{A} \tag{6.1c}$$
これは，普通の数に成り立つ交換則が外積には成り立たないことを意味する．

(d)
$$\boldsymbol{A}\times\boldsymbol{A} = \boldsymbol{0} \tag{6.1d}$$
同じベクトル同士のなす角はゼロ（$\theta = 0$）なので，(6.1b) が成り立てば，これは明らかであろう．

(e)　$\boldsymbol{C} = \boldsymbol{A}\times\boldsymbol{B}$ とおくと，ベクトル $\boldsymbol{C}$ はベクトル $\boldsymbol{A}$ と $\boldsymbol{B}$ の両方に直交する：
$$\boldsymbol{C}\perp\boldsymbol{A}, \qquad \boldsymbol{C}\perp\boldsymbol{B} \qquad (\perp\text{は直交を表す記号}) \tag{6.1e}$$

(6.1a) を前提にして (6.1b) ～ (6.1e) を導いておこう．まず，図 6.1 のように，ベクトル $\boldsymbol{A}$ を $x$ 軸上にとり，$\boldsymbol{B}$ を $xy$ 平面上にとっても，一向に一般性を失わない．その理由は，2 つのベクトル $\boldsymbol{A}$ と $\boldsymbol{B}$ があって向きが違えば，必ずそれらを含む平面が 1 つだけ決まり，それを $xy$ 平面にとればよく，次に $\boldsymbol{A}$ を原点 O から $x$ 軸の正の向きにとることが必ずできるからである．そのようにすると，以下の計算が非常に簡単になる．実際，このとき，$\boldsymbol{A} = (A, 0, 0)$，$\boldsymbol{B} = (B\cos\theta, B\sin\theta, 0)$ と表すことができて，これらを (6.1a) に代入すると，
$$\boldsymbol{C} = \boldsymbol{A}\times\boldsymbol{B} = (0, 0, AB\sin\theta) \tag{6.2}$$
となることが容易にわかる．

(6.2) より，ベクトル $\boldsymbol{C}$ の大きさ $C = |\boldsymbol{A}\times\boldsymbol{B}|$ が (6.1b) になることがわかる．さらに，$\boldsymbol{C}$ は $z$ 軸の向きにあって，$xy$ 平面に垂直なので，(6.1e) が成り立つ．また，$\boldsymbol{B}\times\boldsymbol{A}$ は (6.1a) で $\boldsymbol{A}$ と $\boldsymbol{B}$ を交換して得られる．その結果は，ちょうど (6.1a) の右辺に負号を付けたものとなり，(6.1c) が導かれる．これはまた，$\boldsymbol{A}$ から $\boldsymbol{B}$ を見た角が $\theta$ だとすると，$\boldsymbol{B}$ から $\boldsymbol{A}$ を見た角が $-\theta$ なので，(6.2) より符号が反転するという見方もできるであろう．

こうして，内積と違って外積では，2 つのベクトルの掛ける順序が本質的に重要であることがわかる．以上の結果から，2 つのベクトル $\boldsymbol{A}$ と $\boldsymbol{B}$ が空

間のどの向きにあっても，$\boldsymbol{A}$ を $\boldsymbol{B}$ に向かって回転したときに右ねじの進む向きが，外積 $\boldsymbol{C} = \boldsymbol{A} \times \boldsymbol{B}$ の向きであるということができる．これは図 6.1 で $xy$ 平面上に立てた右ねじを回転してみるとわかるであろう．

ここはポイント!

このように，外積には 1 つのベクトルをもう 1 つのベクトルに向けて回転することでその向きが決まる性質がある．一方，回転運動では，左右どちらの向きに回転するにしても，進行方向と左右の方向で 1 つの平面ができ，それを**回転平面**という．そして，CD・DVD プレーヤーや昔のレコードプレーヤーを思い出せばすぐにわかるように，回転平面の上には**回転中心**があり，それを通って回転平面に垂直な**回転軸**がある．回転平面と回転中心を $xy$ 平面と原点 O にとれば，回転軸が $z$ 軸と見なせることも容易にわかるであろう．この状況は外積の場合と同様であり，回転運動を議論するときに外積が応用できそうなことが感覚的に理解できよう．

**例題 1**

任意の 3 つのベクトル $\boldsymbol{A}$，$\boldsymbol{B}$，$\boldsymbol{C}$ について，以下の式が成り立つことを示せ．

$$\boldsymbol{A}\cdot(\boldsymbol{B}\times\boldsymbol{C}) = \boldsymbol{B}\cdot(\boldsymbol{C}\times\boldsymbol{A}) = \boldsymbol{C}\cdot(\boldsymbol{A}\times\boldsymbol{B}) \qquad (6.3)$$

このような 3 つのベクトルの積を**スカラー 3 重積**という．

**解** 3 つのベクトルがどのような向きにあっても，$\boldsymbol{A}$ を $x$ 軸方向に，$\boldsymbol{B}$ を $xy$ 平面上にとることができる．このようにとっても決して一般性を失わず，なおかつ計算がとても容易になることを理解しよう．もちろん，このとき，$\boldsymbol{C}$ には制限が付けられない．こうして，$\boldsymbol{A} = (A_x, 0, 0)$，$\boldsymbol{B} = (B_x, B_y, 0)$，$\boldsymbol{C} = (C_x, C_y, C_z)$ とおくことができる．したがって，ベクトル積の定義 (6.1a) より，

$$\boldsymbol{B}\times\boldsymbol{C} = (B_yC_z,\ -B_xC_z,\ B_xC_y - B_yC_x)$$

内積の定義 (1.20) より，

$$\boldsymbol{A}\cdot(\boldsymbol{B}\times\boldsymbol{C}) = A_xB_yC_z \qquad (1)$$

同様にして，

$$\boldsymbol{C}\times\boldsymbol{A} = (0,\ C_zA_x,\ -C_yA_x), \qquad \therefore\ \boldsymbol{B}\cdot(\boldsymbol{C}\times\boldsymbol{A}) = B_yC_zA_x \qquad (2)$$

$$\boldsymbol{A}\times\boldsymbol{B} = (0,\ 0,\ A_xB_y), \qquad \therefore\ \boldsymbol{C}\cdot(\boldsymbol{A}\times\boldsymbol{B}) = C_zA_xB_y \qquad (3)$$

(1) ～ (3) の結果はすべて等しい．すなわち，(6.3) が証明された．これはベクトルの 3 重積について成り立つ，有用な公式である．

**問 題 1** 任意の 3 つのベクトル $\boldsymbol{A}$，$\boldsymbol{B}$，$\boldsymbol{C}$ について，以下の式が成り立つことを示せ．

（1） $(\boldsymbol{A}-\boldsymbol{B})\cdot(\boldsymbol{A}+\boldsymbol{B})=\boldsymbol{A}\cdot\boldsymbol{A}-\boldsymbol{B}\cdot\boldsymbol{B}$

（2） $(\boldsymbol{A}-\boldsymbol{B})\times(\boldsymbol{A}+\boldsymbol{B})=2\boldsymbol{A}\times\boldsymbol{B}$

（3） $\boldsymbol{B}\cdot(\boldsymbol{A}\times\boldsymbol{C})=-\boldsymbol{A}\cdot(\boldsymbol{B}\times\boldsymbol{C})$

（4） $(\boldsymbol{A}+\boldsymbol{B})\cdot\{(\boldsymbol{B}+\boldsymbol{C})\times(\boldsymbol{C}+\boldsymbol{A})\}=2\boldsymbol{A}\cdot(\boldsymbol{B}\times\boldsymbol{C})$

**問 題 2** 3 つのベクトル $\boldsymbol{A}$，$\boldsymbol{B}$，$\boldsymbol{C}$ が同一平面上にないとき，そのスカラー 3 重積 $\boldsymbol{A}\cdot(\boldsymbol{B}\times\boldsymbol{C})$ の大きさは 3 つのベクトル $\boldsymbol{A}, \boldsymbol{B}, \boldsymbol{C}$ がつくる平行六面体の体積に等しいことを示せ．［ヒント： $\boldsymbol{B}$ を $x$ 軸方向に，$\boldsymbol{C}$ を $xy$ 面内にとっても一般性を失わない．その上で，$\boldsymbol{A}$ を $z$ 軸から角度 $\theta$ だけ傾いたベクトルとして考えてみよ．］

## 6.2 角運動量ベクトル

質量 $m$，運動量 $\boldsymbol{p}\ (=m\boldsymbol{v})$ の質点 P が図 6.2 のように，原点から位置ベクトル $\boldsymbol{r}$ の点にあるとしよう．このとき，$\boldsymbol{r}$ と $\boldsymbol{p}$ の外積

$$\boldsymbol{l}=\boldsymbol{r}\times\boldsymbol{p} \qquad (l=|\boldsymbol{l}|=rp|\sin\theta|) \tag{6.4}$$

を，この質点が点 O の周りにもつ**角運動量**という．ここで，$\theta$ は $\boldsymbol{r}$ と $\boldsymbol{p}$ のなす角である．また，外積の性質 (6.1e) より，角運動量ベクトル $\boldsymbol{l}$ は $\boldsymbol{r}$ と $\boldsymbol{p}$ のつくる平面に垂直である．

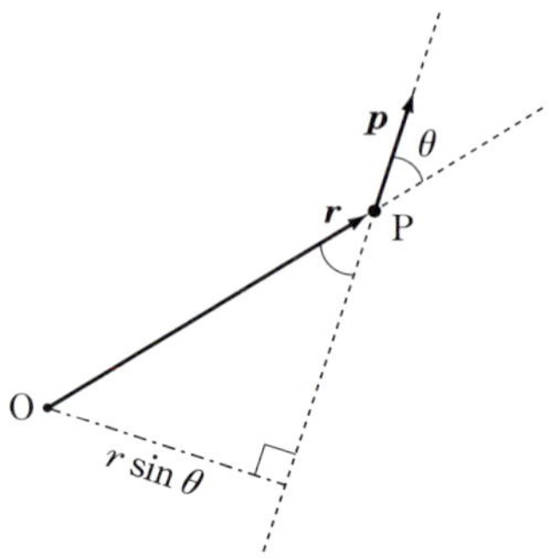

**図 6.2** 位置ベクトル $\boldsymbol{r}$ にある質点 P が運動量 $\boldsymbol{p}$ で運動

図 6.2 で特別な場合として，位置ベクトル $\boldsymbol{r}$ と運動量 $\boldsymbol{p}$ が常に同じ方向にあるときには，質点は直線運動をしている．このとき，$\boldsymbol{r}$ と $\boldsymbol{p}$ は平行 $(\theta=0)$ または反平行

$(\theta = \pi)$ なので，この場合の角運動量は $\boldsymbol{l} = \boldsymbol{0}$ である．すなわち，質点が直線運動をしている場合には，原点をこの直線の上にとることで，この質点の角運動量をゼロにすることができる．逆にいうと，質点が曲線運動をしていると，どこかでその角運動量が瞬間的にゼロになることがあっても，決してずっとゼロのままではありえない．

ところで，曲線運動の一部をとると，それは必ず進行方向からの曲りであって，回転運動の一部と見なすことができる．すなわち，曲線運動は回転運動をつなぎ合わせたものと見なされる．したがって，角運動量 $\boldsymbol{l}$ は曲線運動を特徴づけるのに使えるであろう．

また，(6.1b) より，$l = rp|\sin\theta|$ は2つのベクトル $\boldsymbol{r}$ と $\boldsymbol{p}$ がつくる平行四辺形の面積である．これは後に円運動や惑星運動のところで学ぶ面積速度に比例することがわかる．

**「太陽と惑星を結ぶ線分が一定時間に描く面積（面積速度）は，それぞれの惑星で一定である.」**

という**ケプラーの第2法則**は，実は惑星運動では角運動量が一定に保存されることを意味しているのである．

いま，質点の運動が平面上に限られる場合を考えてみよう．その平面を $xy$ 平面にとると，一般に

$$\boldsymbol{r} = (x,\ y,\ 0), \qquad \boldsymbol{p} = (p_x,\ p_y,\ 0)$$

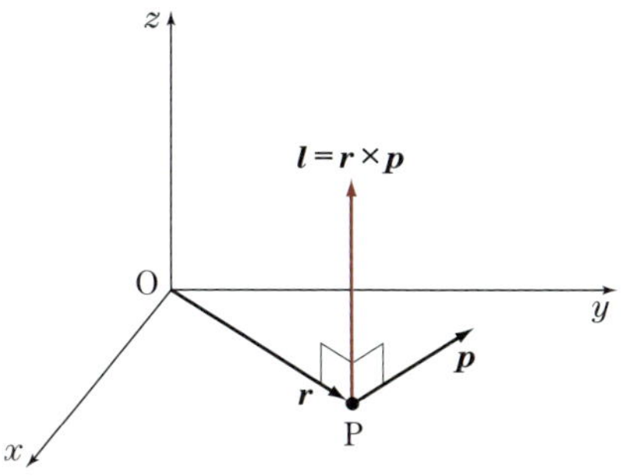


**図 6.3**　質点Pが $xy$ 平面上で運動するときの角運動量 $\boldsymbol{l}$

であり，この場合の質点の角運動量は，外積の定義 (6.1a) より

$$\boldsymbol{l} = \boldsymbol{r} \times \boldsymbol{p} = (0,\, 0,\, xp_y - yp_x) \tag{6.5}$$

となる．すなわち，この場合には当然ながら，角運動量は常に $z$ 方向を向く．

**問題 3** 質量 $m$ の質点 P に力がはたらいておらず，図のように $xy$ 平面上を $y$ 方向の正の向きに速度 $\boldsymbol{v}$ (大きさ $v$) で運動している．このときの質点の角運動量 $\boldsymbol{l}$ を求め，その特徴を記せ．(注意： $z$ 軸は原点 O から紙面の表向きにある．)

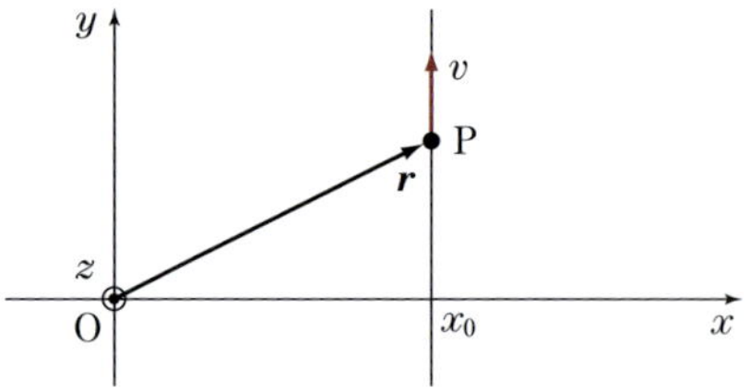


## 6.3 角運動量の時間変化

角運動量 $\boldsymbol{l}$ を時間微分すると，(6.2) と積の微分則より，

$$\dot{\boldsymbol{l}} = \dot{\boldsymbol{r}} \times \boldsymbol{p} + \boldsymbol{r} \times \dot{\boldsymbol{p}}$$

である．ところが，上式の第 1 項は $\dot{\boldsymbol{r}} \times \boldsymbol{p} = \boldsymbol{v} \times \boldsymbol{p} = \boldsymbol{v} \times (m\boldsymbol{v}) = m\boldsymbol{v} \times \boldsymbol{v}$ となって，外積の性質 (6.1d) よりゼロ ($\boldsymbol{v} \times \boldsymbol{v} = \boldsymbol{0}$) である．また，第 2 項の $\dot{\boldsymbol{p}}$ は，運動方程式 (5.2) より，質点にはたらく力 $\boldsymbol{F}$ でおき換えられるので，結局，上式は

$$\dot{\boldsymbol{l}} = \boldsymbol{r} \times \boldsymbol{F} \tag{6.6}$$

となる．

ここで，(6.6) の右辺を

$$\boldsymbol{N} = \boldsymbol{r} \times \boldsymbol{F} \tag{6.7}$$

とおくと，$\boldsymbol{N}$ は点 O から見て力 $\boldsymbol{F}$ がどの向きにかかるかを特徴づける量であり，それが作用する質点には関係ない．この $\boldsymbol{N}$ を点 O に関する**力のモー**

メントといい，大まかな様子は図6.4のようになる．

(6.7) を (6.6) に代入すると

$$\dot{\boldsymbol{l}} = \boldsymbol{N} \qquad (6.8)$$

という簡潔な式が得られる．これは，質点の角運動量 $\boldsymbol{l}$ の時間変化はその質点にはたらく力 $\boldsymbol{F}$ のモーメント $\boldsymbol{N}$ に等しいことを意味する．もとはといえば，この式も運動方程式 (5.2) からきているので，(6.8) は質点の角運動量に関する運動方程式と見なされる．

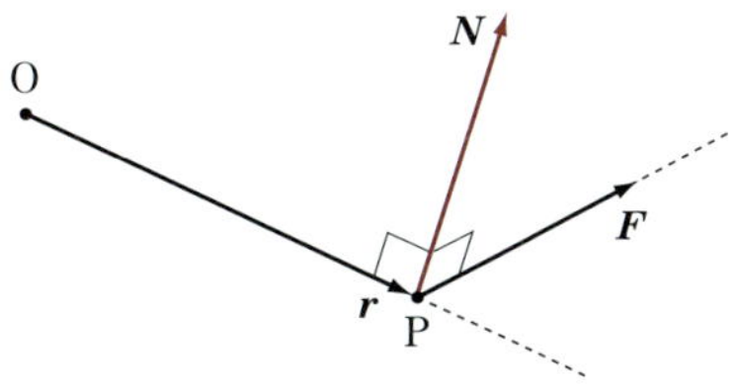

図 6.4　位置ベクトル $\boldsymbol{r}$ の点Pでの力のモーメント $\boldsymbol{N}$

ここは ポイント!

力のモーメント $\boldsymbol{N}$ がゼロのときには，(6.7) から $\dot{\boldsymbol{l}} = \boldsymbol{0}$ となり，角運動量 $\boldsymbol{l}$ の時間変化はない．このとき，角運動量は保存される．例えば，太陽と地球などの惑星との間には万有引力がはたらくが，この万有引力による力のモーメントがゼロになることは容易に示される．これが惑星の角運動量の保存につながり，ケプラーの第2法則となるのである．

**問 題 4**　太陽から惑星にはたらく万有引力による力のモーメント $\boldsymbol{N}$ がゼロとなることを示せ．[ヒント：太陽を点Oにとり，惑星の位置ベクトル $\boldsymbol{r}$ と万有引力 $\boldsymbol{F}$ の向きを考慮して力のモーメント $\boldsymbol{N}$ を求めてみよ．]

## 6.4　質点系の角運動量とその保存則

再び，$n$ 個の質点からなる質点系を考えよう．その $i$ 番目の質点の質量を $m_i$，位置ベクトルを $\boldsymbol{r}_i$，運動量を $\boldsymbol{p}_i$，角運動量を $\boldsymbol{l}_i$ $(i = 1, 2, \cdots, n)$ とする．図6.5には4個の質点からなる質点系が，それぞれの位置ベクトル，運動量，角運動量とともに示してある．

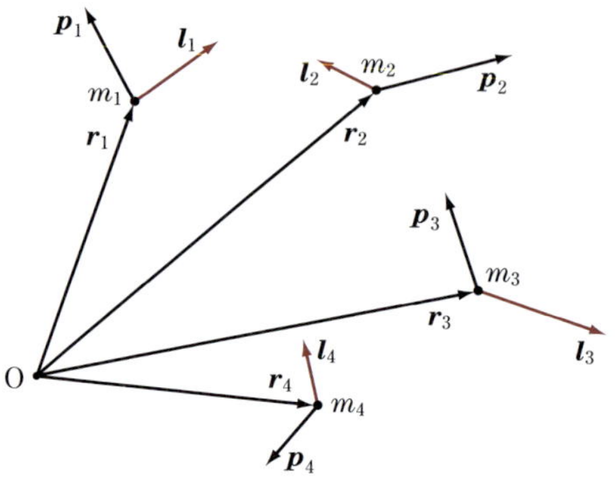


**図 6.5** 4 個の質点からなる質点系

ここで，質点系の全角運動量

$$
\begin{aligned}
\boldsymbol{L} &= \boldsymbol{l}_1 + \boldsymbol{l}_2 + \cdots + \boldsymbol{l}_n = \sum_{i=1}^{n} \boldsymbol{l}_i \\
&= \boldsymbol{r}_1 \times \boldsymbol{p}_1 + \boldsymbol{r}_2 \times \boldsymbol{p}_2 + \cdots + \boldsymbol{r}_n \times \boldsymbol{p}_n = \sum_{i=1}^{n} (\boldsymbol{r}_i \times \boldsymbol{p}_i) \qquad (6.9)
\end{aligned}
$$

ここはポイント!

を導入しておく．質点系の全運動量 $\boldsymbol{P}$ がゼロであっても，全角運動量 $\boldsymbol{L}$ がゼロでない場合があるからである．例えば，通常の物体を質点の集まり（質点系）と見なしたとき，物体が移動（並進運動）していなくても，その場で回転している場合があることを考えれば明らかであろう．したがって，例えば恒星の集まりとしての渦巻き銀河は，全運動量に比べて全角運動量が無視できない系と見なされる．

全角運動量 $\boldsymbol{L}$ の時間変化を調べてみよう．(6.9) を時間 $t$ で微分すると，

$$
\dot{\boldsymbol{L}} = \sum_{i=1}^{n} (\dot{\boldsymbol{r}}_i \times \boldsymbol{p}_i) + \sum_{i=1}^{n} (\boldsymbol{r}_i \times \dot{\boldsymbol{p}}_i)
$$

である．ところで，(6.6) を導いたときと同様に，上式の第 1 項はゼロとなる．また，第 2 項の $\dot{\boldsymbol{p}}_i$ を質点系の運動方程式 (5.25) の右辺でおき換えると，上式は

$$
\dot{\boldsymbol{L}} = \sum_{i=1}^{n} (\boldsymbol{r}_i \times \boldsymbol{F}_i) + \sum_{i,j=1}^{n} (\boldsymbol{r}_i \times \boldsymbol{F}_{ij}) \qquad (6.10)
$$

となる．上式の第1項は質点系にはたらく外力による力のモーメントであり，第2項は内力によるモーメントである．

**問題 5** $\dot{\boldsymbol{r}}_i \times \boldsymbol{p}_i = \boldsymbol{0}$ であることを示せ．

内力によるモーメントの総和 $\sum_{i,j=1}^{n} (\boldsymbol{r}_i \times \boldsymbol{F}_{ij})$ の項の中には，図6.6のように，$\boldsymbol{r}_i \times \boldsymbol{F}_{ij}$ と $\boldsymbol{r}_j \times \boldsymbol{F}_{ji}$ が必ず対で存在する．ところが，運動の第3法則（作用・反作用の法則）により，$\boldsymbol{F}_{ji} = -\boldsymbol{F}_{ij}$ である．したがって，この対の和は

$$\boldsymbol{r}_i \times \boldsymbol{F}_{ij} + \boldsymbol{r}_j \times \boldsymbol{F}_{ji} = (\boldsymbol{r}_i - \boldsymbol{r}_j) \times \boldsymbol{F}_{ij} = \boldsymbol{r}_{ij} \times \boldsymbol{F}_{ij} = \boldsymbol{0}$$

である．ここで，$\boldsymbol{r}_{ij}$ は図6.6からわかるように，$i$ と $j$ を結ぶ位置ベクトルであり，この対の間の内力 $\boldsymbol{F}_{ij}$ に（反）平行である．こうして，内力によるモーメントの総和は

$$\sum_{i,j=1}^{n} (\boldsymbol{r}_i \times \boldsymbol{F}_{ij}) = \boldsymbol{0} \tag{6.11}$$

となる．これはちょうど質点系にはたらく内力の総和がゼロになるという関係式(5.29)に対応する．

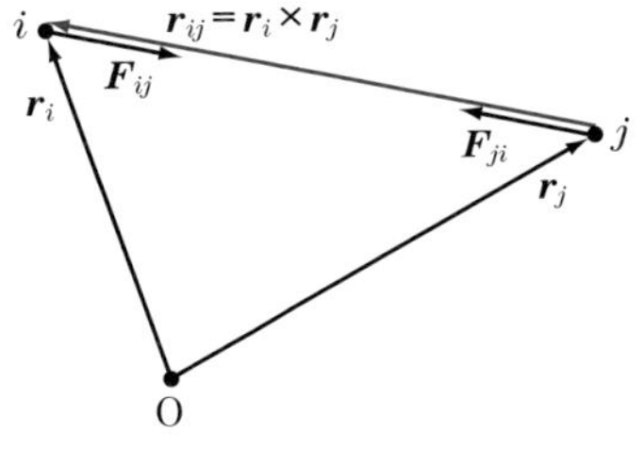


**図 6.6** 質点の対 $(i, j)$ にはたらく内力と両者を結ぶ位置ベクトルとの関係

(6.11)を考慮すると，(6.10)は

$$\dot{\boldsymbol{L}} = \sum_{i=1}^{n} (\boldsymbol{r}_i \times \boldsymbol{F}_i) = \sum_{i=1}^{n} \boldsymbol{N}_i \tag{6.12}$$

と表される．ここで質点 $i$ にはたらく外力によるモーメント $\boldsymbol{N}_i$ を

$$\boldsymbol{N}_i = \boldsymbol{r}_i \times \boldsymbol{F}_i \tag{6.13}$$

とおいた．さらに，質点系にはたらく外力による全モーメント $\boldsymbol{N}$ を

$$\boldsymbol{N} = \sum_{i=1}^{n} \boldsymbol{N}_i = \sum_{i=1}^{n} (\boldsymbol{r}_i \times \boldsymbol{F}_i) \tag{6.14}$$

と定義しておこう．すると，質点系の全角運動量の時間変化は (6.12) より，いたって簡潔に

$$\dot{\boldsymbol{L}} = \boldsymbol{N} \tag{6.15}$$

と表される．

(6.15) は点 O の周りの質点系の全角運動量 $\boldsymbol{L}$ についての運動方程式である．この場合ももとはといえば，質点系の運動方程式からきており，ちょうど質点系の全運動量 $\boldsymbol{P}$ に関する運動方程式 (5.31) に対応している．そして，全運動量 $\boldsymbol{P}$ の時間変化に質点間の内力が効かなかったのと同じように，全角運動量 $\boldsymbol{L}$ の時間変化にも内力は何の影響もおよぼさない．すなわち，質点系を全体として見るとき，その並進的な運動は全運動量 $\boldsymbol{P}$ に関する運動方程式 (5.31) を，回転的な運動は全角運動量 $\boldsymbol{L}$ についての運動方程式 (6.15) を基礎にして議論すればよいことになる．特に，現実の物体を剛体と見なす場合には内部の構成物質（各質点）の運動を一切無視するので，その運動は重心の並進運動についての $\dot{\boldsymbol{P}} = \boldsymbol{F}$ とその周りの回転運動についての $\dot{\boldsymbol{L}} = \boldsymbol{N}$ だけで議論できることになる．

ここはポイント!

外力がすべてゼロ（$\boldsymbol{F}_i = \boldsymbol{0}\ (i = 1, 2, \cdots, n)$），あるいは何らかの理由で全モーメントがちょうどゼロ（$\boldsymbol{N} = \boldsymbol{0}$）になる場合には，(6.14)，(6.15) より $\dot{\boldsymbol{L}} = \boldsymbol{0}$ であり，全角運動量 $\boldsymbol{L}$ は時間的に一定不変である．これを**角運動量保存則**という．他の銀河から十分離れていてそれらからの万有引力が無視できる銀河では，その内部で恒星たちが相互作用のためにどんなに激しく運動していても，銀河の全角運動量 $\boldsymbol{L}$ は一定に保たれている．

**例題 2**

図のように，質量が無視できる棒の両端に質量 $m_1$，$m_2$ の物体 1,2 がくっ付いており，棒が支点 O に支えられて水平に静止している．このとき，支点 O から物体 1,2 までの距離 $r_1$，$r_2$ と質量 $m_1$，$m_2$ の関係を求めよ．

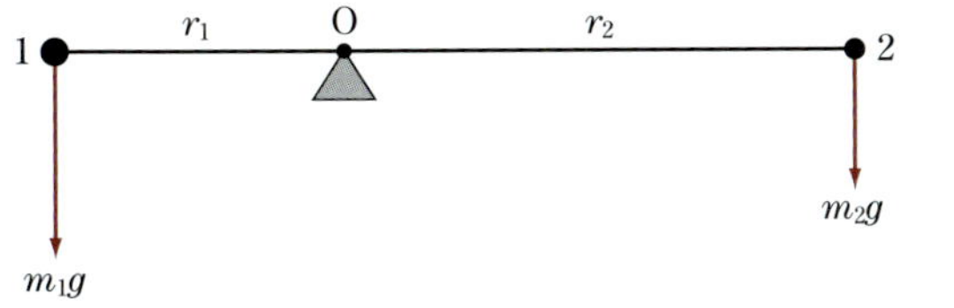


**解** これは天秤ややじろべえのつり合いの問題であり，てこの原理も本質的に同じ問題である．支点 O を原点に，水平な棒の右向きに $x$ 軸，鉛直上向きに $z$ 軸をとることにする．重力加速度の大きさを $g$ とすると，物体にはそれぞれ，重力 $m_1g$, $m_2g$が鉛直下向きにはたらいている．この場合，それぞれの物体の角運動量 $\boldsymbol{l}_1 = \boldsymbol{r}_1 \times \boldsymbol{p}_1$, $\boldsymbol{l}_2 = \boldsymbol{r}_2 \times \boldsymbol{p}_2$ は，物体が静止しているので $\boldsymbol{l}_1 = \boldsymbol{l}_2 = \boldsymbol{0}$ であり，もちろん，全角運動量 $\boldsymbol{L}$ も

$$\boldsymbol{L} = \boldsymbol{l}_1 + \boldsymbol{l}_2 = \boldsymbol{0} \tag{1}$$

物体 1 にはたらく点 O の周りの力のモーメント $\boldsymbol{N}_1$ は，$\boldsymbol{r}_1 = (-r_1, 0, 0)$，$\boldsymbol{F}_1 = (0, 0, -m_1g)$ より外積の定義 (6.1a) を使って，

$$\boldsymbol{N}_1 = \boldsymbol{r}_1 \times \boldsymbol{F}_1 = (0, -m_1gr_1, 0) \tag{2}$$

同様にして，物体 2 にはたらく力のモーメント $\boldsymbol{N}_2$ は，

$$\boldsymbol{N}_2 = \boldsymbol{r}_2 \times \boldsymbol{F}_2 = (0, m_2gr_2, 0) \tag{3}$$

したがって，2 つの物体を合わせた系にはたらく全モーメント $\boldsymbol{N}$ は

$$\boldsymbol{N} = \boldsymbol{N}_1 + \boldsymbol{N}_2 = (0, -m_1gr_1 + m_2gr_2, 0) \tag{4}$$

ところが，(1) と (6.15) より，系の全角運動量の時間変化がなく，$\boldsymbol{N} = \boldsymbol{0}$ でなければならない．よって，(4) より $-m_1gr_1 + m_2gr_2 = 0$ であり，よく知られた天秤のつり合いの関係式

$$m_1r_1 = m_2r_2 \tag{6.16}$$

が得られる．

なお，この例題の場合には力のモーメントがつり合っているので，(4) から一気に (6.16) を求めてもよい．しかし，それが角運動量に関する運動方程式から得られることをはっきり示すために，ここでは遠回りをしたのである．

**問題 6** 質量の無視できる棒の一端が支点 O の周りで回転でき，棒の途中の O から $r_1$ のところに質量 $m_1$ の物体がくっ付いている．図のように，O から $r_2$ のところで力 $\boldsymbol{F}$ を上向きに加えて，この棒をちょうど水平に保つための力 $\boldsymbol{F}$ をベクトルとして求めよ．座標軸に注意して，点 O の周りの角運動量の運動方程式から議論すること．（注意： $y$ 軸は支点 O から紙面の裏向きにある．）

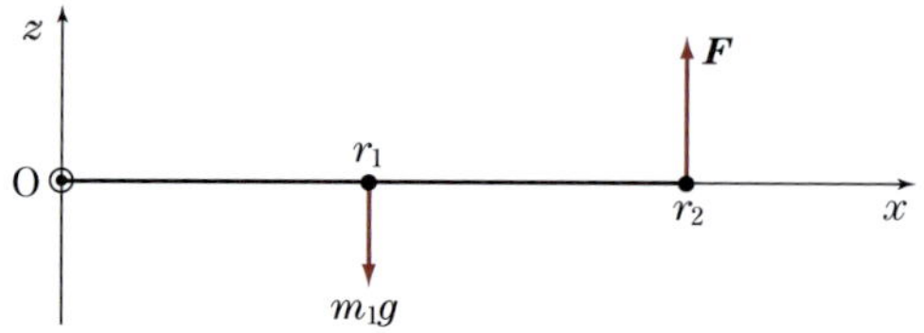


**問題 7** 質量の無視できる長さ $r_2$ の棒 OB の一端が支点 O の周りを $xz$ 面内で回転でき，棒の途中の O から $r_1$ の点 A に質量 $m_1$ の物体がくっ付いている．図のように，$z$ 軸上の点 C と点 B は伸びないひもでつながれていて，棒 OB は水平に保たれている．$\angle$ OBC $= \theta$ として，棒 OB の他端 B にはたらくひもからの張力 $\boldsymbol{T}$ を求めよ．座標軸に注意し，角運動量の運動方程式からベクトル積を使って議論すること．（注意： $y$ 軸は支点 O から紙面の裏向きにある．）

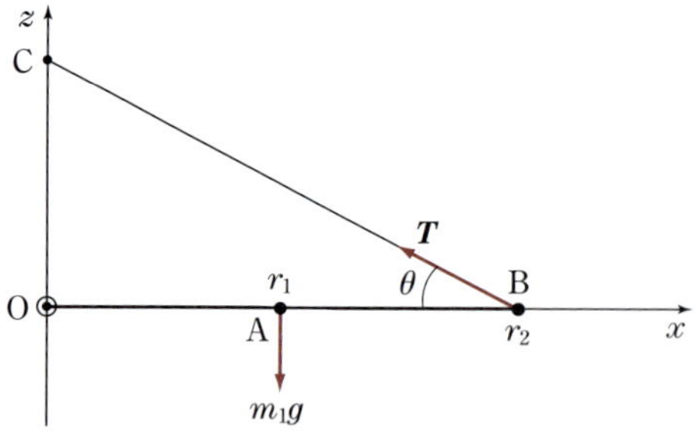


## 6.5 重心の周りの角運動量

前章で質点系の重心がいかに重要な役割を果たすかをみた．特に，系の全運動量 $\boldsymbol{P}$ (5.12) は，系の全質量 $M$ が重心 G に集中しているとしたときの重心の運動量に等しく，その運動方程式 (5.31) も外力がすべて重心にはたらいていると見なされることを表している．それでは，質点系の角運動量についても重心を考慮するとどうなるであろうか．ここでは，それを考えてみよう．

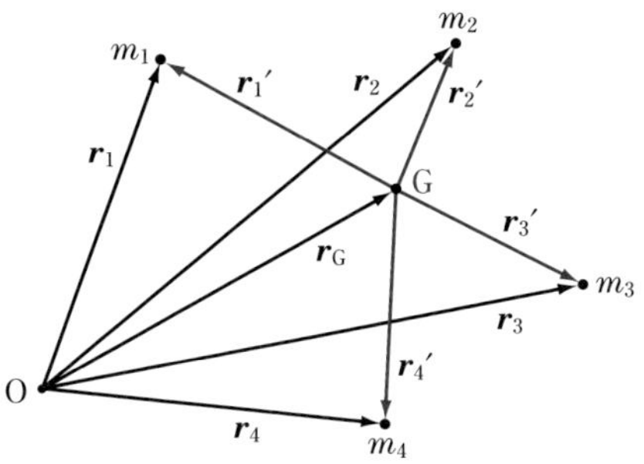


**図 6.7** 原点 O から見た質点の位置ベクトル $\boldsymbol{r}_i$ と重心 G から見た $\boldsymbol{r}_i'$ $(i = 1 \sim 4)$

$n$ 個の質点からなる質点系の重心 G の位置ベクトル $\boldsymbol{r}_\mathrm{G}$ は (5.10) で与えられる. 図 6.7 は 4 つの質点の場合であるが, 一般に $i$ 番目の質点の位置ベクトル $\boldsymbol{r}_i$ は, この $\boldsymbol{r}_\mathrm{G}$ を使って,

$$\boldsymbol{r}_i = \boldsymbol{r}_\mathrm{G} + \boldsymbol{r}_i' \qquad (i = 1, 2, \cdots, n) \tag{6.17}$$

と表される. ここで, $\boldsymbol{r}_i'$ は重心 G から見た $i$ 番目の質点の位置ベクトルである.

$i$ 番目の質点の運動量 $\boldsymbol{p}_i$ は, (6.17) より

$$\begin{aligned} \boldsymbol{p}_i &= m_i \dot{\boldsymbol{r}}_i \\ &= m_i \dot{\boldsymbol{r}}_\mathrm{G} + m_i \dot{\boldsymbol{r}}_i' \\ &= m_i \dot{\boldsymbol{r}}_\mathrm{G} + \boldsymbol{p}_i' \qquad (i = 1, 2, \cdots, n) \end{aligned} \tag{6.18}$$

と表される. ただし,

$$\boldsymbol{p}_i' = m_i \dot{\boldsymbol{r}}_i' \qquad (i = 1, 2, \cdots, n) \tag{6.19}$$

は $i$ 番目の質点の重心 G から見た運動量であり, (5.15) より

$$\sum_{i=1}^{n} \boldsymbol{p}_i' = \boldsymbol{0} \tag{6.20}$$

を満たす.

原点 O の周りの全角運動量 $\boldsymbol{L}$ は (6.9) で与えられる. これを (6.17) と (6.18) を使って書き直すと,

$$L = \sum_{i=1}^{n} (\boldsymbol{r}_i \times \boldsymbol{p}_i) = \sum_{i=1}^{n} \{(\boldsymbol{r}_{\mathrm{G}} + \boldsymbol{r}_i') \times (m_i \dot{\boldsymbol{r}}_{\mathrm{G}} + \boldsymbol{p}_i')\}$$

$$= \sum_{i=1}^{n} m_i \boldsymbol{r}_{\mathrm{G}} \times \dot{\boldsymbol{r}}_{\mathrm{G}} + \boldsymbol{r}_{\mathrm{G}} \times \sum_{i=1}^{n} \boldsymbol{p}_i' + \sum_{i=1}^{n} m_i \boldsymbol{r}_i' \times \dot{\boldsymbol{r}}_{\mathrm{G}} + \sum_{i=1}^{n} (\boldsymbol{r}_i' \times \boldsymbol{p}_i')$$

となる．第1項の $\sum_{i=1}^{n} m_i$ は (5.9) より系の全質量 $M$ であり，全運動量 $\boldsymbol{P}$ を与える (5.12) から第1項は $\boldsymbol{r}_{\mathrm{G}} \times \boldsymbol{P}$ となる．第2項は (6.20) より，第3項も (5.14) よりともにゼロである．こうして，上式は

$$\boldsymbol{L} = \boldsymbol{r}_{\mathrm{G}} \times \boldsymbol{P} + \sum_{i=1}^{n} (\boldsymbol{r}_i' \times \boldsymbol{p}_i') \tag{6.21}$$

と表される．

(6.21) の右辺第1項を

$$\boldsymbol{L}_{\mathrm{G}} = \boldsymbol{r}_{\mathrm{G}} \times \boldsymbol{P} \tag{6.22}$$

とおくと，これは質点系の全質量 $M$ が重心Gに集中しているとしたときに，重心Gが原点Oの周りにもつ角運動量である．また，(6.21) の右辺第2項を

$$\boldsymbol{L}' = \sum_{i=1}^{n} (\boldsymbol{r}_i' \times \boldsymbol{p}_i') \tag{6.23}$$

とおくと，$\boldsymbol{r}_i'$ と $\boldsymbol{p}_i'$ がともに重心Gから見た位置ベクトルと運動量なので，$\boldsymbol{L}'$ は重心Gの周りの全角運動量という意味をもつ．

以上より，原点Oの周りの全角運動量 $\boldsymbol{L}$ は，重心Gに関連した量を使って，

ここはポイント!

$$\boldsymbol{L} = \boldsymbol{L}_{\mathrm{G}} + \boldsymbol{L}' \tag{6.24}$$

と表されることがわかった．ここで重要なことは，任意にとった原点Oの周りの全角運動量 $\boldsymbol{L}$ が，原点Oの周りの重心Gの回転運動による部分 $\boldsymbol{L}_{\mathrm{G}}$ と，重心Gの周りの回転運動による部分 $\boldsymbol{L}'$ に分離されたことである．特に，$\boldsymbol{L}'$ は質点系固有の量であり，原点Oをどこに選ぶかには無関係である．したがって，はじめから原点を重心にとれば $\boldsymbol{L} = \boldsymbol{L}'$ となって，問題の取り扱いが簡単になることがわかる．

次に，質点系にかかる外力によるモーメントを考えよう．(6.17) を使って

(6.14) を書き直すと，

$$\boldsymbol{N} = \sum_{i=1}^{n} (\boldsymbol{r}_i \times \boldsymbol{F}_i) = \sum_{i=1}^{n} \{(\boldsymbol{r}_{\mathrm{G}} + \boldsymbol{r}_i') \times \boldsymbol{F}_i\} = \boldsymbol{r}_{\mathrm{G}} \times \boldsymbol{F} + \sum_{i=1}^{n} (\boldsymbol{r}_i' \times \boldsymbol{F}_i)$$

となる．途中の変形で，(5.30) で与えられる外力の総和 $\boldsymbol{F}$ を使った．上の最後の式の第 1 項を

$$\boldsymbol{N}_{\mathrm{G}} = \boldsymbol{r}_{\mathrm{G}} \times \boldsymbol{F} \tag{6.25}$$

とおくと，これは外力がすべて重心 G に集中していると見なしたときに，原点 O を中心にして重心 G にはたらく外力のモーメントである．また，第 2 項を

$$\boldsymbol{N}' = \sum_{i=1}^{n} (\boldsymbol{r}_i' \times \boldsymbol{F}_i) \tag{6.26}$$

とおくと，これは重心 G を中心にして各質点にはたらく外力のモーメントの総和である．

こうして，質点系にはたらく外力によるモーメントの総和 $\boldsymbol{N}$ は

$$\boldsymbol{N} = \boldsymbol{N}_{\mathrm{G}} + \boldsymbol{N}' \tag{6.27}$$

ここはポイント!

と表される．角運動量 $\boldsymbol{L}$ と同様に外力のモーメント $\boldsymbol{N}$ の場合にも，重心にはたらくモーメント $\boldsymbol{N}_{\mathrm{G}}$ と重心の周りのモーメント $\boldsymbol{N}'$ に分離できたことがここでのポイントである．

(6.24) と (6.27) を質点系の全角運動量の運動方程式 (6.15) に代入すると，

$$\dot{\boldsymbol{L}}_{\mathrm{G}} + \dot{\boldsymbol{L}}' = \boldsymbol{N}_{\mathrm{G}} + \boldsymbol{N}' \tag{6.28}$$

である．

(6.24) と (6.27) の形から，運動方程式も分離されることが容易に予想されるが，ここでは念のため，そのことをきちんと示しておこう．そこで，(6.22) を時間微分すると，

$$\dot{\boldsymbol{L}}_{\mathrm{G}} = \dot{\boldsymbol{r}}_{\mathrm{G}} \times \boldsymbol{P} + \boldsymbol{r}_{\mathrm{G}} \times \dot{\boldsymbol{P}}$$

となる．ところが，右辺第 1 項は (5.12) より $\dot{\boldsymbol{r}}_{\mathrm{G}} \times \boldsymbol{P} = (1/M)\,\boldsymbol{P} \times \boldsymbol{P} = \boldsymbol{0}$ であり，第 2 項は (5.31) と (6.25) より $\boldsymbol{r}_{\mathrm{G}} \times \dot{\boldsymbol{P}} = \boldsymbol{r}_{\mathrm{G}} \times \boldsymbol{F} = \boldsymbol{N}_{\mathrm{G}}$ とおくこと

ができるので，上式は

$$\dot{\boldsymbol{L}}_{\mathrm{G}} = \boldsymbol{N}_{\mathrm{G}} \tag{6.29}$$

と表される．これは全質量が重心に集中しているとして，原点Oから見たときの重心の角運動量の運動方程式である．(6.28) と (6.29) より容易に

$$\dot{\boldsymbol{L}}' = \boldsymbol{N}' \tag{6.30}$$

が導かれる．これは重心の周りの角運動量の運動方程式である．

以上により，原点Oの周りの全角運動量 $\boldsymbol{L}$ の運動方程式 (6.15) が，原点Oの周りの重心Gの角運動量 $\boldsymbol{L}_{\mathrm{G}}$ と重心の周りの質点系の角運動量 $\boldsymbol{L}'$ の運動方程式に分離できることがわかった．したがって，はじめから原点を重心におけば，質点系全体の回転運動は (6.30) だけで議論できることになる．元の原点Oの見方に戻って $\boldsymbol{L}$ を求めたければ，(6.30) から求めた $\boldsymbol{L}'$ に (6.29) から求めた $\boldsymbol{L}_{\mathrm{G}}$ を加えればよい．原点Oを勝手にとったために一見複雑に見える場合でも，途中に重心Gを介入させることで見通しがぐっと良くなるのである．

## 6.6 まとめとポイントチェック

質点自体の回転には意味がないが，質点の運動には並進だけでなく回転（例えば，円運動）もある．質点の並進運動を特徴づけるのが運動量なのに対して，回転運動を特徴づけるのが角運動量である．大きさのある普通の物体が静止していて，それにはたらく力がいくつかあり，それらが全体としてつり合っていると，その物体の並進運動は変化しない．それでも，ある点や軸の周りに回転し得ることは日常的にもよく経験することである．すなわち，回転運動を引き起こす要因として力のモーメントが必要であり，角運動量の運動方程式には力そのものではなく，力のモーメントが現れる．

質点系を全体として見たとき，全運動量 $\boldsymbol{P}$ の運動方程式 (5.31) は，全質量 $M$ が集中した重心Gの並進運動を記述する．逆にいうと，それ以外のこ

とは何もいっていない．ところが，質点系全体の運動には重心Gの並進運動の他に，その周りの回転運動もある．(5.31) だけでは抜け落ちていたこの回転運動を記述するのが，全角運動量 $\boldsymbol{L}$ の運動方程式 (6.15) なのである．そして，それが原点Oの周りの重心Gの角運動量 $\boldsymbol{L}_{\mathrm{G}}$ と重心の周りの質点系の角運動量 $\boldsymbol{L}'$ の運動方程式に分離できることがわかった．

## ポイントチェック

- □ 2つのベクトルの外積の定義とその必要性がわかった．
- □ 角運動量の定義とその必要性がわかった．
- □ 角運動量の時間変化には力そのものではなく，力のモーメントが必要であることがわかった．
- □ 質点系の全角運動量の運動方程式には外力によるモーメントだけが効き，内力によるモーメントが現れないことがわかった．
- □ 質点系の角運動量保存則が理解できた．
- □ 質点系の全角運動量の運動方程式が重心自体と重心の周りの角運動量の運動方程式に分離できることがわかった．

# 7 円運動

**学習目標**

- 円運動を記述できるようになる．
- 等速円運動の特徴を理解する．
- 円運動の要因を理解する．
- 円運動の角運動量を求めることができるようになる．

これまでに学んだことを復習し応用する意味で，本章では質点の円運動について述べる．そのためには，まず円運動を特徴づけて，それを記述しなければならない．これまでは質点にはたらく力の性質がよくわかっていて，それを基にして運動方程式から質点の運動を明らかにすることに力点がおかれてきた．ここでは逆に，円運動を実現するための力を運動方程式から求めることになる．それが向心力である．また，円運動は最も純粋な回転運動であり，前章で学んだ質点の角運動量は質点が運動する平面に垂直で，回転運動の特徴づけに重要な役割を果たすことがわかる．

## 7.1 円運動の記述

図 7.1 のように，質量 $m$ の質点 P が $xy$ 平面上で原点 O を中心とする半径 $r$ の円運動をしている場合を考えよう．図からわかるように，質点 P の位置は $x$ と $y$ を指定することで決められるが，原点からの距離 $r$ と $x$ 軸からの角度 $\varphi$ を指定することでも決めることができる．このとき，$(x, y)$ と $(r, \varphi)$ の関係が

$$\left.\begin{aligned} x &= r\cos\varphi \\ y &= r\sin\varphi \end{aligned}\right\} \tag{7.1}$$

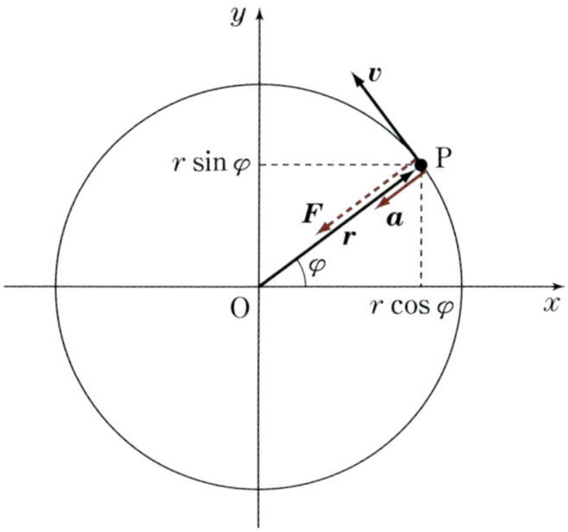


**図 7.1**　原点Oを中心とする半径 $r$ の円運動

で与えられることは，図7.1から容易にわかるであろう．

$x$ と $y$ で表した通常の座標 $(x,\ y)$ は2次元デカルト座標であるが，$r$ と $\varphi$ で表す座標 $(r,\ \varphi)$ を**2次元極座標**という．中心から見てどの方向も同じように見えるような場合を円対称（2次元のとき），球対称（3次元のとき）などというが，そのような場合には極座標を使う方がはるかに便利であることがわかってくるであろう．

質点Pが図7.1のように円運動して円周上を動くとき，(7.1) では $r$ が一定であり，$\varphi$ が時間変化する．したがって，(7.1) の時間微分は

$$\left.\begin{aligned} v_x &= \frac{dx}{dt} \equiv \dot{x} = (-r\sin\varphi)\dot{\varphi} = -r\dot{\varphi}\sin\varphi \\ v_y &= \frac{dy}{dt} \equiv \dot{y} = (+r\cos\varphi)\dot{\varphi} = r\dot{\varphi}\cos\varphi \end{aligned}\right\} \qquad (7.2)$$

となる．質点の位置ベクトル $\boldsymbol{r} = (x,\ y)$ の大きさが

$$|\boldsymbol{r}| = \sqrt{x^2 + y^2} = \sqrt{r^2(\cos^2\varphi + \sin^2\varphi)} = r$$

であるのは当然のこととして，速度ベクトル $\boldsymbol{v} = (v_x,\ v_y)$ の大きさ（絶対値）$v$ は

$$v = |\boldsymbol{v}| = \sqrt{{v_x}^2 + {v_y}^2} = \sqrt{r^2\dot{\varphi}^2(\sin^2\varphi + \cos^2\varphi)} = r|\dot{\varphi}| \qquad (7.3)$$

となる．

## 7.2 等速円運動

等速円運動では速度の大きさ（速さ）$v$ が一定であり，(7.3) より

$$\dot{\varphi} = \frac{d\varphi}{dt} = \omega (= 一定) \tag{7.4}$$

とおくことができる．すなわち，等速円運動では回転の角速度（あるいは角振動数）$\omega$ が一定であり，等速円運動はこれで特徴づけられる．

(7.4) を時間について積分すると

$$\varphi = \omega t + \alpha \tag{7.5}$$

が得られ，$\alpha$ は時刻 $t = 0$ での $\varphi$ の値であり，**初期位相**とよばれる．(7.5) を (7.1) ～ (7.3) に代入することによって，等速円運動をする質点の座標や速度は

$$\left.\begin{aligned} x &= r\cos(\omega t + \alpha) \\ y &= r\sin(\omega t + \alpha) \end{aligned}\right\} \tag{7.6}$$

$$\left.\begin{aligned} \dot{x} &= v_x = -r\omega\sin(\omega t + \alpha) \\ \dot{y} &= v_y = r\omega\cos(\omega t + \alpha) \end{aligned}\right\} \tag{7.7}$$

$$v = r\omega \tag{7.8}$$

と表される．また，等速円運動の周期 $T$ は，(3.32) を導いたのと同じように考えれば，

$$T = \frac{2\pi}{\omega} \tag{7.9}$$

であることがわかる．

(7.7) をもう一度時間微分すると，

$$\left.\begin{aligned} \ddot{x} &= \dot{v}_x = a_x = -r\omega^2\cos(\omega t + \alpha) = -\omega^2 x \\ \ddot{y} &= \dot{v}_y = a_y = -r\omega^2\sin(\omega t + \alpha) = -\omega^2 y \end{aligned}\right\} \tag{7.10}$$

となる．ここで，$\boldsymbol{a} = (a_x,\ a_y) = (\dot{v}_x,\ \dot{v}_y) = (\ddot{x},\ \ddot{y})$ は加速度ベクトルであり，等速円運動では上式の最後の表式から

$$\boldsymbol{a} = (a_x,\ a_y) = -\omega^2(x,\ y)$$
$$= -\omega^2\boldsymbol{r} \qquad (7.11)$$

ここはポイント!

と表される．すなわち，図 7.1 に示したように，等速円運動をする質点の加速度ベクトル $\boldsymbol{a}$ はその位置ベクトル $\boldsymbol{r}$ とちょうど逆向きであり，常に円の中心に向いているのである．なお，$\boldsymbol{a}$ の大きさ $a$ は

$$a = |\boldsymbol{a}| = \omega^2 r \qquad (7.12)$$

で与えられる．

## 7.3 向 心 力

質点が円運動をするためには，質点に対して力がはたらかなければならない．そうでないと，慣性の法則に従って質点はまっすぐに進むだけだからである．その力を求めるのは簡単で，質量 $m$ の質点 P にはたらく力 $\boldsymbol{F}$ はニュートンの運動方程式（運動の第 2 法則）$m\boldsymbol{a} = \boldsymbol{F}$ に (7.11) を代入して

$$\boldsymbol{F} = -m\omega^2\boldsymbol{r} \qquad (7.13)$$

となる．すなわち，図 7.1 のように質量 $m$ の質点 P が半径 $r$ で角速度 $\omega$ の等速円運動をし続けるためには，質点に大きさ

$$F = m\omega^2 r \qquad (7.14)$$

の力が円の中心 O に向かってはたらき続けなければならず，この力を**向心力**という．

ここはポイント!

これまでは主として，重力などの力と運動方程式をよりどころにして，質点の運動の仕方を調べてきた．ここではちょうどその逆で，質点が円運動をすることから，それにはたらくはずの力を求めたことがポイントなのである．

電車や自動車がカーブするときに君が感じる力は，慣性の法則による遠心力（慣性力の 1 つ）である．それにもかかわらず乗り物と一緒にカーブするように，君はその乗物から力を受ける．それが向心力である．

**例題 1**

質量 $m$ の惑星 P が，質量 $M$ の太陽 S を中心として，その周りを半径 $R$ の等速円運動をしているとする．この惑星の公転周期 $T$ を求めよ．

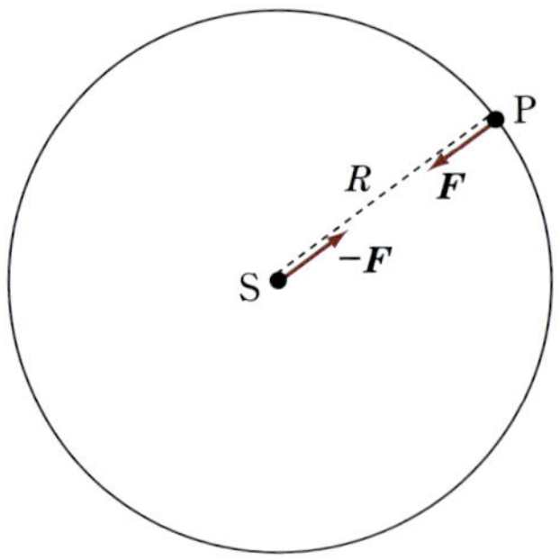


**解** 惑星 P に対する運動方程式 $m\boldsymbol{a} = \boldsymbol{F}$ をその大きさで表すと，$ma = F$ である．惑星が等速円運動をしているので，(7.12) より $a = \omega^2 R$ である．また，惑星にはたらく力は太陽からの万有引力 (2.6) なので，$F = GmM/R^2$ である．これらを $ma = F$ に代入して

$$m\omega^2 R = G\frac{mM}{R^2}, \qquad \therefore \quad R^3\omega^2 = GM$$

これに (7.9) を代入して

$$T^2 = \frac{4\pi^2}{GM}R^3 \tag{7.15}$$

となる．すなわち，惑星の公転周期 $T$ と軌道半径 $R$ の間には $T^2 \propto R^3$ の関係がある．これは**ケプラーの第 3 法則**とよばれている．実際には惑星は円軌道ではなくて楕円軌道をしているので，上の取り扱いは近似的なものである．正確な議論は後の章で行なおう．

**問 題 1** 地球が等速円運動をするとしよう．その軌道半径を $R \cong 1.5 \times 10^{11}$ m，公転周期 $T$ を 365 日として，太陽の質量 $M$ を求めよ．ただし，万有引力定数を $G = 6.7 \times 10^{-11}$ [m$^3$/ (s$^2$ · kg)] とする．

**問 題 2** 人工衛星が地球の周りを回転し続けるためには，ある程度以上の速度をもたなければならない．さもないと，地表に落下するからである．空気の抵抗を無視することにして，人工衛星が地表ぎりぎりを飛行するために必要な速度の大きさ $v_1$ を求めよ．ただし，重力加速度 $g \cong 9.8$ [m/s$^2$]，地球半径 $r \cong 6.4 \times 10^6$ [m] とする．なお，この速度を**第 1 宇宙速度**ということがある．

## 7.4 円運動の角運動量

再び図 7.2 のように，質量 $m$ の質点 P が $xy$ 平面上で原点 O を中心とする半径 $r$ の円運動をしているとしよう．この質点の位置ベクトルを $\boldsymbol{r} = (x, y, 0)$，運動量を $\boldsymbol{p} = (p_x, p_y, 0)$ とおくと，その角運動量 $\boldsymbol{l}$ は，(6.4) と外積の定義 (6.1a) より

$$\boldsymbol{l} = \boldsymbol{r} \times \boldsymbol{p} = (0,\ 0,\ xp_y - yp_x) \tag{7.16}$$

となる．質点は円運動をしているので $\boldsymbol{r}$ と $\boldsymbol{p}$ は直交しており，角運動量 $\boldsymbol{l}$ は外積の性質 (6.1e) からそれらとも直交するので，図のように $\boldsymbol{l}$ は $z$ 方向を向くことになるのである．換言すれば，$\boldsymbol{l}$ は運動平面（ここでは $xy$ 平面）に垂直だということができる．

円運動する質点の角運動量 $\boldsymbol{l}$ の $z$ 成分 $l_z$ を具体的に計算すると，(7.1) と (7.2) より

$$l_z = xp_y - yp_x = m(x\dot{y} - y\dot{x}) = mr^2\dot{\varphi}(\cos^2\varphi + \sin^2\varphi) = mr^2\dot{\varphi}$$

となる．(7.16) から $xy$ 平面上で円運動する質点の角運動量は $z$ 成分だけを

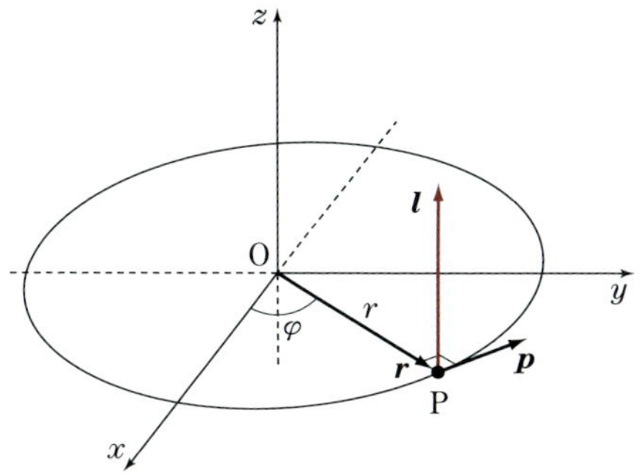


**図 7.2** 円運動する質点の角運動量 $\boldsymbol{l}$

もつので，

$$l = (0,\ 0,\ mr^2\dot{\varphi}) \tag{7.17}$$

と表される．特に，質点が等速円運動をする場合には $\dot{\varphi} = \omega$（一定）であり，質点の角運動量 $\boldsymbol{l}$ は

$$l = (0,\ 0,\ mr^2\omega) \tag{7.18}$$

と表され，$z$ 方向の定ベクトル（大きさが一定のベクトル）である．

氷上のアイススケーターがスピンをしていて，フィニッシュに近づくにつれて回転をどんどん加速していくのを見たことがあるであろう．スケート靴のあの細い先端で回転を加速できるわけがないのに，どうしてなのかと不思議に思ったことはないだろうか．その理由を考えてみよう．

このとき，スケーターには水平の向きにはたらく力はないとみてよいので，回転のモーメント $\boldsymbol{N}$ もゼロと見なしてよい．そのため，(6.8) よりスケーターの角運動量 $\boldsymbol{l}$ は保存される．ここで回転のはじめに案山子（かかし）のように広げていた腕を少しずつ身体に近づけ，頭上に挙げてまっすぐに立った棒のように回転すると，実質的に (7.18) の右辺の $r$ を小さくしたことに相当するであろう．それでもスケーターの角運動量が保存されて $mr^2\omega$ が一定であるためには，回転の角速度 $\omega$ が大きくならなければならない．これが，スケーターが腕を縮めるにつれて回転の速さが増すおおよその理由であり，スケーターは角運動量保存則を使って演技しているのである．

## 7.5 まとめとポイントチェック

質点の円運動を表現するのに，2 次元極座標 $(r,\ \varphi)$ を使うと便利であることをみてきた．特に等速円運動の場合には，速度や加速度が簡潔な形で表される．前章までは，重力などの力の性質がわかっているとして，運動方程式から質点の運動を考察してきたが．本章では逆に，質点が円運動をしていることから，それにはたらくはずの力を求めた．それが向心力である．

円運動する質点の角運動量は運動平面に垂直であり，簡潔な表式で表される．これは，角運動量が円運動の特徴づけに有用であることを示している．

## ポイントチェック

- □ 質点の円運動をどのように表せばよいかがわかった．
- □ 円運動を表すときには2次元極座標が便利であることがわかった．
- □ 等速円運動の速度，加速度の導き方が理解できた．
- □ 円運動に向心力が必要なことが理解できた．
- □ 等速円運動に必要な向心力の大きさの導き方がわかった．
- □ 円運動の角運動量の導き方が理解できた．
- □ 円運動の特徴づけに角運動量が有用であることがわかった．

# 8 中心力場の中の質点の運動

**学習目標**

- 中心力とその具体例を知る.
- 中心力による運動が平面上に限られることを理解する.
- 運動方程式を 2 次元極座標で書き表せるようになる.
- 面積速度が一定であることを理解する.
- 力学的エネルギーの表式を導けるようになる.
- 角運動量保存則とケプラーの第 2 法則の関係を理解する.

本章では再び力の性質を出発点にして，そこから導かれる運動の特徴を議論する．ここで取り上げる力は，常に 1 定点の方向にはたらき，その大きさがその 1 定点からの距離だけによる中心力である．中心力がはたらいている空間を中心力場という．その具体例には，おなじみの太陽を中心として地球をはじめとする惑星にはたらく万有引力や，原子核を中心としてその周囲の電子にはたらくクーロン力などがある．

質点が中心力を受けて運動するとき，その運動面が力の中心を含む平面上に限られることが導かれ，運動を 2 次元平面上で議論できる．その上，力の中心からの距離が重要なので，運動方程式を 2 次元極座標を使って議論するのが便利である．こうして，中心力を受けて運動する質点の面積速度が一定であることがスムーズに導かれる．これは惑星の公転運動に関するケプラーの第 2 法則である．それがまた，中心力場の中を運動する質点の角運動量保存則の結果であることもわかる．

## 8.1 中心力と中心力場

2 つの物体の間にはたらく力は，それらの間の距離によって決まり，物体が運動している向きや力がはたらく方向にはよらないことが多い．質量をもつ物体すべてにはたらく万有引力や，電子などの電荷間にはたらくクーロン力などがその例である (図 8.1)．さらに，一方の物体の質量が他方よりはるかに大きいとき，重い方の物体は不動と見なされる．例えば，太陽－惑星系で太陽の質量 $m_S$ は惑星 (例えば地球) の質量 $m_P$ よりはるかに大きい ($m_S \gg m_P$)．このとき，太陽とその惑星の重心は (5.10) より太陽の中心と一致する．そのために，惑星の運動に対して太陽は不動と見なされるだけでなく，惑星間の万有引力も太陽との引力に比べて無視できる．すなわち，それぞれの惑星にはたらく力は，不動の太陽からの万有引力だけと近似できるのである．

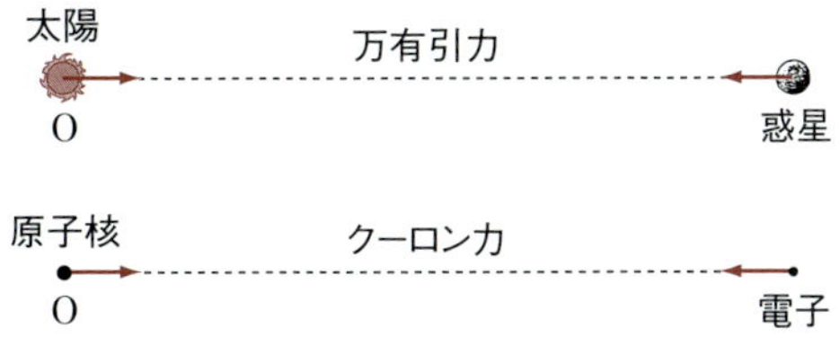

**図 8.1** 中心力の例

ここはポイント!

第 2 の例として，原子の原子核 (質量 $m_n$) と電子 (質量 $m_e$) が挙げられる．この場合にも，原子核の質量が電子の質量よりはるかに大きい ($m_n \gg m_e$)．

**問 題 1** 質量 $m_1$，$m_2$ の 2 つの質点があり，$m_1 \gg m_2$ のとき，両者の重心が質量 $m_1$ の質点の位置ベクトルに一致することを示せ．[ヒント：(5.10) を使えばよい．]

上の例のように，力が空間中の 1 定点 O に向き (あるいは，逆に向き)，その大きさが点 O からの距離だけの関数のとき，それを**中心力**といい，定点 O を**力の中心**という．そして，中心力がはたらいている力の場を**中心力場**という．すなわち，惑星は，太陽を中心とする中心力場において，中心力としての万有引力を受けながら運動していると見なされる．

中心力 $\boldsymbol{F}$ は一般に

$$\boldsymbol{F} = f(r)\boldsymbol{e}_r \qquad (\text{力の大きさ } F = |\boldsymbol{F}| = |f(r)|) \tag{8.1}$$

と表される．ここで，$r$ は力の中心 O から質点 P までの距離であり，$\boldsymbol{e}_r$ は位置ベクトル $\boldsymbol{r}$ の向きの単位ベクトルで

$$\boldsymbol{e}_r = \frac{\boldsymbol{r}}{r} \tag{8.2}$$

である．実際，$\boldsymbol{e}_r$ の絶対値をとると，右辺が1になることは容易にわかるであろう．

図8.2に，中心Oから中心力 $\boldsymbol{F}$ を受けて運動する質点Pの大まかな様子を，力 $\boldsymbol{F}$ が引力の場合と斥力の場合に分けて示してある．$\boldsymbol{v}$ は質点の速度ベクトルであり，$\overrightarrow{\mathrm{OP}}$ が位置ベクトル $\boldsymbol{r}$ である（図には示していない）．この図から，単位ベクトル $\boldsymbol{e}_r$ の意味がよくわかるであろう．

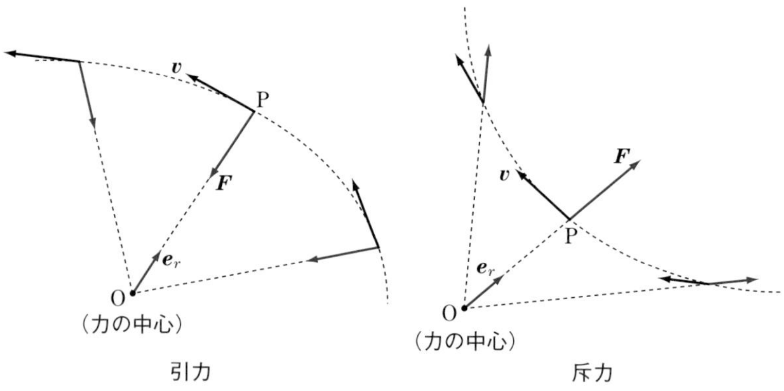


**図 8.2** 中心Oからの中心力を受ける質点Pの運動

(8.1) において，太陽 - 惑星系で惑星が受ける中心力（万有引力）の $f(r)$ は，太陽の質量 $M$，惑星の質量 $m$ として，(2.6) より

$$f(r) = -G\frac{mM}{r^2} \tag{8.3}$$

で与えられる．負号は力が引力であることを表す．

## 8.2 質点の運動面

質量 $m$ の質点が点Oからの中心力 $\boldsymbol{F}$ を受けて運動しているとしよう．図8.3 (a) のように，時刻 $t$ に点Pにある質点の速度を $\boldsymbol{v}$ とすると，短い時間 $\Delta t$ 後に質点は $\Delta\boldsymbol{r}=\boldsymbol{v}\,\Delta t$ だけ進んで点P′ (位置ベクトル $\boldsymbol{r}'$) に至る．このとき，△OPP′ は1つの平面Sの上にあるが，これは中心力 $\boldsymbol{F}$ (あるいは $\boldsymbol{r}$) と速度 $\boldsymbol{v}$ の2つのベクトルがつくる平面であることは明らかであろう．

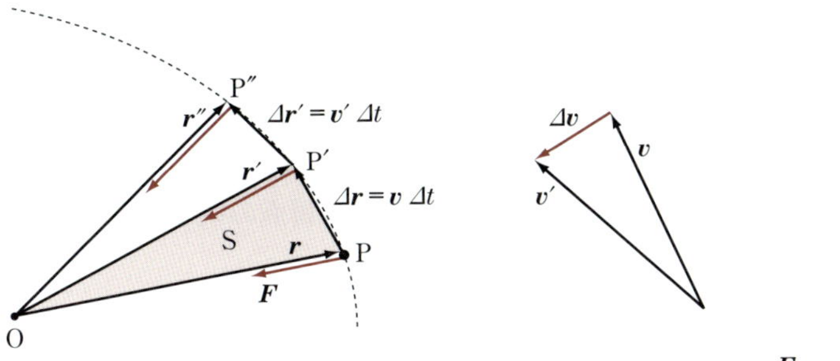


(a) 質点Pの運動面　(b) 速度ベクトルの変化 $\Delta\boldsymbol{v}=\dfrac{\boldsymbol{F}}{m}\Delta t$

**図 8.3**

短い時間 $\Delta t$ 後の時刻 $t+\Delta t$ に，質点の速度が $\Delta\boldsymbol{v}$ だけ変化して $\boldsymbol{v}'=\boldsymbol{v}+\Delta\boldsymbol{v}$ になったとしよう．質点の運動方程式は

$$m\frac{d\boldsymbol{v}}{dt}=\boldsymbol{F}$$

であるが，微分が微小な量の割り算であることを思い出すと，上式左辺の微分は $\Delta\boldsymbol{v}/\Delta t$ とおくことができる．したがって，$\Delta\boldsymbol{v}$ は

$$\Delta\boldsymbol{v}=\frac{\boldsymbol{F}}{m}\Delta t$$

となり，時刻 $t+\Delta t$ での質点の速度 $\boldsymbol{v}'$ は

$$\boldsymbol{v}' = \boldsymbol{v} + \Delta\boldsymbol{v}$$
$$= \boldsymbol{v} + \frac{\boldsymbol{F}}{m}\Delta t \tag{8.4}$$

と表される．ベクトル $\boldsymbol{v}$，$\Delta\boldsymbol{v}$，$\boldsymbol{v}'$ の大まかな様子を図 8.3 (b) に示す．

ここはポイント！

式 (8.4) で重要なことは，ベクトル $\boldsymbol{v}'$ が 2 つのベクトル $\boldsymbol{F}$ と $\boldsymbol{v}$ の線形結合で表されているので，$\boldsymbol{v}'$ も必ず $\boldsymbol{F}$ と $\boldsymbol{v}$ のつくる平面 S の上にあって，S から上下にはみ出すようなことは絶対にないということである．したがって，さらに時間 $\Delta t$ だけ経った時刻 $t + 2\Delta t$ で，図 8.3 (a) のように，質点が点 P″（位置ベクトル $\boldsymbol{r}''$）にあるとすると，$\boldsymbol{r}'' = \boldsymbol{r}' + \Delta\boldsymbol{r}' = \boldsymbol{r}' + \boldsymbol{v}'\Delta t$ なので，点 P″ は必ず平面 S の上にあることになる．

以上の議論によって得られる結論は次のようにまとめられる：

**「1 つの中心力だけを受けて運動する質点の軌道は，力の中心を含む一平面内に限られる．」**

例えば，惑星が太陽を 1 つの焦点とする楕円軌道を描くことは，ケプラーの第 1 法則としてよく知られているが，楕円軌道は一平面内に限られている．これは，惑星が太陽から受ける万有引力が，太陽を力の中心とする中心力と見なされるためだったのである．もちろん，この限りでは惑星の軌道が楕円形であることはわからない．それは中心力の実体が万有引力のためであって，これについては次章で議論する．

## 8.3 質点の運動方程式

中心力場の中での質点の運動は平面上に限られることが前節で明らかになった．そこで，運動面を $xy$ 平面にとることにしよう．さらに，質点にはたらく力が中心力なので，その運動を議論する際に力の中心から質点までの距離 $r$ が重要な役割を果たすことが想像できるであろう．このような場合には，前章で導入した 2 次元極座標 $(r, \varphi)$ が便利である．

図 8.4 のように，通常の 2 次元 $(x, y)$ 座標との関係は

$$\left.\begin{aligned} x &= r\cos\varphi \\ y &= r\sin\varphi \end{aligned}\right\} \quad (8.5)$$

で与えられる．ここで，$r$ を**動径**，$\varphi$ を**方位角**といい，図 8.4 における $\boldsymbol{e}_r$ と $\boldsymbol{e}_\varphi$ はそれぞれ動径 $(r)$ および方位角 $(\varphi)$ が変化する方向の単位ベクトルである．（参考のために，力学に限らず，物理学のいろいろな分野でしばしば使われる 3 次元極座標 $(r, \theta, \varphi)$ を付録 B にまとめておく．）

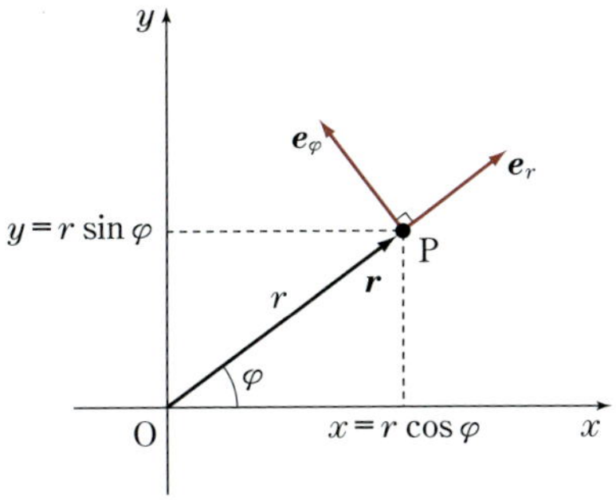


**図 8.4** 2 次元極座標 $(r, \varphi)$

質点 P の速度ベクトル $\boldsymbol{v} = (v_x, v_y)$ は (8.5) の時間微分で与えられるが，前章の円運動の場合と違って，ここでは動径 $r$ も時間 $t$ に依存する．このことに注意して (8.5) を時間微分すると，

$$\left.\begin{aligned} v_x &= \frac{dx}{dt} \equiv \dot{x} = \dot{r}\cos\varphi - r\dot{\varphi}\sin\varphi \\ v_y &= \frac{dy}{dt} \equiv \dot{y} = \dot{r}\sin\varphi + r\dot{\varphi}\cos\varphi \end{aligned}\right\} \quad (8.6)$$

となる．これより

$$\begin{aligned} v^2 &= {v_x}^2 + {v_y}^2 \\ &= \dot{r}^2 + r^2\dot{\varphi}^2 \end{aligned} \quad (8.7)$$

が得られる．

**問題 2** 円運動 ($r$: 一定) の場合に，(8.7) は (7.3) になることを示せ．

質点 P の加速度ベクトル $\boldsymbol{a} = (a_x, a_y)$ は (8.6) をもう一度時間微分して

$$\left.\begin{aligned} a_x = \frac{dv_x}{dt} = \ddot{x} = \ddot{r}\cos\varphi - 2\dot{r}\dot{\varphi}\sin\varphi - r\ddot{\varphi}\sin\varphi - r\dot{\varphi}^2\cos\varphi \\ a_y = \frac{dv_y}{dt} = \ddot{y} = \ddot{r}\sin\varphi + 2\dot{r}\dot{\varphi}\cos\varphi + r\ddot{\varphi}\cos\varphi - r\dot{\varphi}^2\sin\varphi \end{aligned}\right\} \tag{8.8}$$

で与えられる．計算は少々面倒であるが，各自で試してみるとよい．

**問 題 3** 等速円運動（$r$：一定，$\dot{\varphi} = \omega$：一定）の場合に，(8.8) は (7.10) になることを示せ．

質点Pにはたらく中心力 $\boldsymbol{F}$ は (8.1) で与えられ，その成分は図 8.5 のようになる．このとき，質点Pの運動方程式を各成分に分けて表すと，

$$m\frac{dv_x}{dt} = ma_x = F_x = f(r)\cos\varphi \tag{8.9a}$$

$$m\frac{dv_y}{dt} = ma_y = F_y = f(r)\sin\varphi \tag{8.9b}$$

となる．上の 2 式で，(8.9a) × $\cos\varphi$ + (8.9b) × $\sin\varphi$ と (8.9a) × $\sin\varphi$ − (8.9b) × $\cos\varphi$ をつくると，

$$m(a_x\cos\varphi + a_y\sin\varphi) = f(r) \tag{8.10a}$$

$$m(a_x\sin\varphi - a_y\cos\varphi) = 0 \tag{8.10b}$$

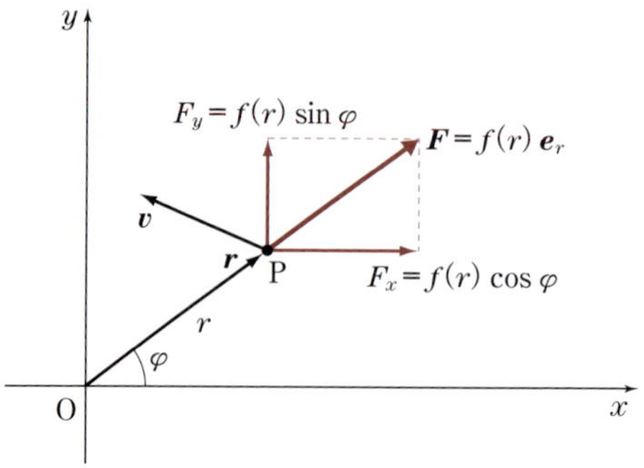


**図 8.5** 質点Pにはたらく中心力 $\boldsymbol{F} = f(r)\boldsymbol{e}_r$ の各成分

となることが容易にわかる．さらにこれら 2 式に (8.8) を代入して整理すると，

$$m(\ddot{r} - r\dot{\varphi}^2) = f(r) \tag{8.11a}$$

$$m(2\dot{r}\dot{\varphi} + r\ddot{\varphi}) = 0 \tag{8.11b}$$

が得られる．

(8.11a, b) は中心力場での質点の動径 $r$ と方位角 $\varphi$ についての運動方程式と見なされる．言い方を変えれば，これは 2 次元極座標 $(r, \varphi)$ における質点の運動方程式である．ここで重要な点は，(8.11a) の右辺には中心力の大きさだけが現れ，特に (8.11b) の右辺が常にゼロになることである．それぞれの物理的意味は次節以降で議論する．

**問 題 4** (8.11a, b) を導け．

## 8.4 面 積 速 度

(8.11b) の両辺に $r/m$ を掛けると，

$$2r\dot{r}\dot{\varphi} + r^2\ddot{\varphi} = 0$$

となる．ところで，これが

$$\frac{d}{dt}(r^2\dot{\varphi}) = 0 \tag{8.12}$$

に等しいことは，実際に微分してみれば容易に確かめられる．これを $t$ について積分すると

$$r^2\dot{\varphi} = h(= \text{一定}) \tag{8.13}$$

が得られる．これは，中心力場の中で運動する質点がもつ量 $h = r^2\dot{\varphi}$ が常に一定であって，時間によらないことを意味する．この量 $h$ はどのような物理的意味をもつのであろうか．

図 8.6 のように，時刻 $t$ に点 P にあった質点が，短時間後の $t + dt$ には点 P′ に来るものとする．このとき，点 P′ の動径 $r'$，方位角 $\varphi'$ は，図のように点 P の動径 $r$，方位角 $\varphi$ から微小に変化して，それぞれ $r + dr$，$\varphi + d\varphi$ にな

るとしよう．P から $\overline{\mathrm{OP'}}$ に下ろした垂線の足を P″ とすると，$\overline{\mathrm{PP''}} \cong r\,d\varphi$ である．また，弧 PP′ も微小なので，これを線分 $\overline{\mathrm{PP'}}$ と見なしてもよいであろう．こうして，図形 OPP′ の面積 $dS$ は △OPP′ の面積で近似することができ，

$$dS \cong \frac{1}{2}\overline{\mathrm{OP'}}\cdot\overline{\mathrm{PP''}} = \frac{1}{2}(r+dr)r\,d\varphi \cong \frac{1}{2}r^2\,d\varphi$$

となる．最後の変形で，2 次の微小量 $dr\,d\varphi$ は 1 次の微小量よりはるかに小さいので無視した．

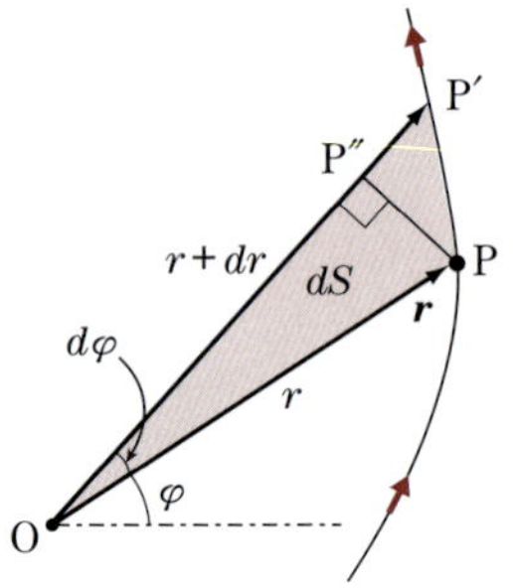


**図 8.6**　面積速度．点 O は力の中心，$dS$ は △OPP′ の面積．

図 8.6 からわかるように，面積 $dS$ は動径 $\overline{\mathrm{OP}}$ が時間 $dt$ の間に描く面積である．**面積速度**は単位時間に描く面積として $dS/dt$ と定義できるので，それは

$$\frac{dS}{dt} = \frac{1}{2}r^2\frac{d\varphi}{dt} = \frac{1}{2}r^2\dot{\varphi} \tag{8.14}$$

で与えられる．これは平面上で運動する質点の面積速度の一般式であり，中心力で運動する場合に限らない．

中心力の作用で運動する質点の場合の面積速度は，(8.13) と (8.14) より

$$\frac{dS}{dt} = \frac{1}{2}h(=一定) \tag{8.15}$$

となることがわかる．すなわち，(8.13) に現れた定数 $h$ は，中心力を受けて運動する質点の動径が単位時間に運動平面内で描く面積，すなわち面積速度（の 2 倍）だったのである．

**問 題 5**　半径 $r$，角振動数 $\omega$ の等速円運動の面積速度 $dS/dt$ を求めよ．

以上により，本節の結論は，

**「中心力場の中を運動する質点の面積速度は一定である.」**

とまとめることができる．これは，惑星の公転運動ではケプラーの第 2 法則

としてよく知られている．しかし，これまでの議論からもわかるように，上の結論は中心力の場合には常に成り立つことであって，惑星の場合の万有引力に限らないことに注意すべきである．

図 8.6 の △OPP′ が一定の微小時間に質点の動径が描く部分だとすると，面積速度が一定とは △OPP′ の面積 $dS$ が一定ということである．このとき，動径 $\overline{\mathrm{OP}}$ が短いと質点の通過する距離 $\overline{\mathrm{PP'}}$ が長く，質点は速く動く．逆に動径 $\overline{\mathrm{OP}}$ が長いと，質点の動きは遅い．これも惑星の公転運動ではよく知られていることである．

## 8.5 動径方向の運動方程式

中心力場では面積速度が一定で，(8.15) が成り立つことがわかった．これより $\dot{\varphi} = h/r^2$ であり，これを (8.11a) に代入して整理すると，

$$m\ddot{r} = f(r) + \frac{mh^2}{r^3} \tag{8.16}$$

が得られる．これは質点の動径 $r$ についての運動方程式である．この場合，図 8.7 のように，質点 P には中心力だけでなく，遠心力 $mh^2/r^3$ もはたらくことを (8.16) は主張している．もちろん，どこかの点，例えば図中の点 A で眺めている (「慣性系に乗っている」という) 観察者にとっては，質点 P にはたらく力は中心力 $\boldsymbol{F}$ だけである．では，なぜ (8.16) に遠心力が現れたのであろうか．

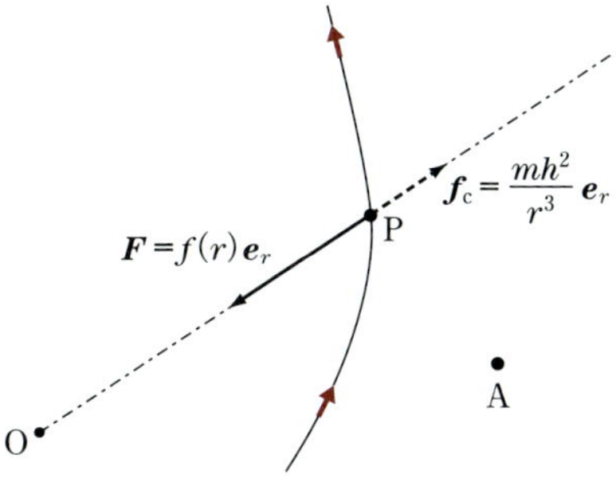

**図 8.7** 質点にはたらく中心力 $\boldsymbol{F}$ と遠心力 $\boldsymbol{f}_c$ (O は力の中心)

ホームから乗り込んだ電車がスタートすると，進行方向とは逆向きの力を感じる．また，遊園地のメリーゴーランドなどの回転遊具に乗

ると，確実に外向きの遠心力を実感する．このようなことはほとんど日常的に経験しているであろう．これは，ホームや遊園地に固定した座標系から，加速する電車や回転するメリーゴーランドに固定した座標系に移った（座標変換した）と見なすことができる．そして，メリーゴーランドに乗って感じる遠心力は君だけでなくすべてのものに作用するのであって，メリーゴーランド座標系では常に現れる．すなわち，電車やメリーゴーランドで感じる力は座標変換のせいであるとみることができる．

ここはポイント!

話をもとに戻して，図 8.7 の点 O を原点とするもともとの $(x, y)$ 座標系が，運動の第 1 法則（慣性の法則）が成り立つ慣性系であったことを思い出そう．次に，質点にはたらく力が中心力なので，$(x, y)$ 座標系からより便利な 2 次元極座標 $(r, \varphi)$ に座標変換を行なったのであった．(8.16) で現れた遠心力 $mh^2/r^3$ は，加速する電車座標系や回転するメリーゴーランド座標系の場合と同様に，$(x, y)$ 座標系から 2 次元極座標 $(r, \varphi)$ への座標変換で生じた力なのである．

加速する電車座標系や回転するメリーゴーランド座標系では明らかに慣性の法則が成り立たないので，これらを**非慣性系**という．慣性系から非慣性系に移ると，その代償として慣性系では見られなかった力が現れる．これは慣性系からのずれで生じた力なので，**慣性力**という．遠心力は典型的な慣性力の例である．参考のために，座標変換についての初歩的なことを付録 C に述べておくことにしよう．

**問 題 6**　半径 $r$，角振動数 $\omega$ の等速円運動の向心力 $f(r)$ を (8.16) より求めよ．

## 8.6 力学的エネルギー

中心力場の中での質点の速度 $\boldsymbol{v} = (v_x, v_y)$ は (8.7) を満たす．したがって，その運動エネルギー $K$ は

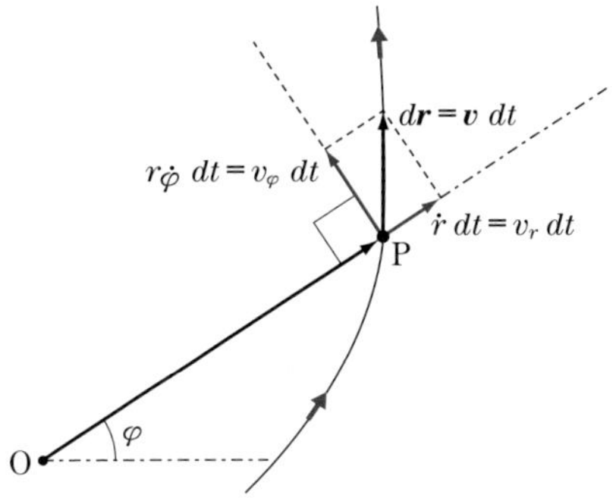


**図 8.8** 質点の微小な変位 $d\boldsymbol{r} = \boldsymbol{v}\,dt$ の動径方向と方位角方向の成分

$$K = \frac{1}{2}mv^2 = \frac{1}{2}m({v_x}^2 + {v_y}^2) = \frac{1}{2}m(\dot{r}^2 + r^2\dot{\varphi}^2) \tag{8.17}$$

と表される．図 8.8 のように，質点 P の微小時間 $dt$ の間の変位 $d\boldsymbol{r} = \boldsymbol{v}\,dt$ を動径方向と方位角方向の成分に分けると，

$$\left.\begin{aligned} \text{動径}(r)\text{方向}：dr &= \frac{dr}{dt}dt = \dot{r}\,dt \\ \text{方位角}(\varphi)\text{方向}：r\,d\varphi &= r\frac{d\varphi}{dt}dt = r\dot{\varphi}\,dt \end{aligned}\right\} \tag{8.18}$$

である．

動径方向と方位角方向の速度成分 $v_r$ と $v_\varphi$ は，それぞれの微小変位を微小時間 $dt$ で割ればいいので，(8.18) より

$$\left.\begin{aligned} v_r &= \frac{dr}{dt} = \dot{r} \\ v_\varphi &= r\frac{d\varphi}{dt} = r\dot{\varphi} \end{aligned}\right\} \tag{8.19}$$

と表される．これを (8.17) に代入すると，質点の運動エネルギー $K$ は

$$K = \frac{1}{2}m({v_r}^2 + {v_\varphi}^2) \tag{8.20}$$

とも表される．これは速度ベクトル $\boldsymbol{v}$ を通常の直交した 2 成分 $v_x$ と $v_y$ では

なく，別の直交した2成分 $v_r$ と $v_\varphi$ で表した結果である．

中心力の大きさ $f(r)$ が

$$f(r) = -\frac{dU(r)}{dr} \tag{8.21}$$

と表されるとき，$U(r)$ を**中心力のポテンシャル**，あるいは**位置エネルギー**という．これは第4章で位置エネルギーを導入した場合と同様である．太陽系の場合の万有引力や原子核の場合のクーロン力は中心力と見なされ，これらは (8.21) のように表される．

**例題 1**

質量 $m$ の惑星が質量 $M$ の太陽から受ける万有引力を中心力と見なして，その位置エネルギー $U(r)$ を求めよ．

**解** (8.3) を (8.21) の左辺に代入すると，

$$\frac{dU(r)}{dr} = G\frac{mM}{r^2}$$

が得られる．この微分方程式を満たす関数 $U(r)$ を求めればよい．上式を積分して，

$$U(r) = -G\frac{mM}{r} \tag{8.22}$$

が，この場合の位置エネルギーである．ただし，積分定数はゼロとした．これは十分遠方 ($r \to \infty$) で位置エネルギーをゼロとすることに相当し，物理的には妥当なおき方である．

中心力場における質点の力学的エネルギー $E$ は，(4.20) より

$$E = K + U = \frac{1}{2}mv^2 + U(r) = \frac{1}{2}m(\dot{r}^2 + r^2\dot{\varphi}^2) + U(r) \tag{8.23}$$

と表される．これは惑星の運動からそのエネルギーを求めるための重要な式である．この場合も，力学的エネルギー保存則が成り立つのは言うまでもない．

## 8.7 角運動量と面積速度

質点の角運動量は第6章で詳しく述べた．ここでは，中心力場における質点の角運動量 $\boldsymbol{l} = \boldsymbol{r} \times \boldsymbol{p}$ を調べてみよう．質量 $m$，運動量 $\boldsymbol{p} = m\boldsymbol{v}$ の質点が点 O からの中心力 $\boldsymbol{F}$ を受けて運動しているとする．まず，外積の性質 (6.1e) より $\boldsymbol{l} \perp \boldsymbol{r}$, $\boldsymbol{l} \perp \boldsymbol{p}$ であり，また，8.2 節より運動面は平面であって，それをここでは $xy$ 平面としている．それゆえ，図 8.9 のように，この場合の角運動量 $\boldsymbol{l}$ は $z$ 軸に平行なベクトルであることが直ちにわかる．

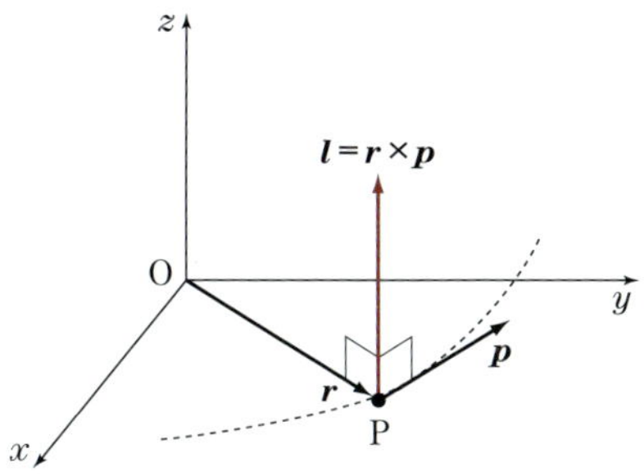


**図 8.9** 中心力場の中で運動する質点 P の角運動量 $\boldsymbol{l}$

次に，中心力 $\boldsymbol{F}$ は (8.1) と (8.2) より

$$\boldsymbol{F} = f(r)\boldsymbol{e}_r = \frac{f(r)}{r}\boldsymbol{r} \tag{8.24}$$

と表される．角運動量 $\boldsymbol{l}$ の時間微分は (6.6) より $\dot{\boldsymbol{l}} = \boldsymbol{r} \times \boldsymbol{F}$ であるが，これに上式を代入して外積の性質 (6.1d) を考慮すると，

$$\dot{\boldsymbol{l}} = \boldsymbol{0} \tag{8.25}$$

ここはポイント!

となる．すなわち，中心力場の中で運動する質点の角運動量 $\boldsymbol{l}$ は時間によらず一定であり，保存されるという著しい特徴をもつことがわかる．

このときの角運動量ベクトル $\boldsymbol{l} = (0, 0, l_z)$ は (6.5) で与えられ，その $z$ 成分

$$l_z = xp_y - yp_x = m(xv_y - yv_x)$$

に (8.5) と (8.6) を代入して整理すると，

$$l_z = mr^2\dot{\varphi} = 2m\frac{dS}{dt} \tag{8.26}$$

が得られる．ただし，後の等号には (8.14) を使った．これは平面上で運動する質点の角運動量と面積速度との関係を与える式であり，中心力場だけに限らない．逆にいうと，面積速度から角運動量がイメージできるという意味で重要である．また，中心力のもとで運動する質点の角運動量は，(8.15) と (8.26) より

$$l_z = mh (= \text{一定}) \tag{8.27}$$

となる．

**問 題 7** (8.26) を導け．

以上の結果をまとめると，

**「中心力場の中で運動する質点の角運動量 $\boldsymbol{l} = (0, 0, l_z)$ は保存される．その $z$ 成分は $l_z = mh$ で与えられ，面積速度に比例する．」**

ここは ポイント!

となる．

より一般的な視点から見ると，惑星の公転運動に関するケプラーの第 2 法則 (面積速度一定の法則) は，中心力場における角運動量保存則の結果だということができる．逆にいうと，中心力なら何でもいいので，ケプラーの第 2 法則だけからは万有引力を導くことはできない．ニュートンは，(1) ケプラーの第 1 法則と第 2 法則から太陽 - 惑星間の引力が惑星の質量を $m_P$ として $m_P/r^2$ に比例することを導き，(2) ケプラーの第 3 法則からその比例係数が惑星によらないことを示し，(3) 作用・反作用の法則からその比例係数が太陽質量 $m_S$ に比例することを示して，万有引力を導いたのである．

**例 題 2**

地球の質量を $m$，公転を半径 $r$ の等速円運動として，質量 $M$ の太陽から受ける万有引力を求めよ．

**解** 地球にはたらく向心力は (7.14) より

$$F = m\omega^2 r \tag{1}$$

である．ケプラーの第3法則から，惑星の公転周期 $T$ と軌道半径 $r$ の間には

$$T^2 = kr^3 \tag{2}$$

の関係があり，比例係数 $k$ は惑星によらない．等速円運動の周期 $T$ と角振動数 $\omega$ の間の関係 (7.9) を (2) に代入して整理すると，

$$\omega^2 = \frac{4\pi^2}{kr^3} \tag{3}$$

これを (1) に代入して

$$F = \frac{4\pi^2 m}{kr^2} \tag{4}$$

となる．これは地球が太陽から受ける力の大きさである．

作用・反作用の法則によって，太陽は地球と全く同じ大きさの力 (4) を受ける．地球が受ける力が地球の質量 $m$ に比例しているのだから，太陽の立場に立てば，その力は太陽の質量 $M$ に比例しなければ不自然である．こうして，(4) は

$$F = \frac{4\pi^2 mM}{k'r^2} \tag{5}$$

と表される．$k'$ は $k$ に比例する別の係数である．上式で，惑星にも太陽にもよらない係数 $4\pi^2/k'$ を $G$ とおくと，万有引力 (8.3) が得られる．

## 8.8　まとめとポイントチェック

質点が中心力を受けて運動する場合には，その運動面が力の中心を含む平面上に限られることが導かれた．その結果，運動を2次元平面上で議論できる．さらに，2次元極座標を使って運動方程式を書き直すと，中心力を受けて運動する質点の面積速度は一定であることがスムーズに導かれることがわかった．これは惑星の公転運動に関するケプラーの第2法則である．また，それが中心力場の中を運動する質点の角運動量保存則の結果であることも導かれた．

## ポイントチェック

- □ 中心力と中心力場の意味がわかった.
- □ 中心力の具体例がわかった.
- □ 中心力を受けて運動する質点の運動面が平面であることが理解できた.
- □ 運動方程式を 2 次元極座標で書き直す方法が理解できた.
- □ 面積速度がわかった.
- □ 中心力を受けて運動する質点の面積速度は一定であることが理解できた.
- □ 動径方向の運動方程式に遠心力が現れることが理解できた.
- □ 力学的エネルギーの表式の導き方がわかった.
- □ 中心力場の中で運動する質点の角運動量保存則が理解できた.
- □ 角運動量保存則とケプラーの第 2 法則との関係が理解できた.

# 9 万有引力と惑星の運動

**学習目標**

- **太陽 - 惑星間の万有引力が中心力であることを理解する．**
- **惑星の運動方程式から軌道に関する微分方程式を導く．**
- **その微分方程式の解が 2 次曲線であることを理解する．**
- **ケプラーの 3 法則をすべて導く．**

本章では，太陽 - 惑星間の万有引力が中心力と見なされることに注目して惑星の運動方程式を立て，この運動方程式から惑星軌道に関する微分方程式を導く．その解から，惑星の軌道は楕円，双曲線，放物線のいずれかになることを理解する．特に，楕円軌道は実際にすべての惑星がとる軌道であり，これはケプラーの第 1 法則の主張するところである．また，楕円軌道の場合には，公転周期の 2 乗が楕円の長半径の 3 乗に比例することも導かれ，これがケプラーの第 3 法則である．

ケプラーの第 2 法則（面積速度一定の法則）は，太陽 - 惑星間にはたらく力が中心力であることから，すでに前章で導かれている．こうして，惑星の公転運動に関するケプラーの 3 法則を力学的に導くことは，本章で完結する．これは，ニュートンによって確立された，いわばニュートン力学の燦然たる記念碑的成果である．

## 9.1 太陽 - 惑星間の万有引力

万有引力については，すでに第 2 章の 2.1.2 項で述べたが，本章の主役の 1 つなので，ここでもう一度述べることにする．距離 $r$ [m] だけ離れている，質量 $M$ [kg]，$m$ [kg] の 2 つの物体の間には，たとえそれらが何であれ，常にそれぞれの質量に比例し，距離の 2 乗に反比例する万有引力 $F$ [N]

$$F = G\frac{mM}{r^2} \tag{9.1}$$

がはたらく．比例係数

$$G = 6.67 \times 10^{-11}\ [\mathrm{N \cdot m^2/kg^2}] \tag{9.2}$$

は万有引力定数である．ここで参考のために，太陽，地球，月の質量を記しておこう．

太陽 : $1.989 \times 10^{30}$ kg,　　地球 : $5.974 \times 10^{24}$ kg,　　月 : $7.348 \times 10^{22}$ kg

太陽と惑星，地球と人工衛星などの場合には，一方が他方に比べて極めて重く，$M \gg m$ である．太陽と地球の場合は上の数値から明らかであるし，地球と月の場合でもそのように見なしてもかまわない．そして，このような場合には両者の重心が質量の大きい方の中心に一致する（第 8 章の［問題 1］を参照）．したがって，図 9.1 のように，$M \gg m$ の場合には質量 $M$ の物体の位置は不動の定点 O と見なすことができ，質量 $m$ の物体には点 O を力の中心とする中心力（この場合の実体はもちろん，万有引力）

ここはポイント!

$$\boldsymbol{F} = f(r)\,\boldsymbol{e}_r \tag{9.3a}$$

$$f(r) = -G\frac{mM}{r^2} \tag{9.3b}$$

がはたらくと見なすことができる．ここで $\boldsymbol{e}_r$ は動径方向の単位ベクトルである（(8.1)，(8.2) を参照）．中心力場においては，物体の運動面が平面をなし，角運動量が保存することは前章で詳しく述べた通りである．

このとき，4.3 節で述べたのと同じように，

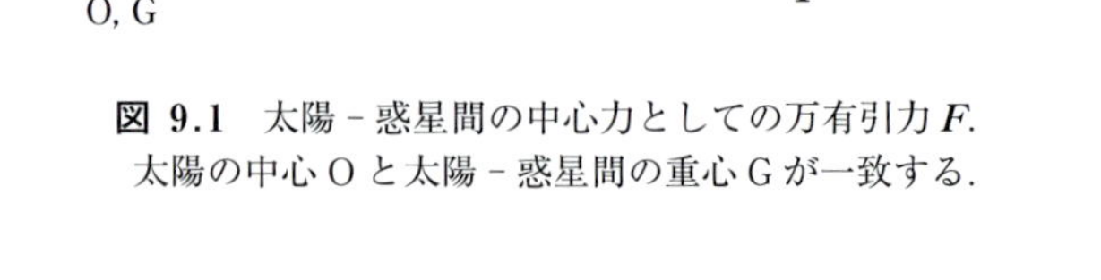

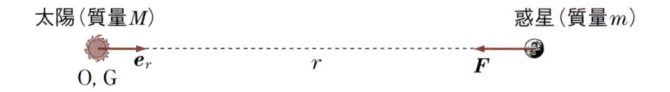


**図 9.1**　太陽 - 惑星間の中心力としての万有引力 $\boldsymbol{F}$.
太陽の中心 O と太陽 - 惑星間の重心 G が一致する．

$$\boldsymbol{F} = -\mathrm{grad}\, U = -\nabla U = -\frac{\partial U}{\partial \boldsymbol{r}} = -\frac{dU}{dr}\boldsymbol{e}_r \tag{9.4}$$

を満たす関数 $U(r)$ が求められ,

$$U(r) = -G\frac{mM}{r} \tag{9.5}$$

となる．これは位置エネルギーの一種で, **万有引力ポテンシャル**とよばれる．ただし，$r \to \infty$ で $U(r) = 0$ となるように，(9.4) を積分して (9.5) を得る際の積分定数をゼロにした．

**問題 1** (9.5) が (9.4) を満たすことを，微分して確かめよ．

質量 $M$ に比べてはるかに小さい質量 $m$ の物体の力学的エネルギー $E$ は，中心力場の中で運動する物体の力学的エネルギーの表式 (8.23) に (9.5) を代入して得られ,

$$E = K + U = \frac{1}{2}mv^2 + U(r) = \frac{1}{2}m(\dot{r}^2 + r^2\dot{\varphi}^2) - G\frac{mM}{r}$$

$$= \frac{1}{2}m\left(\dot{r}^2 + \frac{h^2}{r^2}\right) - G\frac{mM}{r} \tag{9.6}$$

と表される．最後の表式には，面積速度一定を表す等式 (8.13) を代入した．上式は，惑星の運動からそのエネルギーを求める際に必要となる重要な表式である．

## 9.2 惑星の公転運動

### 9.2.1 惑星の運動方程式

前節の議論より，惑星の公転運動は太陽を力の中心とする中心力場における運動であり，その中心力は万有引力 (9.3 a,b) で与えられることがわかる．したがって, 質量 $m$ の惑星の運動方程式は, (8.11 a), (8.13) と (9.3 b) より

$$m(\ddot{r} - r\dot{\varphi}^2) = -G\frac{mM}{r^2} \qquad (9.7\,\mathrm{a})$$

$$r^2\dot{\varphi} = h \quad (= \text{一定}) \qquad (9.7\,\mathrm{b})$$

で与えられる．中心力の一般的な性質を述べた前章と違って，ここではその具体例として，太陽－惑星間の万有引力を考慮している．

この段階で直ちに言えることが1つある．(9.7 a) の両辺で惑星の質量 $m$ が消去でき，(9.7 b) にはそれがないために，これからの議論で得られる一般的な結論は個々の惑星の性質にはよらず，すべての惑星に共通して言えることである．

次に，(9.7 b) を変形した $\dot{\varphi} = h/r^2$ を (9.7 a) に代入すれば，動径 $r$ の時間に関する微分方程式が得られ，その解は $r = r(t)$ の形に表される．そして，それを (9.7 b) に代入して方位角 $\varphi$ について解くと，その解は $\varphi = \varphi(t)$ の形に表される．すなわち，惑星の運動方程式 (9.7 a,b) の解として，

$$r = r(t), \qquad \varphi = \varphi(t) \qquad (9.8)$$

が得られる．さらに両式から時間 $t$ を消去すれば，$r$ は $\varphi$ の関数として

$$r = r(\varphi) \qquad (9.9)$$

の形に表される．これは方位角 $\varphi$ を指定すると動径 $r$ が決まるという意味で，惑星の軌道を与える．したがって，問題は (9.9) が2次元平面上でどのような曲線になるかであり，それを次に述べる．

### 9.2.2 惑星の軌道

$r$ も $\varphi$ も，ともに $t$ の関数であることに注意して (9.9) を時間微分すると，

$$\dot{r} \equiv \frac{dr}{dt} = \frac{dr}{d\varphi}\frac{d\varphi}{dt} = \frac{dr}{d\varphi}\dot{\varphi}$$

となるが，最後の式に (9.7 b) から得られる $\dot{\varphi} = h/r^2$ を代入すれば，

$$\dot{r} = \frac{h}{r^2}\frac{dr}{d\varphi} = -h\frac{d}{d\varphi}\left(\frac{1}{r}\right)$$

が得られる．最後の式は，実際に微分してみればそうなることがわかる．ここで，

$$u = \frac{1}{r} \tag{9.10}$$

とおくと，上式は

$$\dot{r} = -h\frac{du}{d\varphi} \tag{9.11}$$

となる．これをもう一度時間微分すると，

$$\ddot{r} = \frac{d}{dt}\dot{r} = -h\frac{d}{dt}\left(\frac{du}{d\varphi}\right) = -h\frac{d}{d\varphi}\left(\frac{du}{d\varphi}\right)\frac{d\varphi}{dt} = -h\frac{d^2u}{d\varphi^2}\dot{\varphi}$$

となることがわかる．再び，最後の式に $\dot{\varphi} = h/r^2$ を代入すれば，

$$\ddot{r} = -\frac{h^2}{r^2}\frac{d^2u}{d\varphi^2} \tag{9.12}$$

が得られる．

(9.7 b) と (9.12) を (9.7 a) に代入すると，

$$-\frac{h^2}{r^2}\frac{d^2u}{d\varphi^2} - \frac{h^2}{r^3} = -G\frac{M}{r^2}$$

となる．(9.10) を使って上式を整理すると，

$$\frac{d^2u}{d\varphi^2} + u = \frac{GM}{h^2} \tag{9.13}$$

が得られる．右辺の $GM/h^2$ は定数である．上式は $\varphi$ を独立変数とする非同次 2 階常微分方程式である．「非同次」というのは，上式の右辺がゼロでないことを指しており，それを非同次項という．右辺がゼロの場合には，同次 2 階常微分方程式であって，その解が三角関数で与えられることは，すでに第 3 章の 3.2.3 項で詳しく述べた．したがって，(9.13) の解も三角関数に関係することは予想できるであろう．実際，(9.13) の解は

$$u = A\cos(\varphi - \varphi_0) + \frac{GM}{h^2} \qquad (9.14)$$

で与えられる．ただし，$A$，$\varphi_0$ は初期条件で決まる定数である．

**問題 2** (9.14) が (9.13) の解であることを，実際に代入して確かめよ．

(9.14) を (9.10) に代入して整理すると，惑星の軌道 $r = r(\varphi)$ は

$$r = \frac{1}{\dfrac{GM}{h^2} + A\cos(\varphi - \varphi_0)} = \frac{\dfrac{h^2}{GM}}{1 + \dfrac{Ah^2}{GM}\cos(\varphi - \varphi_0)}$$

となる．ここで，$\varphi_0$ は方位角 $\varphi$ を測るときの初期値なので，$\varphi_0 = 0$ とおいても問題はない．あるいは，方位角を $\varphi_0$ から測ると約束しておいてもよい．こうして，惑星の軌道 $r = r(\varphi)$ は

$$r = \frac{\lambda}{1 + \varepsilon\cos\varphi} \qquad (9.15)$$

$$\varepsilon = \frac{Ah^2}{GM}, \qquad \lambda = \frac{h^2}{GM} \qquad (9.16)$$

と表される．

付録Dで詳しく述べるように，(9.15) で与えられる平面曲線は楕円，双曲線，放物線の，いわゆる2次曲線を表す．したがって，これまでの議論から得られる結論は，

**「惑星の公転運動の軌道は楕円，双曲線，放物線のいずれかである.」**

とまとめることができる．これは，「惑星は太陽を焦点の1つとする楕円軌道を描く」というケプラーの第1法則をより広い立場から述べたものである．実際，ハレー彗星のような場合には太陽の近くで限りなく放物線に近い軌道をとるし，太陽系外から飛来する物体は太陽を焦点とする双曲線軌道を描いて飛び去るであろう．

## 9.3 ケプラーの法則

ここでは，地球や火星などの惑星が描く楕円軌道について考えてみよう．図 9.2 のように，楕円の長半径を $a$，短半径を $b$ とし，焦点 F（太陽の位置であり，惑星が作用を受ける力の中心でもある）の座標を $(c, 0)$ とすると，付録 D にあるように，楕円の幾何学的性質から容易に，

$$a^2 - b^2 = c^2, \qquad \varepsilon = \frac{c}{a}, \qquad \lambda = \frac{b^2}{a} \tag{9.17}$$

の関係が得られる．特に，$\varepsilon$ は楕円が円からどれほどずれているかを表す**離心率**であり，$\varepsilon = 0$ は円を表す．また，$\lambda$ は方位角 $\varphi$ が $\pi/2$ のときの動径 $r$ の値であることが (9.15) からわかる．

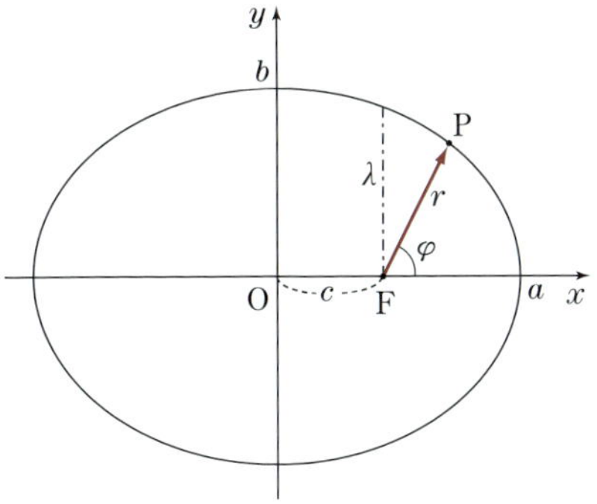


**図 9.2** 惑星 P の楕円軌道．楕円の焦点 F は太陽の位置，力の中心でもある．

楕円の面積 $S$ は $S = \pi ab$ であり，惑星の面積速度（単位時間に描く面積）は (8.15) より $dS/dt = h/2$ で与えられる．惑星の公転周期を $T$ とすると，惑星は $T$ の間に楕円の全面積を描くので $dS/dt = S/T$ である．これらの関係から，公転周期 $T$ は

$$T = \frac{2\pi ab}{h} = \frac{2\pi a\sqrt{a\lambda}}{\sqrt{GM\lambda}} = \frac{2\pi}{\sqrt{GM}}a^{3/2}$$

となる．あるいは上式を 2 乗して，惑星の公転周期 $T$ と軌道の長半径 $a$ と

の間に

$$T^2 = \frac{4\pi^2}{GM}a^3 \tag{9.18}$$

という関係があることがわかる．これは**ケプラーの第3法則**とよばれている．これはまた，第7章で惑星の公転軌道を円として求めた (7.15) で円の半径 $R$ を楕円の長半径 $a$ におき換えた式になっていることにも注意しよう．

以上により，**ケプラーの法則**がすべて導かれた．ここで，ケプラーの法則をまとめておこう．

第1法則：惑星は太陽を焦点の1つとする楕円軌道を描く．

第2法則：太陽と惑星を結ぶ線分が単位時間に描く面積 (面積速度) は一定である．

第3法則：惑星の公転周期の2乗は楕円軌道の長半径の3乗に比例する．

第1法則は (9.15) で導かれ，第2法則はすでに (8.15) に結論されており，第3法則は上の (9.18) に示された．

このように，ケプラーの法則はニュートンの運動方程式における力に対して，中心力としての万有引力を使った結果として導かれる．逆に，観測結果としてのケプラーの法則から万有引力を推察することが可能で，これこそが万有引力の法則としてニュートンが行なった偉業なのである．その概要は前章の例題2に示してある．

いったん万有引力の法則が確立されると，惑星に関係した多くの問題，例えば潮汐や春分点の歳差運動などが次々に解決された．その決定打の1つは，ルヴェリエが未知の惑星の存在を仮定して，天王星の軌道の理論値からの小さなずれを説明したことであろう．彼の示唆に従ってしかるべき向きに天体望遠鏡を向けたところ，新惑星である海王星が発見された (1846年) のである．物体の速さが光速より十分小さく，質量が極端に大きかったり小さかったりしない限り，すなわち，日常的な世界では，ニュートンが1686年に確立した力学はほぼ完璧なのである.

**例題 1**

水素原子は陽子（質量 $m_\mathrm{p}$）と電子（質量 $m_\mathrm{e}$）からなり，その質量はそれぞれ，$m_\mathrm{p} = 1.673 \times 10^{-27}$ [kg]，$m_\mathrm{e} = 9.109 \times 10^{-31}$ [kg]である．また，これらは正負の電気素量 $e = 1.602 \times 10^{-19}$ [C]（C：クーロン，電荷の単位）をもつ．距離 $r$ [m] だけ離れた陽子と電子の間には電気的な引力であるクーロン力

$$F_\mathrm{c} = \frac{1}{4\pi\varepsilon_0}\frac{e^2}{r^2} \qquad \left(\varepsilon_0 = 8.854 \times 10^{-12}\left[\frac{\mathrm{C}^2}{\mathrm{N}\cdot\mathrm{m}^2}\right] : \text{真空の誘電率}\right) \tag{9.19}$$

がはたらくが，これは万有引力 (9.1) と同じ距離依存性をもつ．このことを考慮して，陽子 - 電子間の万有引力とクーロン力の比を求めよ．

**解** 陽子と電子について (9.1) と (9.19) の比をとればよいので，

$$\begin{aligned}\frac{F}{F_\mathrm{c}} &= \frac{4\pi\varepsilon_0 G m_\mathrm{p} m_\mathrm{e}}{e^2} \\ &= \frac{4 \times 3.14 \times 8.85 \times 10^{-12} \times 6.67 \times 10^{-11} \times 1.67 \times 10^{-27} \times 9.11 \times 10^{-31}}{1.60^2 \times 10^{-38}} \\ &\cong 4.4 \times 10^{-40}\left[\frac{\frac{\mathrm{C}^2}{\mathrm{N}\cdot\mathrm{m}^2}\cdot\frac{\mathrm{N}\cdot\mathrm{m}^2}{\mathrm{kg}^2}\mathrm{kg}^2}{\mathrm{C}^2}\right] = 4.4 \times 10^{-40}\end{aligned}$$

となる．すなわち，万有引力に比べて電気的なクーロン力の方が圧倒的に大きく，両者が同時にはたらくときには，万有引力は全く無視してかまわない．

それでは，なぜ私たちは万有引力よりはるかに強いはずの電気的な力を日常的には感じず，寝ぼけてベッドから落ちたりするのであろうか．ポイントは，クーロン力とは異なり，万有引力の方はその名の通り引力だけだということである．

ここはポイント!

例えば，私たちの身体には地球の各部からの引力が加算されて重力が大き

くなり，結果としてベッドからドスンと落ちたりする．ところが，クーロン力の場合，正負電荷のうち同符号電荷の間には斥力が，異符号電荷の間には引力がはたらく．しかも正負電荷は同数あって中性になっていて，引力と斥力がちょうどキャンセルし合う．そのために，電気的に中性な私たちの身体と地球の間には電気的な力がはたらかず，はるかに微弱なはずの万有引力だけが残って，ベッドから落ちることになるのである．同じように，電気的に中性な月と地球の間にも電気的な力がはたらかず，万有引力だけが残って，月が地球の周りを周回している．

## 9.4 まとめとポイントチェック

本章では，太陽－惑星間の万有引力が中心力であることに注目して惑星の運動方程式を立て，それから惑星軌道に関する微分方程式を導いた．その解から，惑星の軌道が楕円，双曲線，放物線のいずれかの2次曲線になることがわかった．特に，楕円軌道はケプラーの第1法則そのものであって，すべての惑星がとる軌道である．さらに，楕円軌道の場合には，ケプラーの第3法則「公転周期の2乗が楕円の長半径の3乗に比例する」も導かれることがわかった．ケプラーの第2法則である，面積速度一定の法則は，中心力の特性からすでに前章で導かれている．こうして，惑星の公転運動に関するケプラーの3法則を力学的に導くことが本章で完結したことになる．

第5，6章で質点系の運動量と角運動量を考察したが，その視点では，本章で議論した太陽系の惑星運動は次のようにいうこともできる．太陽系を太陽と惑星たちからなる質点系と見なすと，太陽の質量が惑星たちの質量に比べて圧倒的に大きいので，太陽系の重心は太陽の位置に一致すると見なしてよい．すると，太陽系の並進運動（天の川銀河系の中での運動）を考えないことにすれば，残るは重心にある太陽の周りの惑星たちの運動だけになる．第6章で議論した質点系全体としての角運動量が，ここでは太陽系全体の角運動量として保存されることになり，太陽系の歴史とも関連して興味深い．しかし，本章では太陽と惑星，惑星同士の間の内力（万有引力）による運動だけを考えたのである．ただし，太陽の質量が惑星の質量よりはるかに大きいために，その運動には太陽と個々の惑星の間の万有引力だけが効き，惑星同士の万有引力による影響を無視することができる．結果として，太陽系の重心にある太陽の周りの個々の惑星の運動だけを議論すればよいことになったのである．

## ポイントチェック

- □ 太陽 - 惑星間の万有引力は中心力であることがわかった．
- □ 惑星の運動方程式がわかった．
- □ 惑星の運動方程式から惑星軌道の微分方程式への変形が理解できた．
- □ 惑星軌道の微分方程式の解が三角関数であることが理解できた．
- □ ケプラーの第 1 法則と第 3 法則がわかった．
- □ ケプラーの 3 法則すべてを力学的に説明できる．

# 10 剛体の運動

## 学習目標

- 剛体の運動の自由度を理解する.
- 剛体の運動方程式を立てることができるようになる.
- 剛体にはたらく力とそのつり合いを理解する.
- 固定軸をもつ剛体の運動を理解する.
- 剛体の慣性モーメントを求めることができるようになる.
- 円柱や球の転がり運動を理解する.

身の回りにある固い物体（固体）の運動を議論するときは，その物体が何でできていて，それを構成する原子・分子が物体内部でどのように運動しているかを気にする必要がない場合が多い．このような場合の物体を剛体という．剛体は，原子・分子でできているという意味では質点系と見なされて，有限の大きさをもつ．しかし，各質点の運動は剛体内部で固定されているので，剛体の形は一切変化せず，その運動は重心の並進運動と回転運動だけで表され，ずっと簡単になる．

剛体では，重心の並進運動は運動量の運動方程式で記述でき，回転運動は角運動量の運動方程式で議論できる．また，大きさのある剛体では力は複数の点ではたらくこともあり，力のつり合いが成立していても回転してしまうことがある．したがって，剛体の静止条件には力のつり合いだけでなく，力のモーメントのつり合いも必要となる．

角運動量の運動方程式は運動量の運動方程式と同じ形をしており，剛体の慣性モーメントが剛体の質量に対応する．特に，剛体の重心の周りの慣性モーメントは，その剛体固有の量となる．この慣性モーメントを円柱，球や棒などの典型的な形をした剛体について計算し，その結果を使って，円柱と球の転がり運動を議論する．

## 10.1 剛体とその自由度

**剛体**とは，質量と大きさをもつが，変形はしない物体のことである．したがって，物体の振動とか流動などの内部運動は一切無視される．剛体の運動を議論するためには，剛体が空間のどこにどのようにあるかを決めなければならない．そのためには，図 10.1 のように，次の量を指定する必要がある．

(1) 剛体の位置：剛体内の任意の 1 点を指定すれば決まるが，その位置は重心の位置座標 $(x, y, z)$ にとるのが適当である．

(2) 剛体の向き：剛体は一般にいびつな形をしているので，どの方向を向いているかを決めなければならない．これは図 10.1 のように，角度 $(\theta, \varphi)$ で決まる軸で指定することができる．ここで，$\theta$ はこの軸の**極角**，$\varphi$ は**方位角**とよばれる．

(3) 軸の周りの回転：剛体の位置を決め，それを通る軸を決めても，剛体にはさらに軸の周りの回転という自由度がある．いびつな顔つきの剛体が，軸の周りでどの向きをとるかを決めなければならないからである．これは図 10.1 のように，軸の周りの**回転角** $\phi$ で指定される．

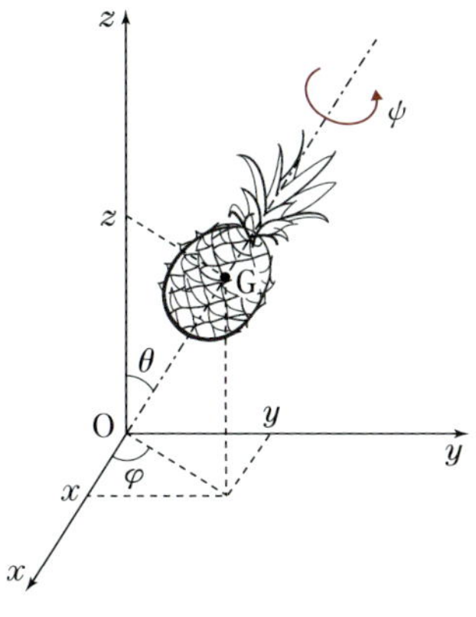


**図 10.1** 変形しないほど硬いパイナップル（剛体）の重心 $(x, y, z)$，軸の方向 $(\theta, \varphi)$ と回転 $\phi$．

このように，剛体の運動を議論するには，剛体内の任意の1点（例えば，重心）の並進運動と軸の方向，そしてその軸の周りの回転運動を指定しなければならない．したがって，剛体の運動を指定する変数の数は $(x, y, z, \theta, \varphi, \phi)$ の6個である．このことを，剛体の運動の自由度は6であるという．

質点には大きさがないので回転には意味がなく，質点の運動の自由度は $(x, y, z)$ の3である．実際，その運動方程式は (3.3) で与えられる $m\ddot{\boldsymbol{r}} = \boldsymbol{F}$ であり，ベクトルを成分で書けば3個の運動方程式からなる．そのために，質点にはたらく力 $\boldsymbol{F}$ がわかっていて，初期位置と初期速度（初期条件）を与えれば，質点の運動は完全に決まってしまうのである．

一方，$n$ 個の質点からなる質点系では，その自由度は1個当りの自由度3に個数 $n$ を掛けて $3n$ となる．例えば，1モルの原子・分子からなる物体はアボガドロ数 $N_A$（$= 6.022 \times 10^{23}$個）もの原子・分子からできていて，その自由度 $3N_A$ は膨大な数である．時計の振り子やコマなど，身の周りの物体はアボガドロ数よりもはるかに多くの原子・分子からなるのに，それらを剛体と見なすと自由度がたったの6になるわけで，いかに問題が簡単化されるかがわかるであろう．

こうして，剛体の運動は6個の運動方程式で決定されることになる．ただし，束縛条件が付くと，その自由度が一層少なくなるのは質点の運動の場合と同様である．例えば，図10.2に模式的に示した**実体振り子**（**物理振り子**と

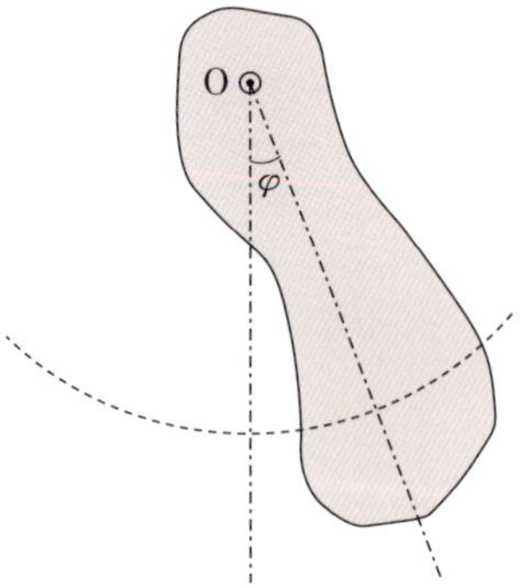


**図 10.2**　実体（物理）振り子

もいい，剛体からできている振り子）では，回転軸の周りの回転だけが許されるので，変数は回転角 $\varphi$ の 1 つだけであり，自由度は 1 である．

## 10.2 剛体の運動方程式

### 10.2.1 並進運動の運動方程式

剛体とは，質点相互の動きが全くないような質点の集まり（質点系）である．そこで，図 10.3 のように，剛体を $n$ 個の質点からなる質点系と考え，その $i$ 番目の質点の質量を $m_i$，位置ベクトルを $\boldsymbol{r}_i$ $(i = 1, 2, \cdots, n)$ とする．剛体の質量 $M$ は質点系の全質量

$$M = \sum_{i=1}^{n} m_i = m_1 + m_2 + \cdots + m_n \tag{10.1}$$

である．また，剛体の重心 G の位置ベクトル $\boldsymbol{r}_{\mathrm{G}}$ は第 5 章で議論した質点系の重心そのものであり，

$$\boldsymbol{r}_{\mathrm{G}} = \frac{1}{M}\sum_{i=1}^{n} m_i \boldsymbol{r}_i = \frac{m_1\boldsymbol{r}_1 + m_2\boldsymbol{r}_2 + \cdots + m_n\boldsymbol{r}_n}{m_1 + m_2 + \cdots + m_n} \tag{10.2}$$

で与えられる．

剛体を質点系と見なしているので，その重心の運動方程式は第 5 章で議論した質点系の重心の運動方程式 (5.31) がそのまま成り立つ．したがって，剛体の重心の運動方程式は

$$M\ddot{\boldsymbol{r}}_{\mathrm{G}} = \dot{\boldsymbol{P}} = \boldsymbol{F} \tag{10.3}$$

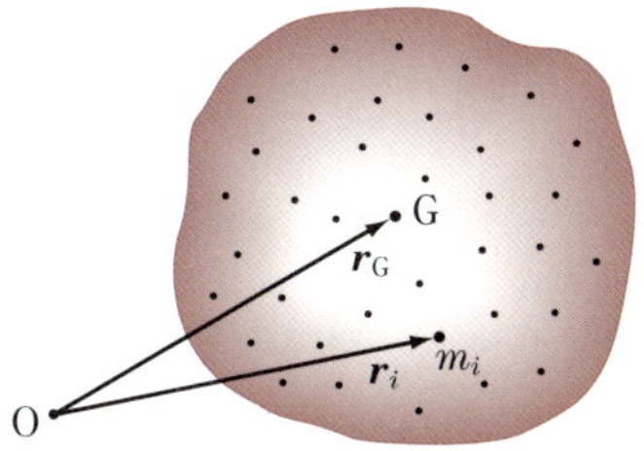


**図 10.3** $n$ 個の質点からなる質点系としての剛体．O は原点で，G は剛体の重心．

で与えられる．ここで，$\boldsymbol{P} = M\dot{\boldsymbol{r}}_{\mathrm{G}}$ は剛体の運動量であり，$\boldsymbol{F}$ は剛体にはたらく力である．上式は，剛体の並進運動に関する運動方程式である．

### 10.2.2 回転運動の運動方程式

剛体は有限の大きさをもつので，それにはたらく力 $\boldsymbol{F}$ が剛体の重心 G にはたらくとは限らない．さらに，その力は 1 つだけとも限らず，複数の力の和の場合もある．そのような場合には，剛体は回転することがあり，角運動量をもつことになる．剛体の回転運動は (10.3) では記述できないため，角運動量の運動方程式が別に必要となる．

ここでは剛体を質点系と見なしているので，剛体の角運動量 $\boldsymbol{L}$ は質点系の全角運動量（各質点の角運動量の総和）である．したがって，剛体の角運動量 $\boldsymbol{L}$ の運動方程式は，第 6 章で導いた (6.15) がそのまま成り立ち，

$$\dot{\boldsymbol{L}} = \boldsymbol{N} \tag{10.4}$$

となる．ここで，$\boldsymbol{N}$ は剛体にはたらく力のモーメントである．ただし，この段階では，(6.15) の場合と同様に，$\boldsymbol{L}$ と $\boldsymbol{N}$ はともに，図 10.3 の原点 O の周りの角運動量と力のモーメントであることに注意しよう．原点 O は剛体の重心 G とは限らないし，$\boldsymbol{N}$ がいくつかの力のモーメントの和の場合もある．

ここはポイント!

以上の結果をまとめると，剛体の自由度 6 に対して，剛体の運動方程式も (10.3) と (10.4) でちょうど 6 個（ベクトルを成分で書けば，3 成分と 3 成分で 6 成分）の方程式がある．したがって，適当な初期条件を与えれば，剛体の運動が決定される．

## 10.3 剛体にはたらく力とそのつり合い

### 10.3.1 剛体にはたらく重力

まず，剛体にはたらく重力の作用点を考えてみよう．図 10.4 のように，鉛直上向きに $z$ 軸をとり，剛体を $n$ 個の質点からなる質点系と見なす．このとき，

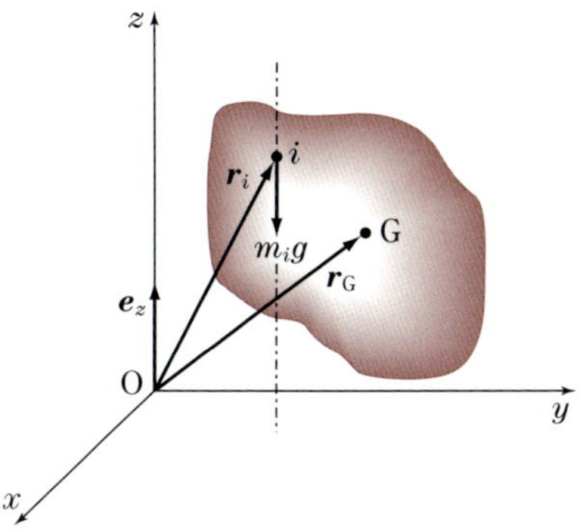


**図 10.4** 剛体の重心 G と $i$ 番目の質点にはたらく重力 $m_i g$

原点 O の周りの重力による力のモーメント $\boldsymbol{N}$ は，$i$ 番目の質点の質量を $m_i$ $(i = 1, 2, \cdots, n)$，$z$ 軸方向の単位ベクトルを $\boldsymbol{e}_z$ として，

$$\boldsymbol{N} = \sum_{i=1}^{n} \{\boldsymbol{r}_i \times (-m_i g\boldsymbol{e}_z)\} = -g\left(\sum_{i=1}^{n} m_i \boldsymbol{r}_i\right) \times \boldsymbol{e}_z$$
$$= -gM\boldsymbol{r}_{\mathrm{G}} \times \boldsymbol{e}_z = \boldsymbol{r}_{\mathrm{G}} \times (-Mg\boldsymbol{e}_z) \qquad (10.5)$$

ここはポイント!

となる．上式の途中の変形で (10.2) を使った．上の最後の式は，重力による力のモーメントを考える場合には，剛体の質量 $M$ がその重心 G に集中していると見なしてよいことを意味している．

次に，重力場の中にある剛体の位置エネルギー $U$ を考えてみよう．$i$ 番目の質点の位置座標を $\boldsymbol{r}_i = (x_i, y_i, z_i)$ とすると，この質点の位置エネルギーは (4.11) より $m_i g z_i$ なので，剛体の位置エネルギー $U$ は

$$U = \sum_{i=1}^{n} m_i g z_i = g \sum_{i=1}^{n} m_i z_i = Mgz_{\mathrm{G}} \qquad (10.6)$$

ここはポイント!

と表される．ここでも，剛体の重心座標を $\boldsymbol{r}_{\mathrm{G}} = (x_{\mathrm{G}}, y_{\mathrm{G}}, z_{\mathrm{G}})$ とおき，(10.2) を使った．また，簡単のために (4.11) にあった定数 $U_0$ をゼロとした．この場合も，剛体の質量 $M$ がその重心 G に集中していると見なしてよいことを表している．

### 10.3.2 偶　力

図 10.5 のように，1 つの剛体の 2 点に大きさが等しく逆向きの 2 つの力 $\boldsymbol{F}$ と $-\boldsymbol{F}$ がはたらくとき，この力を**偶力**という．偶力がはたらく 2 点を，図のように 1（位置ベクトル $\boldsymbol{r}_1$），2（位置ベクトル $\boldsymbol{r}_2$）とおくと，2 つの力の合力はゼロ（$\boldsymbol{F}+(-\boldsymbol{F})=\boldsymbol{0}$）なので，(10.3) より $\dot{\boldsymbol{P}}=\boldsymbol{0}$ であり，剛体の重心は静止しているか等速度運動を続けるだけである．

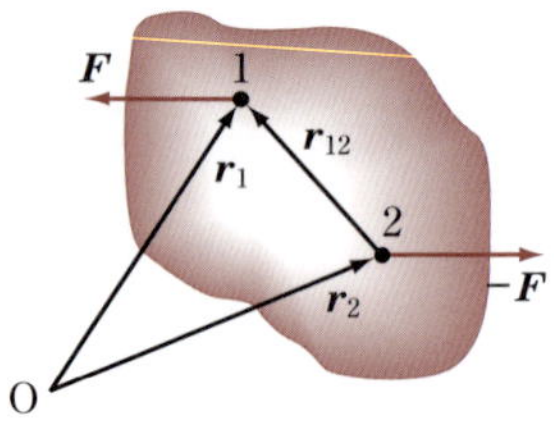


**図 10.5**　剛体の 2 点 1 と 2 にはたらく偶力

ところが，このときの原点の周りの力のモーメント $\boldsymbol{N}$ を求めると，

$$\boldsymbol{N}=\boldsymbol{r}_1\times\boldsymbol{F}+\boldsymbol{r}_2\times(-\boldsymbol{F})=(\boldsymbol{r}_1-\boldsymbol{r}_2)\times\boldsymbol{F}=\boldsymbol{r}_{12}\times\boldsymbol{F} \tag{10.7}$$

となる．ここで $\boldsymbol{r}_{12}=\boldsymbol{r}_1-\boldsymbol{r}_2$ は，図のように，点 2 から 1 への位置ベクトルである．これを**偶力のモーメント**といい，$\boldsymbol{r}_{12}$ と $\boldsymbol{F}$ が平行（または反平行）でない限り，偶力のモーメントはゼロにはならない．そのため，力がつり合っていても，剛体は回転することになる．

### 10.3.3 剛体のつり合いの条件

ここまでのことから，剛体が静止（または等速度運動）しているためには，力がつり合っている（(10.3) より，$\dot{\boldsymbol{P}}=\boldsymbol{F}=\boldsymbol{0}$）だけではなく，力のモーメントもつり合って（(10.4) より，$\dot{\boldsymbol{L}}=\boldsymbol{N}=\boldsymbol{0}$）いなければならないことがわかった．したがって，剛体に $p$ 個の力 $\boldsymbol{F}_j$ $(j=1,2,\cdots,p)$ とそれらの力による原点の周りのモーメント $\boldsymbol{N}_j$ $(j=1,2,\cdots,p)$ がはたらくときの剛体のつり合いの条件は

$$\left.\begin{aligned}\boldsymbol{F}&=\sum_{j=1}^{p}\boldsymbol{F}_j=\boldsymbol{0}\qquad(\text{合力がゼロ})\\ \boldsymbol{N}&=\sum_{j=1}^{p}\boldsymbol{N}_j=\boldsymbol{0}\qquad(\text{モーメントがゼロ})\end{aligned}\right\} \tag{10.8}$$

である．これは剛体が静止しているときに，剛体の各部にどのような力が

はたらいているかを調べる際に非常に重要になる．

**例題 1**

図のように，質量 $m$，長さ $l$ の一様な棒 OA を滑らかな壁に立て掛けた．床は粗くて摩擦があり，棒の下端は床の上の点 O で止まっている．次の問いに答えよ．（注意：$y$ 軸は点 O から紙面の裏向きにある．）

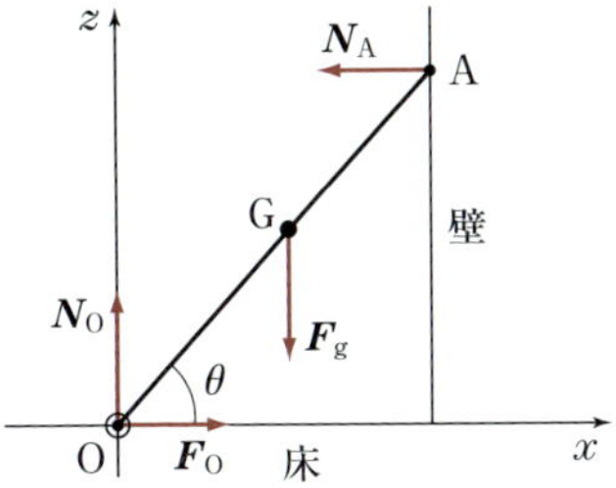


（1） 棒 OA にはたらく重力 $\boldsymbol{F}_g$，壁からの垂直抗力 $\boldsymbol{N}_A$，床からの垂直抗力 $\boldsymbol{N}_O$，床からの摩擦力 $\boldsymbol{F}_O$ を求めよ．ただし，重力を除くそれぞれのベクトルの大きさを $N_A$，$N_O$，$F_O$（すべて正）とする．また，位置ベクトル $\boldsymbol{r}_1 = \overrightarrow{OG}$，位置ベクトル $\boldsymbol{r}_2 = \overrightarrow{OA}$ も求めよ．

（2） 棒にはたらく力の総和 $\boldsymbol{F}$ を求めよ．

（3） 棒の一端 O の周りの全モーメント $\boldsymbol{N}$ を求め，その成分の間に成り立つ関係式を求めよ．

（4） 以上の結果から，床からの摩擦力の大きさ $F_O$ を $m$，$g$，$\theta$ で表せ．

**解** （1） 図から，$\boldsymbol{F}_g = (0, 0, -mg)$，$\boldsymbol{N}_A = (-N_A, 0, 0)$，$\boldsymbol{N}_O = (0, 0, N_O)$，$\boldsymbol{F}_O = (F_O, 0, 0)$ である．また，$\boldsymbol{r}_1 = \overrightarrow{OG} = \left(\dfrac{l}{2}\cos\theta, 0, \dfrac{l}{2}\sin\theta\right)$，$\boldsymbol{r}_2 = \overrightarrow{OA} = (l\cos\theta, 0, l\sin\theta)$ も図から容易に得られる．

（2） 棒にはたらく力の総和 $\boldsymbol{F}$ は

$$\boldsymbol{F} = \boldsymbol{F}_g + \boldsymbol{N}_A + \boldsymbol{N}_O + \boldsymbol{F}_O = (-N_A + F_O, 0, -mg + N_O)$$

力のつり合いから $\boldsymbol{F} = \boldsymbol{0} = (0, 0, 0)$ だから，

$$F_O = N_A, \qquad N_O = mg \tag{1}$$

（3） 棒の一端 O の周りの全モーメント $\boldsymbol{N}$ は

$$\boldsymbol{N} = \boldsymbol{r}_1 \times \boldsymbol{F}_{\mathrm{g}} + \boldsymbol{r}_2 \times \boldsymbol{N}_{\mathrm{A}}$$

であり，ベクトルの外積の定義 (6.1a) を使って計算すると，

$$\boldsymbol{N} = \left(0,\ \frac{1}{2}mgl\cos\theta - N_{\mathrm{A}}l\sin\theta,\ 0\right)$$

力のモーメントのつり合いから $\boldsymbol{N} = \boldsymbol{0} = (0, 0, 0)$ だから，

$$\frac{1}{2}mgl\cos\theta - N_{\mathrm{A}}l\sin\theta = 0, \qquad \therefore\ \ N_{\mathrm{A}} = \frac{mg\cos\theta}{2\sin\theta} \tag{2}$$

（4） (2) を (1) に代入して，

$$F_{\mathrm{O}} = N_{\mathrm{A}} = \frac{mg\cos\theta}{2\sin\theta} = \frac{mg}{2}\cot\theta$$

**問 題 1** 上の例題で，床の静止摩擦係数を $\mu$ として，棒が床を滑らないための角度 $\theta$ の範囲を求めよ．

**問 題 2** 質量 50 kg の一様な丸太の一端を地面につけ，他端をもち上げるには，どれだけの力が必要か．

## 10.4 固定軸をもつ剛体の運動

剛体がある直線を軸としてその周りに回転することはできるが，それ以外の運動はできないとき，この直線を**剛体の固定軸**という．この場合，剛体の運動は固定軸の周りの回転角 $\varphi$ だけで指定できるので，その運動の自由度は 1 である．例としては，前に記した図 10.2 の実体（物理）振り子が挙げられる．

固定軸を $z$ 軸にとり，その周りを回転する剛体を考えよう．$x$ 軸と $y$ 軸を図 10.6 のようにとると，$z$ 軸は紙面に垂直で表側を向く．G は剛体の重心を表す．

これまでと同様に，剛体を $n$ 個の質点からなる質点系と見なすと，すべての質点は固定軸の周りを共通の角速度 $\dot{\varphi} = \omega$ で円運動する．もちろん，$\omega$ は一定（等速円運動）とは限らない．したがって，$i$ 番目の質点（質量 $m_i$，位置座標 $(x_i, y_i, z_i)$ $(i = 1, 2, \cdots, n)$）の角運動量 $\boldsymbol{l}_i$ は，(7.18) より

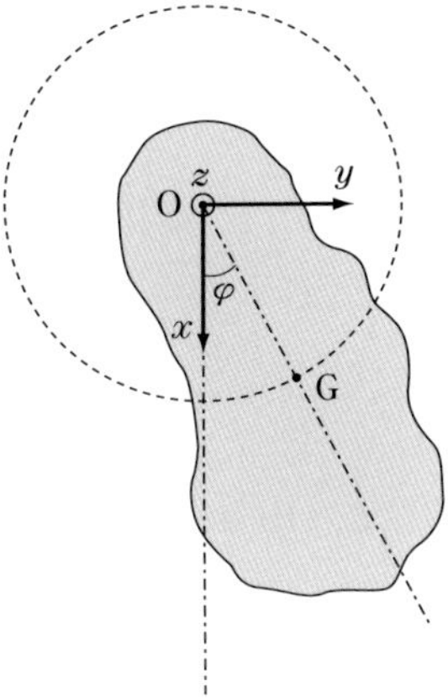


**図 10.6** 固定軸をもつ剛体．G は剛体の重心．

$$\boldsymbol{l}_i = (0,\ 0,\ m_i r_i^2 \omega) \tag{10.9}$$

である．ここで，$r_i$ は $i$ 番目の質点の固定軸からの垂直距離であり，$r_i = \sqrt{x_i^2 + y_i^2}$ で与えられる．

このように，すべての質点の角運動量は固定軸（$z$ 軸）方向の成分しかもたないので，今後はこの成分だけを問題にし，

$$l_i = m_i r_i^2 \omega \tag{10.10}$$

と表すことにする．いまの場合，運動の自由度が 1 なので，これで十分なのである．

以上より，剛体そのものの固定軸の周りの角運動量 $L$ は，それを構成するすべての質点の角運動量の総和で与えられ，

$$L = \sum_{i=1}^{n} l_i = \left(\sum_{i=1}^{n} m_i r_i^2\right)\omega \tag{10.11}$$

となる．正確には剛体の角運動量はベクトルであるが，$\boldsymbol{L} = \sum_{i=1}^{n} \boldsymbol{l}_i = (0,\ 0,\ L)$ なので，ここでも，固定軸（$z$ 軸）方向の成分 $L$ だけを議論する．

ところで，(10.11) の $\sum_{i=1}^{n} m_i r_i^2$ は固定軸を指定すると剛体の形状で決まり，剛体の運動にはよらない．そこで，この量を

$$I = \sum_{i=1}^{n} m_i r_i^2 \tag{10.12}$$

と定義し，剛体の固定軸の周りの**慣性モーメント**とよぶ．上式からわかるように，その単位は［kg･m²］である．この $I$ を (10.11) に代入すると，剛体の角運動量 $L$ は簡潔に

$$L = I\omega \tag{10.13}$$

と表される．

剛体の角運動量についての運動方程式には，(10.4) より力のモーメントが現れる．しかし，運動方程式に効くのは固定軸の周りの力のモーメント，すなわち，その $z$ 成分だけである．それを $N$ とすると，角運動量 $L$ についての運動方程式は

$$\dot{L} = I\dot{\omega} = I\frac{d\omega}{dt} = I\frac{d^2\varphi}{dt^2} = I\ddot{\varphi} = N \tag{10.14}$$

と表される．この $I\ddot{\varphi} = N$ は質量 $m$ の質点の 1 次元の運動方程式 $m\ddot{x} = F$ と同じ形であり，$I$ は角加速度 $\ddot{\varphi}$ の比例係数となっている．この類似性から，$m$ が慣性質量であるのと同じ意味で，$I$ を慣性モーメントというのである．

剛体を構成する $i$ 番目の質点は半径 $r_i (= \sqrt{x_i^2 + y_i^2})$，角速度 $\dot{\varphi} = \omega$ の円運動をするので，(7.3) よりこの質点の速度 $v_i$ は $v_i = r_i\omega$ である．したがって，剛体の固定軸の周りの回転による運動エネルギー $K_\mathrm{r}$ は

$$K_\mathrm{r} = \frac{1}{2}\sum_{i=1}^{n} m_i v_i^2 = \frac{1}{2}\sum_{i=1}^{n} m_i r_i^2 \omega^2 = \frac{1}{2}I\omega^2 \tag{10.15}$$

と表される．ここで，最後の等式には慣性モーメントの定義 (10.12) を使った．これは剛体の固定軸の周りの**回転の運動エネルギー**の重要な式であり，今後しばしば使うことになる．この $K_\mathrm{r} = (1/2)I\omega^2$ という表式も，1 次元運動をする質点の運動エネルギー $K = (1/2)mv^2$ にうまく対応することに注意しよう．ちなみに，$K_\mathrm{r}$ の下付き r は回転 (rotation) の頭文字からとってある．

**例題 2**

図 10.7 のような，固定軸が水平な実体振り子（物理振り子ともいう）の運動方程式とその解を求めよ．ただし，剛体の重心 G は固定軸から $l$ だけ離れているとする．

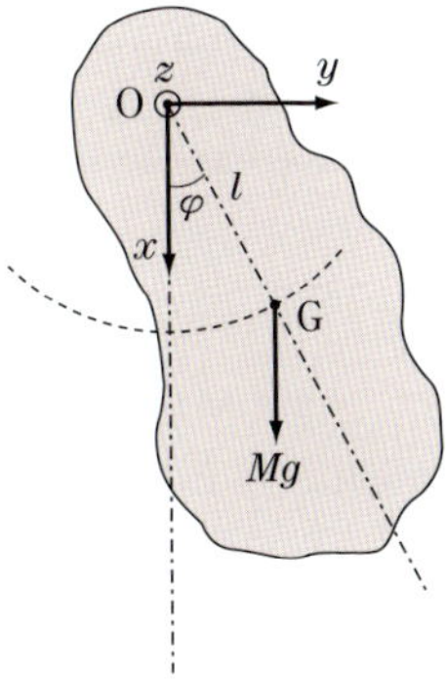


**図 10.7** 固定軸が水平な実体振り子．G は剛体の重心．

**解** 座標軸を図 10.7 のようにとると，角運動量の $z$ 成分（しかない）$L$ についての運動方程式は，(10.14) より

$$\dot{L} = I\ddot{\varphi} = N \tag{10.16}$$

となる．剛体にかかる力は重力だけであり，(10.5) より重力による力のモーメントは，剛体の質量 $M$ がその重心 G に集中していると見なして求められる．したがって，固定軸の周りの力のモーメントは

$$\boldsymbol{N} = Mg\boldsymbol{r}_{\mathrm{G}} \times \boldsymbol{e}_x \tag{10.17}$$

である．ここで，$\boldsymbol{r}_{\mathrm{G}}$ は固定軸から重心 G までの最短の位置ベクトルであり，図 10.7 より $\boldsymbol{r}_{\mathrm{G}} = (l\cos\varphi, l\sin\varphi, 0)$．また，$\boldsymbol{e}_x$ は重力がはたらく方向の座標軸（$x$ 軸）の単位ベクトルで，$\boldsymbol{e}_x = (1, 0, 0)$．したがって，重力による力のモーメントは，ベクトルの外積の規則 (6.1a) より $\boldsymbol{N} = (0, 0, -Mgl\sin\varphi)$ となり，その $z$ 成分 $N$ は

$$N = -Mgl\sin\varphi \tag{10.18}$$

となる．これを (10.16) に代入すると，実体振り子の運動方程式

$$I\ddot{\varphi} = I\frac{d^2\varphi}{dt^2} = -Mgl\sin\varphi \tag{10.19}$$

が得られる．これを見通しの良い形に整理すると，

$$\frac{d^2\varphi}{dt^2} = -\Omega^2 \sin\varphi \tag{10.20}$$

$$\Omega = \sqrt{\frac{Mgl}{I}} \tag{10.21}$$

となる．(10.20) は (3.25) と全く同じ形の 2 階微分方程式であることに注意しよう．

特に，振れの角 $\varphi$ が小さいときには，第 3 章の単振り子のところで述べたのと同様に，$\sin\varphi \cong \varphi$ とおくことができる．このとき，(10.20) は

$$\frac{d^2\varphi}{dt^2} = -\Omega^2\varphi \tag{10.22}$$

となり，通常の単振り子の場合の運動方程式 (3.27) と全く同じ形をしていることがわかる．すなわち，解は三角関数で表され，$\Omega$ は実体振り子の固有角振動数である．したがって，(10.22) の解は，(3.31a, b) と同様にして，

$$\varphi = C_1 \sin\Omega t + C_2 \cos\Omega t \qquad (C_1,\ C_2：定数) \tag{10.23a}$$

または

$$\varphi = A\cos(\Omega t + \alpha) \qquad (A,\ \alpha：定数) \tag{10.23b}$$

で与えられる．ここで，$C_1$, $C_2$ あるいは $A$, $\alpha$ は初期条件から決まる定数である．

実体振り子の位置エネルギー $U$ は (10.6) で与えられる．ただし，そのときの座標系では重力の向きは $z$ 軸の負の向きであったが，ここでは $x$ 軸の正の向きなので，(10.6) の $z_G$ を $-x_G$ におき換えなければならない．こうして，

$$U = -Mgx_G = -Mgl\cos\varphi \tag{10.24}$$

となる．したがって，実体振り子の力学的エネルギー $E$ は (10.15) も考慮して，

$$\begin{aligned} E &= K_r + U \\ &= \frac{1}{2}I\omega^2 - Mgl\cos\varphi \end{aligned} \tag{10.25}$$

と表される．

## 10.5 剛体の慣性モーメント

与えられた剛体に1つの固定軸を定めた上で，その慣性モーメント $I$ を求めてみよう．質点の運動を議論する際にその質量 $m$ が必要だったのと同じように，剛体の回転運動を議論する場合には (10.14) より，慣性モーメント $I$ が必要となるからである．

### 10.5.1 回転半径と慣性モーメント

これまでと同様に剛体を $n$ 個の質点からなる質点系と見なすと，その慣性モーメント $I$ は (10.12) より

$$I = \sum_{i=1}^{n} m_i r_i^2 \tag{10.26}$$

となる．ここで，図 10.8 のように，$r_i$ は固定軸（$z$ 軸）から $i$ 番目の質点までの垂直距離（$r_i = \sqrt{x_i^2 + y_i^2}$）である．

ここで，固定軸からすべての質点までの平均的な距離として，

$$r_{\mathrm{g}} = \sqrt{\frac{\sum_{i=1}^{n} m_i r_i^2}{\sum_{i=1}^{n} m_i}} = \sqrt{\frac{I}{M}} \tag{10.27}$$

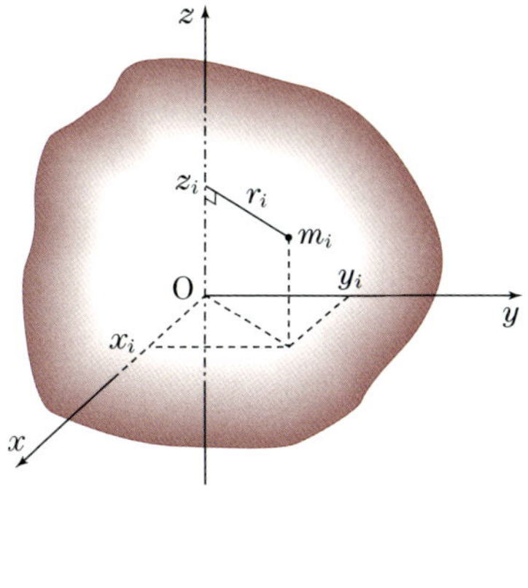


**図 10.8** 剛体の固定軸（$z$ 軸）と $i$ 番目の質点（質量 $m_i$，座標（$x_i, y_i, z_i$））

を定義しておこう．この $r_{\mathrm{g}}$ は**回転半径**とよばれる．もし剛体を構成するすべての質点が同じ質量をもち，固定軸が重心を通るものとすると，この $r_{\mathrm{g}}$ はすべての質点の固定軸からの垂直距離のばらつきの標準偏差を表す．したがって，$r_{\mathrm{g}}$ は剛体の大きさの目安を与える便利な量である．この回転半径がわかっていると，剛体の慣性モーメント $I$ は，(10.27) より

ここは ポイント！

$$I = Mr_{\mathrm{g}}^{2} \tag{10.28}$$

から求められる．

## 10.5.2 固定軸が重心を通る場合

固定軸を $z$ 軸とする座標系 O-$xyz$（図 10.8 を参照）に対して，剛体の重心 G を原点とし，各軸がもとの座標系に平行な座標系 G-$x'y'z'$ を考えてみよう．両座標系の関係は図 10.9 のようになる．

剛体を構成する $i$ 番目の質点の位置ベクトルを，図 10.9 のように，座標系 O-$xyz$ から見て $\boldsymbol{r}_i = (x_i, y_i, z_i)$，座標系 G-$x'y'z'$ から見て $\boldsymbol{r}_i' = (x_i', y_i', z_i')$ としよう．このとき，図から明らかなように，

$$\boldsymbol{r}_i = \boldsymbol{r}_{\mathrm{G}} + \boldsymbol{r}_i' \tag{10.29}$$

である．ここで，$\boldsymbol{r}_{\mathrm{G}}$ は座標系 O-$xyz$ から見た剛体の重心 G の位置ベクトルで，$\boldsymbol{r}_{\mathrm{G}} = (x_{\mathrm{G}}, y_{\mathrm{G}}, z_{\mathrm{G}})$ とする．したがって，(10.29) を成分ごとに表すと，

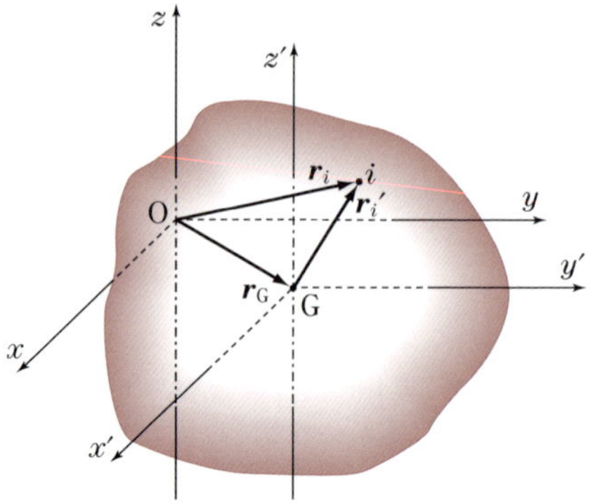


**図 10.9**　もとの座標系 O-$xyz$ と，重心 G を原点とする座標系 G-$x'y'z'$．

$$\left.\begin{array}{l} x_i = x_G + x_i' \\ y_i = y_G + y_i' \\ z_i = z_G + z_i' \end{array}\right\} \tag{10.30}$$

となる．特に，$z$ 軸と $z'$ 軸の間の垂直距離を $\lambda$ とすると，

$$\lambda = \sqrt{x_G{}^2 + y_G{}^2} \tag{10.31}$$

と表される．

剛体の重心 G を通る $z'$ 軸を固定軸としたときの剛体の慣性モーメントを $I_G$ とすると，慣性モーメントの定義 (10.26) より，

$$I_G = \sum_{i=1}^{n} m_i (x_i'^2 + y_i'^2) \tag{10.32}$$

と表される．(もちろん，この場合，$\sqrt{x_i'^2 + y_i'^2}$ が $z'$ 軸と $i$ 番目の質点の間の垂直距離だからである．) 同様にして，$z$ 軸を固定軸としたときの剛体の慣性モーメント $I$ は

$$I = \sum_{i=1}^{n} m_i (x_i^2 + y_i^2) \tag{10.33}$$

である．この式に (10.30) を代入して計算し，質点系の重心の性質 (5.14) を考慮して整理すると，$I$ と $I_G$ との間に簡潔な関係

$$I = I_G + M\lambda^2 \tag{10.34}$$

が成り立つ．

**問 題 3**　(10.34) を導け．

ここはポイント!

(10.34) から，剛体の重心を通る軸の周りの慣性モーメント $I_G$ がわかっていれば，それに平行な任意の軸の周りの慣性モーメント $I$ が求められる．すなわち，どのような剛体でも，その重心を通る軸の周りの慣性モーメント $I_G$ さえわかってしまえばよいという意味で，$I_G$ は特別な重要性をもっているのである．そこで，次節では単純な具体例についての $I_G$ を計算してみよう．

## 10.6 慣性モーメントの具体例

簡単のために，剛体は一様な物質でできているという，ごく普通の仮定をしておこう．すなわち，密度（単位体積当りの質量）が剛体の全体にわたって一定であると見なし，それを $\rho$ [kg/m$^3$] とする．(10.32) などに見られるように，これまでは剛体を質点系として見てきたために，慣性モーメントの計算には質点についての和が入ってきた．しかし，剛体の密度が一定の場合にはこの和が積分でおき換えられ，慣性モーメントをより簡単に求められるのである．

### 10.6.1 円板（または円柱）

密度 $\rho$ が一様な半径 $a$，厚さ $h$ の円板を考えよう．これは半径 $a$，高さ $h$ の円柱としても同じである．ここでは固定軸を円板や円柱の軸にとり，これを $z$ 軸とする．図 10.10 のように，原点をこの円板（円柱）の重心 G にとる．

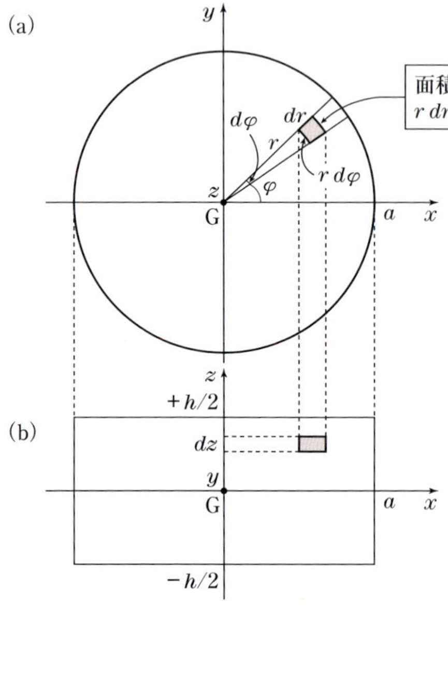


**図 10.10** 半径 $a$，厚さ（高さ）$h$ の円板（円柱）．重心 G を原点とする．
(a) $xy$ 平面上に投影した（上から見た）図
(b) $xz$ 平面上に投影した（真横から見た）図

もちろん，固定軸をこの図の $x$ 軸や重心を通る任意の直線にしてもよいが，その場合には円板や円柱の固定軸の周りの回転の様子が変わり，慣性モーメントも違った値になる．さらに，計算も面倒になる．

この円板を $z$ が一定の平面（$xy$ 平面に平行な平面）で切った断面は半径 $a$ の円なので，この断面では図 10.10 (a) のように，2 次元極座標 $(r, \varphi)$ を使う方が便利である．そこで，図 10.10 (a) に色付きで示してある，動径が $r \sim r + dr$，方位角が $\varphi \sim \varphi + d\varphi$ の微小領域を考えよう．この微小領域は $dr$ と $d\varphi$ が微小なので微小な長方形と見なされ，その面積は容易に求められて，図中に記してあるように，$r\,dr\,d\varphi$ である．

次に，この部分を真横から見ると，図 10.10 (b) のように，$z$ 軸方向に厚さ $dz$ をもっているとしよう．すなわち，この円板の中に動径で $r \sim r + dr$，方位角で $\varphi \sim \varphi + d\varphi$，$z$ 軸（固定軸）方向で $z \sim z + dz$ の微小領域を考えるわけである．$dz$ も微小なので，この微小領域は微小な直方体で，その体積 $dV$ は

$$dV = r\,dr\,d\varphi\,dz \qquad (10.35)$$

となる．また，この微小領域の質量を $dm$ とすると，それは密度 $\rho$ を使って

$$dm = \rho\,dV = \rho r\,dr\,d\varphi\,dz \qquad (10.36)$$

と表される．

ちなみに，上で議論した 2 次元の微小領域を**面積要素**，3 次元の微小領域を**体積要素**という．また，2 次元極座標 $(r, \varphi)$ と $z$ 軸を組み合わせた上のような座標系を**円柱座標系** $(r, \varphi, z)$ といい，これは円柱のような対称性をもつ系を扱う場合に便利な座標系である．

ここで，問題の円板（円柱）が，上で議論した微小なブロック（体積要素）でできていると考えてみよう．すなわち，これまでの質点系の代わりに微小ブロック系を考えるわけで，$i$ 番目の質点（質量 $m_i$）の代わりに微小ブロック（質量 $dm = \rho r\,dr\,d\varphi\,dz$）とするのである．そうすると，円板を構成する質点すべてについての総和をとることは，質量同士の対応からわかるように，円板の領域内で $r$, $\varphi$, $z$ について積分することに他ならない．このとき，

図 10.10 からわかるように，$r$ は $0 \sim a$，$\varphi$ は $0 \sim 2\pi$，$z$ は $-h/2 \sim h/2$ の範囲の値をとることになる．

例えば，円板の質量 $M$ の場合には，質点の代わりに微小ブロックをとり，和をとる代わりに積分すればよいので，

$$\begin{aligned} M &= \sum_{i=1}^{n} m_i = \int dm \\ &= \iiint \rho r\,dr\,d\varphi\,dz = \rho \int_0^a r\,dr \int_0^{2\pi} d\varphi \int_{-h/2}^{h/2} dz \\ &= \pi\rho h a^2 \end{aligned} \qquad (10.37)$$

と計算される．密度 $\rho$ にかかる $V = \pi h a^2$ は円板（円柱）の体積である．同じようにして，円板（円柱）の慣性モーメント $I_{\mathrm{G}}$ は

$$\begin{aligned} I_{\mathrm{G}} &= \sum_{i=1}^{n} m_i r_i^2 \qquad (r_i：\ i\text{番目の質点の } z \text{ 軸からの距離}) \\ &= \int dm\, r^2 \qquad (r：\ \text{微小ブロックの } z \text{ 軸からの距離}) \\ &= \iiint \rho r\,dr\,d\varphi\,dz\, r^2 = \rho \int_0^a r^3\,dr \int_0^{2\pi} d\varphi \int_{-h/2}^{h/2} dz \\ &= \frac{\pi}{2}\rho h a^4 \end{aligned} \qquad (10.38)$$

と求められる．

こうして，(10.37) を (10.38) に代入することによって，円板（円柱）の慣性モーメント $I_{\mathrm{G}}$ は

$$I_{\mathrm{G}} = \frac{1}{2} M a^2 \qquad (10.39)$$

であることがわかる．途中の積分の計算が少々込み入っていたかもしれないが，結果は単純である．ここでのポイントは，慣性モーメントの単位が定義通りに [kg·m$^2$] であることと，剛体全体としての特徴を表す質量（円板または円柱の質量）$M$ と大きさ（円板または円柱の半径）$a$ が入っていることである．慣性モーメント $I$ が剛体の質量 $M$ とその大きさの目安となる回転半径 $r_{\mathrm{g}}$ で表された一般的な表式 (10.28) を思い出そう．$r_{\mathrm{g}}$ は $a$ と同程度の量

ここはポイント!

なのである．このことは他の場合の計算のチェックにもなる．

### 10.6.2 球

次に，密度 $\rho$ が一様な半径 $a$ の球の慣性モーメント $I_G$ を求めてみよう．この場合の計算には3次元極座標系 $(r, \theta, \varphi)$ を使うのが便利である（付録Bを参照）．新しい変数 $\theta$ は付録Bの図B.1のように，$z$ 軸から目指す点までの角度である．このとき，$r$ は $0 \sim a$ の範囲の値をとり，図B.1からわかるように，$\theta$ は $0 \sim \pi$，$\varphi$ は $0 \sim 2\pi$ の範囲の値をとる．

ここで，図10.11のように，球の中に動径で $r \sim r + dr$，極角で $\theta \sim \theta + d\theta$，方位角で $\varphi \sim \varphi + d\varphi$ の微小領域，あるいは微小ブロックをつくる．これは前の円板の場合と同様の考え方であり，この微小ブロックも微小な直方体である．この微小直方体の各辺の長さは，図のように，動径方向に $dr$，極角（図の $\theta$ で表される角）方向に $r\,d\theta$，方位角（図の $\varphi$ で表される角）方向に $r \sin\theta\, d\varphi$ である．したがって，この微小ブロック（体積要素）の体積 $dV$ は

$$dV = r^2 \sin\theta\, dr\, d\theta\, d\varphi \tag{10.40}$$

で与えられる．これは3次元極座標での体積要素の体積であり，いろいろな局面で使うことになる重要な表式である．

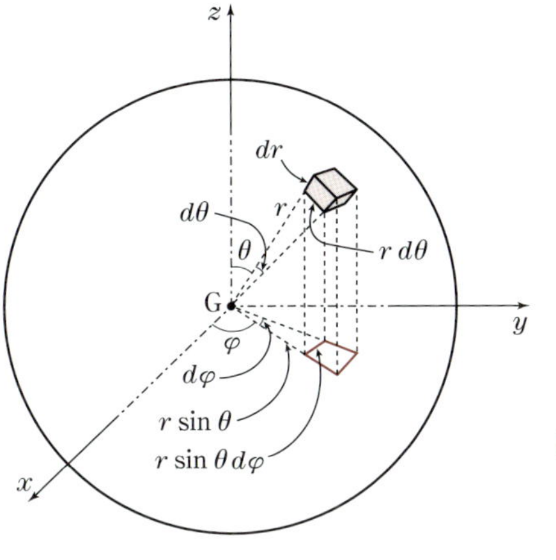


**図 10.11** 半径 $a$ の球とその中の微小ブロック．球の重心Gを原点とする．

また，この微小ブロックの質量を $dm$ とすると，それは

$$dm = \rho\, dV = \rho r^2 \sin\theta\, dr\, d\theta\, d\varphi \tag{10.41}$$

と表される．したがって，前の円板の場合と同様に，球の質量 $M$ は

$$\begin{aligned} M &= \sum_{i=1}^{n} m_i = \int dm \\ &= \iiint \rho r^2 \sin\theta\, dr\, d\theta\, d\varphi = \rho \int_0^a r^2\, dr \int_0^\pi \sin\theta\, d\theta \int_0^{2\pi} d\varphi \\ &= \frac{4}{3}\pi\rho a^3 \end{aligned} \tag{10.42}$$

となる．もちろん，密度 $\rho$ にかかる $V = (4/3)\,\pi a^3$ は半径 $a$ の球の体積である．

球の慣性モーメント $I_{\mathrm{G}}$ の計算をしよう．$i$ 番目の質点の $z$ 軸からの垂直距離 $r_i = \sqrt{x_i^2 + y_i^2}$ は極座標表示では，図 10.11 からわかるように，$r\sin\theta$ となる．したがって，$I_{\mathrm{G}}$ は

$$\begin{aligned} I_{\mathrm{G}} &= \sum_{i=1}^{n} m_i r_i^2 = \int dm\, r^2 \sin^2\theta \\ &= \iiint \rho r^2 \sin\theta\, dr\, d\theta\, d\varphi\, r^2 \sin^2\theta = \rho \int_0^a r^4\, dr \int_0^\pi \sin^3\theta\, d\theta \int_0^{2\pi} d\varphi \\ &= \frac{8\pi}{15}\rho a^5 \end{aligned} \tag{10.43}$$

と求められる．

**問 題 4** (10.43) の積分計算を実行せよ．

以上より，(10.42) を (10.43) に代入することによって，半径 $a$，質量 $M$ の球の慣性モーメント $I_{\mathrm{G}}$ は

$$I_{\mathrm{G}} = \frac{2}{5}Ma^2 \tag{10.44}$$

となる．円板（円柱）の場合と同様に，剛体全体としての特徴を表す質量（球の質量）$M$ と大きさ（球の半径）$a$ が入っていることに注意しよう．もちろん，球の場合には固定軸が重心（中心）を通る限り，その形の対称性から，

それがどの向きにあっても慣性モーメント $I_G$ は変わらない．

### 10.6.3 球 殻

密度 $\rho$ が一様な半径 $a$，厚さ $h$ の球殻を考える．この場合には，球についての動径方向の積分 $\int_0^a dr\cdots$ を $\int_{a-h}^a dr\cdots$ におき換えるだけで十分である．ここでは簡単のためにさらに $h \ll a$ とし，ごく薄い球殻について計算しよう．

球殻の質量 $M$ は，(10.42) を導く過程に戻って，

$$\begin{aligned} M &= \rho \int_{a-h}^{a} r^2\, dr \int_0^{\pi} \sin\theta\, d\theta \int_0^{2\pi} d\varphi \\ &= 4\pi\rho a^2 h \end{aligned} \tag{10.45}$$

となる．ここで，$h \ll a$ なので，動径 $r$ の積分の際に被積分関数の $r^2$ を $a^2$ (= 一定) とおいた．密度 $\rho$ にかかる $V = 4\pi a^2 h$ は，薄い球殻の表面積 $S = 4\pi a^2$ にその厚さ $h$ を掛けた，球殻の体積である．

同様の計算によって，球殻の慣性モーメント $I_G$ は

$$\begin{aligned} I_G &= \rho \int_{a-h}^{a} r^4\, dr \int_0^{\pi} \sin^3\theta\, d\theta \int_0^{2\pi} d\varphi \\ &= \frac{8\pi}{3}\rho a^4 h \end{aligned} \tag{10.46}$$

と求められる．この結果に (10.45) を代入すると，薄い球殻の慣性モーメント $I_G$ として

$$I_G = \frac{2}{3} M a^2 \tag{10.47}$$

が得られる．一見，球の場合の (10.44) に比べて球殻の慣性モーメントの方が大きいように思うかもしれないが，それは両者の質量 $M$ を同じとするからである．同じ物質でできていて，半径 $a$ も等しくすると，両者の質量 $M$ は大きく異なることに注意しよう．

**問 題 5** (10.45) ～ (10.47) で，$h \ll a$ としない一般の場合の積分計算を実行せよ．

### 10.6.4 棒

最後に，密度 $\rho$ が一様な半径 $a$，長さ $l$ の長い丸棒を考え，簡単のために $a \ll l$ としておく．また，棒の単位長さ当りの質量を $\sigma = \rho\pi a^2$ [kg/m] とする．丸棒はどんなに長くても単に細長い円柱に過ぎない．そのため，棒の中心軸が固定軸に一致する場合には，(10.37) と (10.38) で $h$ の代わりに $l$ とおけばよいので，その慣性モーメントは (10.39) で与えられる．そこでここでは，固定軸が棒の軸と直交する場合を考えてみよう．

図 10.12 のように，丸棒の軸を $x$ 軸に，固定軸を $z$ 軸とする．図のように，$x$ 軸に沿って $x \sim x + dx$ の領域に微小部分をとろう．これは微小な円柱（微小な長さの丸棒）であるが，$a \ll l$ としているので，これまでの例と同様に剛体を構成する微小ブロックと見なされる．この微小ブロックの体積は $dV = \pi a^2\, dx$ であり，その質量は $dm = \rho\, dV = \rho\pi a^2\, dx = \sigma\, dx$ である．したがって，棒の質量 $M$ は

$$M = \int_{-l/2}^{l/2} \sigma\, dx = \sigma l \tag{10.48}$$

となる．$\sigma$ が棒の単位長さ当りの質量なので，これは当然の結果とも言える．

棒の慣性モーメント $I_G$ は，上の微小ブロックの $z$ 軸からの距離が $x$ なので，

$$I_G = \int_{-l/2}^{l/2} \sigma\, dx\, x^2 = \frac{1}{12}\sigma l^3 \tag{10.49}$$

となる．こうして，(10.48) で求めた棒の質量 $M$ を使うと，慣性モーメント $I_G$ は

$$I_G = \frac{1}{12}Ml^2 \tag{10.50}$$

と表される．この場合にも，剛体全体としての特徴を表す質量（棒の質量）$M$ と大きさ（棒の長さ）$l$ が

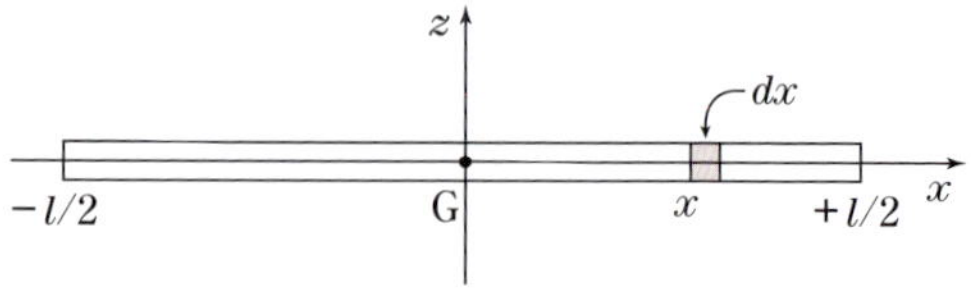


**図 10.12**　半径 $a$，長さ $l$ の長い丸棒

入っていることに注意しておく．

**問題 6** 一辺 $a$，長さ $l$，質量 $M$ の長い四角棒 $(a \ll l)$ の慣性モーメント $I_G$ を求めよ．

**問題 7** 長さ $l$，質量 $M$ の長い棒の端を固定軸としたときの慣性モーメント $I$ を求めよ．［ヒント：(10.34) を参照せよ．］

## 10.7 円柱の運動

球や円柱が平面上を転がる場合，それは回転運動であり，運動方程式 (10.14) が重要な役割を果たすことは容易に理解できるであろう．それには慣性モーメントが含まれており，それを前節でいくつかの代表的な例について計算したのである．そこで，前節の計算結果の応用例として，まず，円柱が水平面を転がる運動を考えてみよう．ただし，円柱の重心が動き始めるとき，その回転もごく素直に始まるものとし，静止しているビリヤード球の下部を突っついて逆回転させるようなことは，ここでは考えない．

図 10.13 のように，$xz$ 平面を水平面とし，その上を半径 $a$，質量 $M$ の円柱が $x$ 軸方向に転がるものとしよう．このとき，$y$ 軸が鉛直方向であり，円柱の重心 G の座標を $(x_G, a, 0)$ とおく．円柱にかかる力のうち，重力 $\boldsymbol{F}_g = (0, -Mg, 0)$ と垂直抗力 $\boldsymbol{F}_n = (0, F_N, 0)$ とはつり合っている．しかもこれらの力は，図 10.13 を見てわかるように，円柱の重心 G あるいはその中心軸

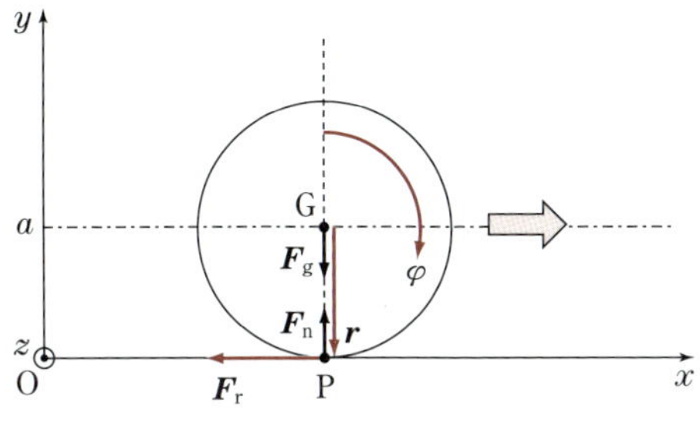


**図 10.13** $xz$ 平面（水平面）を $x$ 軸方向に転がる半径 $a$ の円柱

を通る鉛直線上にあるので，その周りの力のモーメントはゼロである．摩擦力 $\boldsymbol{F}_{\mathrm{r}}$ は，床と接する円柱の点 P が床に対して滑っているときに生じる．ここでは，それを $\boldsymbol{F}_{\mathrm{r}} = (-F_{\mathrm{r}}, 0, 0)$ とおく．

重心 G の並進運動の運動方程式は (10.3) で $x$ 方向だけをとればよく，この方向にはたらく力は摩擦力だけなので，

$$M\ddot{x}_{\mathrm{G}} = M\dot{v}_{\mathrm{G}} = -F_{\mathrm{r}} \tag{10.51}$$

である．ここで $v_{\mathrm{G}}$ は重心 G の速度である．摩擦力 $F_{\mathrm{r}}$ を一定と見なしてこの微分方程式を解くと，

$$v_{\mathrm{G}} = v_0 - \frac{F_{\mathrm{r}}}{M}t \tag{10.52a}$$

$$x_{\mathrm{G}} = x_0 + v_0 t - \frac{F_{\mathrm{r}}}{2M}t^2 \tag{10.52b}$$

が得られる．ここで，$x_0$，$v_0$ はそれぞれ，重心 G の初期位置，初速度である．(上式が解であることは，それらを (10.51) に代入して確かめよ．)

円柱は重心 G を通る中心軸 ($z$ 軸に平行) の周りを回転する．したがって，円柱の角運動量ベクトル $\boldsymbol{L}$ は $z$ 成分のみをもち，それを $L$ とすると，$\boldsymbol{L} = (0, 0, L)$ である．このとき，(10.13) より，

$$L = I_{\mathrm{G}}\dot{\varphi} = I_{\mathrm{G}}\omega \tag{10.53}$$

が成り立つ．ここで $\varphi$ は円柱の回転角であり，$\omega$ はその角速度である．中心軸の周りの力のモーメント $\boldsymbol{N}$ は，重力 $F_{\mathrm{g}}$ と垂直抗力 $F_{\mathrm{n}}$ が中心軸を通る鉛直線上にあるためにそれらからは生じず，摩擦力 $\boldsymbol{F}_{\mathrm{r}}$ だけが効く．$\overrightarrow{\mathrm{GP}} = \boldsymbol{r} = (0, -a, 0)$ とおくと，$\boldsymbol{N}$ は

$$\boldsymbol{N} = \boldsymbol{r} \times \boldsymbol{F}_{\mathrm{r}} = (0, 0, -F_{\mathrm{r}}a) = (0, 0, N) \tag{10.54}$$

となる．

円柱の角運動量 $L$ の運動方程式は，(10.53) と (10.54) を (10.14) に代入して，

$$\dot{L} = I_{\mathrm{G}}\ddot{\varphi} = I_{\mathrm{G}}\dot{\omega} = -aF_{\mathrm{r}} \tag{10.55}$$

が成り立つことがわかる．摩擦力 $F_\mathrm{r}$ を一定と見なしてこの微分方程式を解くと，

$$\omega = \dot{\varphi} = \omega_0 - \frac{aF_\mathrm{r}}{I_\mathrm{G}} t \tag{10.56a}$$

$$\varphi = \varphi_0 + \omega_0 t - \frac{aF_\mathrm{r}}{2M} t^2 \tag{10.56b}$$

が得られる．ここで，$\varphi_0$，$\omega_0$ はそれぞれ円柱の初期回転角，初期角速度である．微分方程式 (10.55) が (10.51) と同じような形をしているので，その解 (10.56a,b) が (10.52a,b) と類似していることは理解できるであろう．

ここで，これまでの結果を２つの場合に分けて議論する．

### （1） 円柱が滑ることなく，転がるだけの場合（$F_\mathrm{r} = 0$）

この場合には摩擦力がはたらかないので，(10.52a,b) と (10.56a,b) で $F_\mathrm{r} = 0$ とおくことによって，

並進運動は等速運動：$v_\mathrm{G} = v_0$（= 一定）

回転運動は等角速度運動：$\omega = \omega_0$（= 一定）

であることがわかる．すなわち，この場合には円柱は水平面をゴロゴロとまっすぐに転がり続ける．図 10.13 では，微小な時間 $dt$ の後には重心 G は $v_0\,dt$ だけ前方に進むが，はじめに接触していた円柱の表面点 P は角度にして $\omega_0\,dt$ だけ逆向きに回転し，$x$ 軸方向の距離にして $a\omega_0\,dt$ だけ G から後退する．したがって，$v_0\,dt = -a\omega_0\,dt$ でなければならず，

$$\omega_0 = -\frac{v_0}{a} \tag{10.57}$$

が成り立つ．

このとき，並進の運動エネルギー $K_\mathrm{t}$ は定義に従って

$$K_\mathrm{t} = \frac{1}{2} M {v_0}^2 \tag{10.58}$$

であり，回転の運動エネルギー $K_\mathrm{r}$ は (10.15) より

$$K_r = \frac{1}{2} I_G \omega_0{}^2 \tag{10.59}$$

である．円柱は重心を通る中心軸の周りで回転しているので，この場合の慣性モーメントは $I_G$ なのである．

こうして，円柱の運動エネルギー $K = K_t + K_r$ は

$$K = \frac{3}{4} M v_0{}^2 \tag{10.60}$$

となることがわかる．これは大きさのない質点の場合の 3/2 倍であるが，もちろん，大きさのある剛体の回転運動が加わったためであることは容易に理解できるであろう．

**問題 8** (10.60) を導け．［ヒント：円柱の慣性モーメント $I_G$ と (10.57) を考慮せよ．］

**問題 9** 円柱ではなく，球の場合に運動エネルギー $K$ を求めよ．

### (2) 床から一定の摩擦力 $F_r$ がある場合

この場合には摩擦力がはたらくので，(10.52a, b) と (10.56a, b) がそのまま成り立ち，

$$\text{並進運動は等加速度運動：加速度 } \alpha = \dot{v}_G = -\frac{F_r}{M} \ (= \text{一定})$$

$$\text{回転運動は等角加速度運動：角加速度 } \alpha_\omega = \dot{\omega} = -\frac{aF_r}{M} \ (= \text{一定})$$

であって，次第に減速して静止する．ただし，実際には減速して $v_G$ が小さくなると，あるところで滑りがなくなって回転だけになるなど，微妙な問題があることを注意しておく．

## 10.8 斜面を転がる球の運動

最後の例として，傾斜角 $\theta$ の斜面を転がり降りる半径 $a$，質量 $M$ の球の加速度を考えてみよう．ただし，斜面と球の間に滑りはなく転がるだけとして，転がりの摩擦は無視する．

図 10.14 のように，床からの高さが $h$ の点から静かに放された球が，高さ $y$ の点では斜面に沿って速度 $v$，転がりの角速度 $\omega$ をもつとしよう．すると，この球の力学的エネルギー保存則から

$$E = K_{\mathrm{t}} + K_{\mathrm{r}} + U = \frac{1}{2}Mv^2 + \frac{1}{2}I_{\mathrm{G}}\omega^2 + Mgy = Mgh \qquad (10.61)$$

が成り立つ．ここで $K_{\mathrm{t}}$ は球の並進運動の運動エネルギー，$K_{\mathrm{r}}$ は回転運動の運動エネルギー，$U$ は位置エネルギーである．なお，球は滑らずに一方向に転がるだけなので，(10.57) が成り立ち，いまの場合，$\omega = -v/a$ となる．これを上式に代入して，

$$\frac{1}{2}\left(M + \frac{I_{\mathrm{G}}}{a^2}\right)v^2 + Mgy = Mgh \qquad (10.62)$$

が得られる．

図 10.14 のように，球が高さ $y$ の点に至るまでの移動距離を $s$ とする．速度 $v$ は $s$ の単位時間当りの変化なので，$v = ds/dt$ である．また，そのときまでの高さの変化は $h - y$ であり，図より $h - y = s\sin\theta$ と表される．この

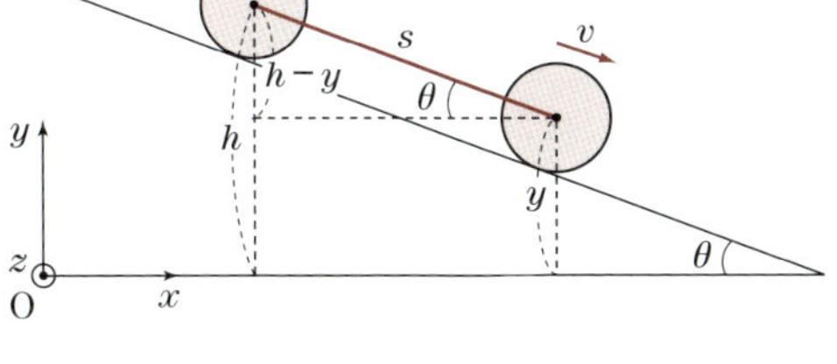


**図 10.14**　斜面を転がり降りる球

両辺を時間微分することによって，

$$v = \frac{ds}{dt} = -\frac{1}{\sin\theta}\frac{dy}{dt} \tag{10.63}$$

が得られる．(10.62) の両辺を時間微分して (10.63) を使うと，球の加速度 $dv/dt$ は

$$\frac{dv}{dt} = \frac{Mg\sin\theta}{M + \dfrac{I_{\mathrm{G}}}{a^2}} \tag{10.64}$$

と表されることがわかる．球の慣性モーメントは (10.44) より $I_{\mathrm{G}} = (2/5)\,Ma^2$ なので，これを上式に代入して整理すると，斜面を転がり降りる球の加速度として

$$\frac{dv}{dt} = \frac{5}{7}g\sin\theta \tag{10.65}$$

が得られる．

**問題 10** (10.64) を導け．

重力加速度の斜面に沿う成分は $g\sin\theta$ である．物体が滑らかな斜面を転がらずに降りる場合の加速度はまさにこの値となるのであって，これまでの斜面上での物体の運動の議論にはこの値を使ってきた．ところが，出発前の位置エネルギーが同じでも，回転する球の場合には，斜面に沿う並進の運動エネルギーだけでなく，回転運動にもエネルギーが使われる．そのために，並進の運動エネルギーの取り分が少なくなって，(10.65) のように並進の加速度が小さくなるのである．

**問題 11** 半径 $a$，質量 $M$ の円柱が中心軸を水平にして斜面を転がり降りるときの加速度を求めよ．

## 10.9 まとめとポイントチェック

剛体は質点系と見なされ，有限の大きさをもつ．ただし，剛体を構成する質点はその内部で相対運動をせず，剛体の形は一切変化しない．したがって，剛体の運動は重心運動と回転運動だけで表され，ずっと簡単になる．

重心の並進運動は剛体の運動量についての運動方程式で記述される．したがって，並進運動はこれまで通りの取り扱いができる．回転運動は角運動量についての運動方程式で議論できる．また，大きさのある剛体では力は剛体の複数の点ではたらくこともあるので，力がつり合っていても回転してしまうことがある．したがって，剛体の静止条件には力のつり合いだけでなく，力のモーメントのつり合いも必要となる．

角運動量についての運動方程式は運動量についての運動方程式と同じ形をしており，剛体の質量と慣性モーメントが対応する．特に，剛体の重心の周りの慣性モーメントは，その剛体固有の量となる．この慣性モーメントを円柱，球や棒などの典型的な形をした剛体について具体的に計算し，その結果を使って，円柱と球の転がり運動を議論した．

### ポイントチェック

- □ **剛体は相対的に動かない質点の集まりと見なされることがわかった．**
- □ **剛体の運動の自由度が 6 であることがわかった．**
- □ **剛体の運動量と角運動量についての運動方程式が理解できた．**
- □ **剛体にはたらく重力は，その重心にはたらくと見なされることがわかった．**
- □ **剛体にはたらく力がつり合っていても，偶力で回転し得ることが理解できた．**
- □ **固定軸をもつ剛体の運動方程式が理解できた．**

- □ 剛体の慣性モーメントの“慣性”の意味がわかった.
- □ 剛体の慣性モーメントの計算での和から積分への変換が理解できた.
- □ 円柱，球，棒の慣性モーメントの計算での積分が理解できた.
- □ 円柱，球の転がり運動が理解できた.

# 付　　録

## 付録 A　等式 $dU = \dfrac{\partial U}{\partial \boldsymbol{r}} \cdot d\boldsymbol{r}$ の証明

関数 $U = U(\boldsymbol{r}) = U(x, y, z)$ は 3 変数 $\boldsymbol{r} = (x, y, z)$ の関数なので，$U$ の変化は $\boldsymbol{r}$ が変わることで生じる．そこで $\boldsymbol{r}$ を微小量 $d\boldsymbol{r} = (dx, dy, dz)$ だけ変えて，$\boldsymbol{r} + d\boldsymbol{r} = (x + dx, y + dy, z + dz)$ とすると，$U$ もそれにともなって微小量 $dU$ だけ変化する．この微小変化 $dU$ は $U(\boldsymbol{r} + d\boldsymbol{r})$ と $U(\boldsymbol{r})$ の差であって，

$$dU = U(\boldsymbol{r} + d\boldsymbol{r}) - U(\boldsymbol{r}) = U(x + dx, y + dy, z + dz) - U(x, y, z) \tag{A.1}$$

となる．これが $\partial U/\partial \boldsymbol{r} \cdot d\boldsymbol{r}$ と表されることを以下に示す．ただし，理解を容易にするために，1 変数の場合，2 変数の場合を詳しく議論して，最後に 3 変数の場合の結果を導く．

### A.1　1 変数関数の微小変化

いま，独立変数を $x$ の 1 つだけとし，その値によって決まる関数を $f(x)$ としよう．図 A.1 のように，$x$ の連続的な変化に対して $f(x)$ は滑らかに変わるような，ごく普通の関数であるとする．ここで $x$ の値を微小量 $dx$ だけ増したときの $f$ の変化 $df$ は，図のように，

$$df = f(x + dx) - f(x) \tag{A.2}$$

で与えられる．ところで，微分の定義より $f(x)$ の微分は

$$f'(x) = \frac{df}{dx} = \frac{f(x + dx) - f(x)}{dx} \qquad (dx \to 0)$$

であり，これより

$$f(x + dx) - f(x) = \left(\frac{df}{dx}\right) dx \qquad (dx \to 0) \tag{A.3}$$

となる．ここで $(dx \to 0)$ は $dx$ がゼロの極限で上式が成り立つことを意味する．

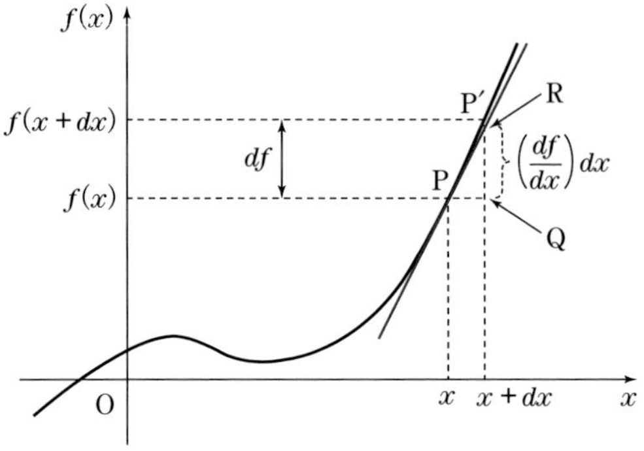


**図 A.1**　$x$ が $dx$ だけ変化したときの $f(x)$ の変化

(A.3) を (A.2) に代入すれば，$f$ の微小な変化量 $df$ は $f$ の微分を使って

$$df = \left(\frac{df}{dx}\right) dx \tag{A.4}$$

と表される．

以上のことについては，簡単に幾何学的な説明ができる．図 A.1 のように，曲線 $f(x)$ 上の $x$ 座標が $x$，$x + dx$ での点をそれぞれ P，P′ とする．P を通って横軸に平行な直線と，P′ を通って縦軸に平行な直線との交点を Q とすると，線分 $\overline{\mathrm{PQ}}$ は $dx$ に等しく，線分 $\overline{\mathrm{QP'}}$ は $df$ に等しい．点 P で曲線 $f(x)$ の接線を引き，それと線分 $\overline{\mathrm{QP'}}$ との交点を R とすると，接線の傾きは微分の定義から $df/dx$ なので，線分 $\overline{\mathrm{QR}}$ は $(df/dx)\,dx$ である．$dx$ がゼロの極限では，曲線 $\widetilde{\mathrm{PP'}}$ は直線と区別がつかず，したがって線分 $\overline{\mathrm{QP'}}$ と $\overline{\mathrm{QR}}$ との差も無視できる．それが (A.4) の意味である．

## A.2　2 変数関数の微小変化

次に，独立変数を $x$, $y$ の 2 つとし，それらの値によって決まる滑らかな関数を $f(x, y)$ としよう．この場合には図 A.1 と違って，$f(x, y)$ は図 A.2 のように 3 次元空間の中の滑らかな曲面として表される．

ここで $x$, $y$ の値を，それぞれ微小量 $dx$, $dy$ だけ増したときの $f$ の変化量 $df$ を考えてみよう．図 A.2 でいえば，2 点 P と P″ での $f$ の値の差を求めてみようというわけである．このとき，$df$ は

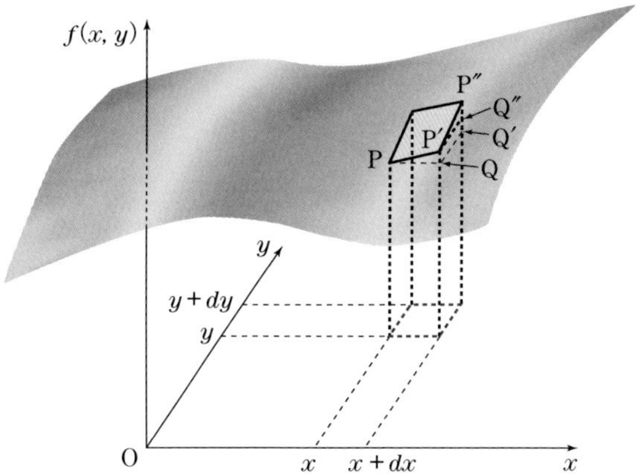


**図 A.2**　$x$ と $y$ がそれぞれ $dx$ と $dy$ だけ変化したときの $f(x, y)$ の変化 $df$

$$df = f(x + dx,\ y + dy) - f(x,\ y) \tag{A.5}$$

である．これを変形すると

$$df = \{f(x + dx,\ y) - f(x,\ y)\} + \{f(x + dx,\ y + dy) - f(x + dx,\ y)\} \tag{A.6}$$

と表される．ところが，上式右辺の第1の｛ ｝の中は $y$ が一定のままであり，1変数 $x$ の微小変化 $dx$ だけなので，(A.3) と同じく

$$f(x + dx,\ y) - f(x,\ y) = \left(\frac{\partial f}{\partial x}\right)_y dx \qquad (dx \to 0) \tag{A.7}$$

と表される．ここで，右辺の $(\partial f/\partial x)_y$ は，$y$ を固定して $f$ を $x$ だけについて微分することを示す記号である．幾何学的には，図 A.2 で点Pから P′ へ移動したときの $f$ の値の変化である線分 $\overline{\mathrm{QP'}}$ の長さを調べることに相当する．$y$ が固定されていて $x$ 方向だけに変化するので，線分 $\overline{\mathrm{QP'}}$ の長さは1変数のときと同様に (A.4) で与えられる．ただ，ここでは2変数関数の変化をみているのであり，$x$ 方向だけの変化であることをはっきりさせるために，(A.7) のように表したのである．

同様にして，(A.6) の右辺の第2の｛ ｝の中は $x + dx$ の値を変えないで $f(x,\ y)$ を $y$ で微分する場合に相当するので

$$f(x+dx,\ y+dy)-f(x+dx,\ y)=\left(\frac{\partial f}{\partial y}\right)_x dy \qquad (dy\to 0) \qquad (\mathrm{A.8})$$

と表される．ここでも，$(\partial f/\partial y)_x$ は関数 $f(x,\ y)$ を $x$ を固定して $y$ だけについて微分することを意味する．ただし，値を固定した $x+dx$ の $dx$ は微小なので無視している．(A.8) は図 A.2 で点 P′ から P″ へ移動したときの，$f(x,\ y)$ の値の変化である線分 $\overline{\mathrm{Q''P''}}$ の長さを表す．

(A.7)，(A.8) を (A.6) に代入すると，関数 $f(x,\ y)$ の微小変化 $df$ は

$$df=\left(\frac{\partial f}{\partial x}\right)_y dx+\left(\frac{\partial f}{\partial y}\right)_x dy \qquad (\mathrm{A.9})$$

と表される．これは滑らかな関数 $f(x,\ y)$ の独立変数 $x,\ y$ がそれぞれ $dx,\ dy$ だけの微小な変化をしたときに成り立つ一般的な関係式である．幾何学的にいえば，図 A.2 で点 P から P″ への移動による $f$ の値の変化 $df$（線分 $\overline{\mathrm{Q'P''}}$）が，点 P から P′ への移動による変化分（線分 $\overline{\mathrm{QP'}}=\overline{\mathrm{Q'Q''}}$）と点 P′ から P″ への移動による変化分（線分 $\overline{\mathrm{Q''P''}}$）の和であるという，ほとんど当り前のことを表しているに過ぎないことに注意しよう．

数学の世界では，(A.9) の左辺の $df$ を関数 $f(x,\ y)$ の**全微分**，$(\partial f/\partial x)_y$，$(\partial f/\partial y)_x$ をそれぞれ $x$ および $y$ による**偏微分**という．しかし，偏微分というのはある 1 つの独立変数だけで微分し，他の独立変数は定数と見なすという簡単な微分であるし，全微分はそれらで表された関数の変化量に過ぎない．堅苦しい用語はともかくとして，図 A.2 を見ればその意味は明らかであろう．

### A.3　3 変数関数の微小変化

2 変数関数の場合の (A.9) と 1 変数関数の場合の (A.4) との違いは，関数の変数が 2 個になったためにその変化の向きも 2 方向になり，それをあいまいさなく表すために偏微分という記法を使っただけである．ここまでくると，変数が 3 個以上のときの関数の微小変化がどうなるかは直ちに理解できるであろう．こうして，3 変数の関数 $U=U(\boldsymbol{r})=U(x,\ y,\ z)$ の微小変化 (A.1) は

$$dU=\left(\frac{\partial U}{\partial x}\right)_{y,z}dx+\left(\frac{\partial U}{\partial y}\right)_{z,x}dy+\left(\frac{\partial U}{\partial z}\right)_{x,y}dz \tag{A.10}$$

と表される．ここでも例えば，$(\partial U/\partial x)_{y,z}$ は $y$, $z$ を固定して $x$ だけについて微分することを意味する．しかし，この下付きの記法は煩わしいし，なくても誤解することはあまりない．そこでこの下付きを省略し，$(\partial U/\partial x)_{y,z}$，$(\partial U/\partial y)_{z,x}$，$(\partial U/\partial z)_{x,y}$ をそれぞれ $\partial U/\partial x$, $\partial U/\partial y$, $\partial U/\partial z$ と記して，(A.10) を

$$dU=\frac{\partial U}{\partial x}dx+\frac{\partial U}{\partial y}dy+\frac{\partial U}{\partial z}dz \tag{A.11}$$

のように簡略に表すことにしよう．

ところで，(4.9) より関数 $U$ の勾配ベクトルは $\mathrm{grad}\,U\equiv\nabla U\equiv\partial U/\partial\boldsymbol{r}=(\partial U/\partial x,\ \partial U/\partial y,\ \partial U/\partial z)$ であり，$\boldsymbol{r}$ の微小量は $d\boldsymbol{r}=(dx,\ dy,\ dz)$ なので，内積の定義 (1.20) を使って両者の内積をとると，

$$\frac{\partial U}{\partial\boldsymbol{r}}\cdot d\boldsymbol{r}=\frac{\partial U}{\partial x}dx+\frac{\partial U}{\partial y}dy+\frac{\partial U}{\partial z}dz$$

となり，これは (A.11) の右辺とぴったり一致する．こうして，求めたい関係式

$$dU=\frac{\partial U}{\partial\boldsymbol{r}}\cdot d\boldsymbol{r} \tag{A.12}$$

が示された．

以上で重要な点は，(A.12) は変数の微小変化にともなう関数の微小変化量として一般的に成り立つ関係だということである．関数が何であっても，また変数が何でいくつあっても一向に構わない．その意味で，(A.12) は力学だけでなく，いろいろなところで使えるとても有用な関係式だということができる．

## 付録B　3次元極座標 ($\boldsymbol{r}$, $\boldsymbol{\theta}$, $\boldsymbol{\varphi}$)

3次元空間中の点Pの位置は通常の3次元デカルト座標 ($x$, $y$, $z$) で決めることができるが，もう1つの単純な方法が図B.1のような3次元極座標 ($r$, $\theta$, $\varphi$) である．まず，点Pの原点Oからの距離を $r$ とすると，点Pは原点Oを中心とする半径 $r$ の球面上にある．球面上の点Pの位置は，図のように，$z$ 軸となす角 $\theta$ と，

この球の $z$ 軸と点 P を通る大円が $x$ 軸となす角 $\varphi$ によって一義的に決められる．$r$ を**動径**，$\theta$ を**極角**，$\varphi$ を**方位角**という．こうして，3 次元空間中の任意の点 P の位置は $(r,\ \theta,\ \varphi)$ の値を指定することによっても決められるのである．このとき，図 B.1 からわかるように，$r$ は $0\sim\infty$，$\theta$ は $0\sim\pi$，$\varphi$ は $0\sim 2\pi$ の範囲の値をとる．

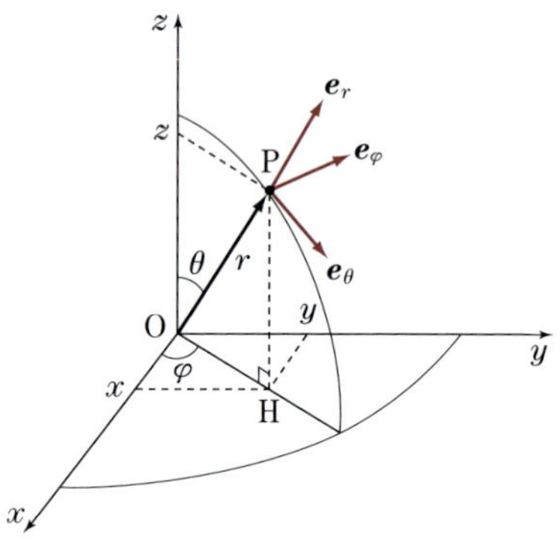

**図 B.1** 3 次元極座標 $(r,\ \theta,\ \varphi)$

$(x,\ y,\ z)$ と $(r,\ \theta,\ \varphi)$ の関係は，点 P から $xy$ 平面に下した垂線の足を H とすると容易に求められる．すなわち，$z=\overline{\mathrm{PH}}=r\cos\theta$ であり，$\overline{\mathrm{OH}}=r\sin\theta$，$x=\overline{\mathrm{OH}}\cos\varphi$，$y=\overline{\mathrm{OH}}\sin\varphi$ より，

$$\left.\begin{aligned} x &= r\sin\theta\cos\varphi \\ y &= r\sin\theta\sin\varphi \\ z &= r\cos\theta \end{aligned}\right\} \qquad \text{(B.1)}$$

と表される．また，図の $\boldsymbol{e}_r$ は動径 $r$ が変化する方向，すなわち，動径方向の単位ベクトルであり，$\boldsymbol{e}_\theta$ と $\boldsymbol{e}_\varphi$ もそれぞれ極角方向，方位角方向の単位ベクトルである．図から明らかなように，これら 3 つの単位ベクトルは直交している．

## 付録 C　座標変換の初歩

1 つの座標系から別の座標系に移ることを**座標変換**という．これまでも本文で個別の問題に応じて 2 次元 $(x,\ y)$ 座標系から 2 次元極座標系 $(r,\ \varphi)$ に移ったり（第 7～9 章），3 次元 $(x,\ y,\ z)$ 座標系から円柱座標系 $(r,\ \varphi,\ z)$ や 3 次元極座標系 $(r,\ \theta,\ \varphi)$ への座標変換（第 10 章）を行なってきた．それは，それぞれの問題を議論するのに便利だったからである．しかし，ここでは 1 つの $(x,\ y,\ z)$ 座標系からそれに対して運動する別の $(x',\ y',\ z')$ 座標系への座標変換を考える．そして，変換された座標系で運動法則がどのように変更されるかという，力学の本質的な問題を議論する．

プラットホームから電車に乗る場合は，プラットホームに固定した座標系から電車に固定した座標系への変換が考えられる．このとき，線路がまっすぐなら，電車に固定した座標系はプラットホームの座標系に対して平行移動しているだけで，回転はない．それでも電車が等速で動いているときとは違って，加速しているときには進行の向きとは逆向きに力を感じる．

それに対して，遊園地でメリーゴーランドに乗る場合には，それに固定した座標系は遊園地に固定した座標系に対して回転することになる．このときに遠心力が感じられることは，誰もが経験していることであろう．

本書では，特に断らない限り，常にニュートンの運動法則が成り立つ座標系，すなわち，慣性系で力学のいろいろな問題を議論してきた．そこで，ここでは基準の慣性系をS系（O-$xyz$），それに対して運動する座標系をS′系（O′-$x'y'z'$）として，S系からS′系に移ったときに運動法則がどのように変わるかを調べる．そのために，S系に対するS′系の運動の仕方を平行移動と回転の場合に分け，それぞれへの座標変換を考察しよう．

## C.1　平行移動する座標系への変換

基準の慣性系であるS系に対して平行移動するS′系を図C.1に示す．図のように，S系の原点Oから見たS′系の原点O′の位置ベクトルを$\boldsymbol{r}_0$，S系から見た点Pの位置ベクトルを$\boldsymbol{r}$，S′系から見た点Pの位置ベクトルを$\boldsymbol{r}'$とすると，この場合，ベクトルの和の法則から

$$\boldsymbol{r} = \boldsymbol{r}_0 + \boldsymbol{r}' \tag{C.1}$$

が成り立つ．これを成分で書き下すと，

$$\left.\begin{aligned} x &= x_0 + x' \\ y &= y_0 + y' \\ z &= z_0 + z' \end{aligned}\right\} \tag{C.2}$$

となる．

慣性系であるS系では，質量$m$の質点に対してニュートンの運動方程式

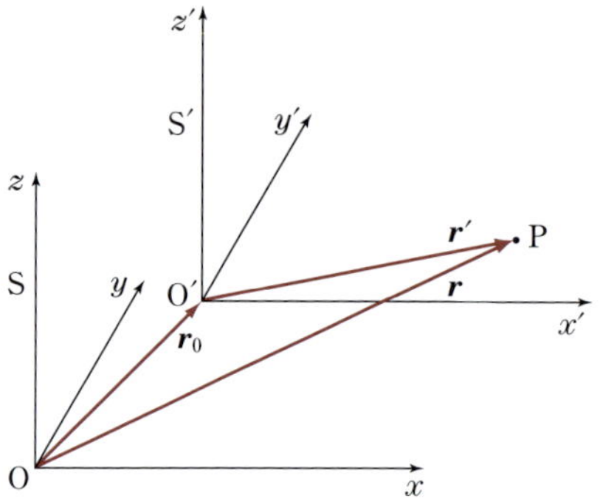


**図 C.1**　座標系 S に対して平行移動する座標系 S′

$$m\frac{d^2\boldsymbol{r}}{dt^2} = \boldsymbol{F} \tag{C.3}$$

が成り立つ．ここで(C.1)を 2 回時間微分して両辺に $m$ を掛け，(C.3)を代入すると，

$$m\frac{d^2\boldsymbol{r}'}{dt^2} = \boldsymbol{F} - m\frac{d^2\boldsymbol{r}_0}{dt^2} \tag{C.4}$$

が得られる．

この (C.4) について，2 つの場合に分けて考えてみよう．

**（1）　S′ 系が S 系に対して等速度 $\boldsymbol{v}_0$（= 一定）で平行移動する場合**

このとき，$d\boldsymbol{r}_0/dt = \boldsymbol{v}_0$，$d^2\boldsymbol{r}_0/dt^2 = \boldsymbol{0}$ なので，(C.4) は

$$m\frac{d^2\boldsymbol{r}'}{dt^2} = \boldsymbol{F} \tag{C.5}$$

となり，S′ 系では S 系の運動方程式 (C.3) と同じ運動方程式が成り立つことがわかる．これは，

**「1 つの慣性系 S に対して等速度で平行移動する座標系 S′ も慣性系である.」**

ことを意味し，**ガリレイの相対性原理**という．実際，ほぼ等速で走っている電車の中では，振動が気になることを除けば，止まっているときと様子があまり変わらないことは日常的にもよく経験することである．

時刻 $t = 0$ で S′ 系が S 系にちょうど重なっていたとすると，$d\boldsymbol{r}_0/dt = \boldsymbol{v}_0$ より

$\boldsymbol{r}_0 = \boldsymbol{v}_0 t$ となる．これを (C.1) に代入すると，

$$\boldsymbol{r} = \boldsymbol{r}' + \boldsymbol{v}_0 t \tag{C.6}$$

が得られる．これを**ガリレイ変換**という．

**（2） S′ 系が S 系に対して加速度をもって平行移動する場合**

このとき，(C.4) の右辺第 2 項はゼロではない．そこで，この項を

$$\boldsymbol{F}' = -m\frac{d^2\boldsymbol{r}_0}{dt^2} \tag{C.7}$$

とおくと，S′ 系での運動方程式は

$$m\frac{d^2\boldsymbol{r}'}{dt^2} = \boldsymbol{F} + \boldsymbol{F}' \tag{C.8}$$

となり，S 系の運動方程式 (C.3) と異なる．すなわち，慣性系 S に対して加速度運動する座標系 S′ では，S 系の運動方程式は成り立たない．

(C.7) で表される $\boldsymbol{F}'$ は S′ 系に移ったために現れた見かけの力で，**慣性力**とよばれる．それを考慮すれば，S′ 系でも (C.8) の形でニュートンの運動方程式が成り立つ．乗った電車や自動車がスタートすると，進行方向とは逆向きに力を受けるように感じるし，駅に近づいて減速しはじめると前のめりになることは日常的によく経験することである．それは電車や自動車の座標系に移った君が力 $\boldsymbol{F}'$ を受けるためで，(C.7) の右辺に負号がつく理由が納得できるであろう．

## C.2　回転する座標系への変換

簡単のために，2 次元 $(x, y)$ 座標系での回転だけを考える．この場合でも，回転

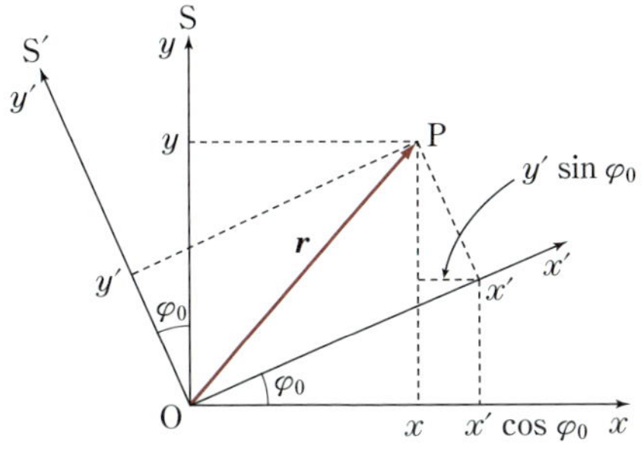


**図 C.2**　座標系 S に対して回転する座標系 S′

座標系への変換で生じる問題の本質を理解できるからである．3 次元 $(x, y, z)$ 座標系を考えるときには，図 C.2 で $z$ 軸が紙面の表向きにきているとすればよい．

**（1） 回転座標系への座標変換**

まず図 C.2 のように，原点 O を固定したままで，S 系を角度 $\varphi_0$ だけ回転して S′ 系に移る．これは 3 次元 $(x, y, z)$ 座標系では $z$ 軸の周りに $\varphi_0$ だけ回転することに相当する．このとき，S 系で見た点 P の座標 $(x, y)$ が S′ 系で見た同じ点 P の座標 $(x', y')$ とどのような関係にあるかを見てみよう．

図 C.2 に示してある各部の線分の長さの関係から，$x$ について幾何学的に $x = x' \cos\varphi_0 - y' \sin\varphi_0$ であることがわかる．$y$ についても同様にして，結局，

$$\left.\begin{aligned} x &= x' \cos\varphi_0 - y' \sin\varphi_0 \\ y &= x' \sin\varphi_0 + y' \cos\varphi_0 \end{aligned}\right\} \qquad (\mathrm{C.9})$$

が得られる．逆に，S′ 系で見た点 P の座標 $(x', y')$ が S 系で見た同じ点 P の座標 $(x, y)$ とどのような関係にあるかをみることもできる．これを行なうと，

$$\left.\begin{aligned} x' &= x \cos\varphi_0 + y \sin\varphi_0 \\ y' &= -x \sin\varphi_0 + y \cos\varphi_0 \end{aligned}\right\} \qquad (\mathrm{C.10})$$

が得られる．(C.9) と (C.10) は，一方の座標を他方の座標で表すときに常に必要となる．

**（2） 回転座標系での運動方程式**

S 系は慣性系なので，S 系では運動方程式 (C.3) が成り立っている．いまの場合について，それを成分に分けて表すと，

$$\left.\begin{aligned} m\frac{d^2x}{dt^2} &= F_x \\ m\frac{d^2y}{dt^2} &= F_y \end{aligned}\right\} \qquad (\mathrm{C.11})$$

となる．

S′ 系が S 系に対して一定の角速度 $\omega$ で回転しているとする．時刻 $t = 0$ で S′ 系が S 系にちょうど重なっていたとすると $\varphi_0 = \omega t$ となるので，(C.9) は

$$
\left.\begin{aligned}
x &= x' \cos \omega t - y' \sin \omega t \\
y &= x' \sin \omega t + y' \cos \omega t
\end{aligned}\right\} \tag{C.12}
$$

と表される．

ここで，(C.11) をS′系の量で表すために，(C.12) を2回時間微分する．$\omega$ が一定であることに注意して (C.12) を時間微分すると，

$$
\left.\begin{aligned}
\frac{dx}{dt} &= \left(\frac{dx'}{dt} - \omega y'\right)\cos \omega t - \left(\frac{dy'}{dt} + \omega x'\right)\sin \omega t \\
\frac{dy}{dt} &= \left(\frac{dx'}{dt} - \omega y'\right)\sin \omega t + \left(\frac{dy'}{dt} + \omega x'\right)\cos \omega t
\end{aligned}\right\} \tag{C.13}
$$

となる．これをもう一度時間微分すると，

$$
\left.\begin{aligned}
\frac{d^2x}{dt^2} &= \left(\frac{d^2x'}{dt^2} - 2\omega\,\frac{dy'}{dt} - \omega^2 x'\right)\cos \omega t - \left(\frac{d^2y'}{dt^2} + 2\omega\,\frac{dx'}{dt} - \omega^2 y'\right)\sin \omega t \\
\frac{d^2y}{dt^2} &= \left(\frac{d^2x'}{dt^2} - 2\omega\,\frac{dy'}{dt} - \omega^2 x'\right)\sin \omega t + \left(\frac{d^2y'}{dt^2} + 2\omega\,\frac{dx'}{dt} - \omega^2 y'\right)\cos \omega t
\end{aligned}\right\} \tag{C.14}
$$

が得られる．

ここで (C.11) の右辺の力に注目してみよう．力のベクトル $\boldsymbol{F}$ はS系では $(F_x,\ F_y)$ と表され，S′系では $(F_{x'},\ F_{y'})$ と表される．これは図C.2で，同じ点PをS系では $(x,\ y)$ と表し，S′系では $(x',\ y')$ と表したことと同じである．そして，点Pを位置ベクトル $\boldsymbol{r}$ とすれば，S系の成分 $(x,\ y)$ とS′系の成分 $(x',\ y')$ との間に (C.12) の関係がある．しかし，図C.2からわかるように，この関係は位置ベクトル $\boldsymbol{r}$ に限らず，どのようなベクトルにも成り立つ一般的な変換関係である．したがって，力のベクトル $\boldsymbol{F}$ についても，(C.12) で $(x,\ y)$ を $(F_x,\ F_y)$ に，$(x',\ y')$ を $(F_{x'},\ F_{y'})$ におき換えた関係

$$
\left.\begin{aligned}
F_x &= F_{x'} \cos \omega t - F_{y'} \sin \omega t \\
F_y &= F_{x'} \sin \omega t + F_{y'} \cos \omega t
\end{aligned}\right\} \tag{C.15}
$$

が成り立つ．

(C.14) と (C.15) を (C.11) に代入し，$\cos\omega t$ と $\sin\omega t$ の係数を比較することによって，

$$\left.\begin{aligned} m\left(\frac{d^2x'}{dt^2} - 2\omega\frac{dy'}{dt} - \omega^2 x'\right) &= F_{x'} \\ m\left(\frac{d^2y'}{dt^2} + 2\omega\frac{dx'}{dt} - \omega^2 y'\right) &= F_{y'} \end{aligned}\right\} \tag{C.16}$$

が得られる．これを書き直すと，

$$\left.\begin{aligned} m\frac{d^2x'}{dt^2} &= F_{x'} + 2m\omega\frac{dy'}{dt} + m\omega^2 x' \\ m\frac{d^2y'}{dt^2} &= F_{y'} - 2m\omega\frac{dx'}{dt} + m\omega^2 y' \end{aligned}\right\} \tag{C.17}$$

となる．

S′ 系の運動方程式 (C.17) は S 系の運動方程式 (C.11) とは明らかに形が異なっており，S′ 系は慣性系ではないことがわかる．ここで注目すべきことは，(C.17) の右辺に性質の異なる 2 項が現れたことである．

まず，質点が S′ 系で静止している場合を考えてみよう．すなわち，これは(C.17) の右辺で $dx'/dt = dy'/dt = 0$ の場合で，S 系から見ると円運動していることになる．そのためには (7.13) より向心力 $F_{x'} = -m\omega^2 x'$, $F_{y'} = -m\omega^2 y'$ が必要であり，これが (C.17) の右辺第 3 項とつり合って S′ 系で静止することになる．こうして，(C.17) の右辺第 3 項の見かけの力

$$\boldsymbol{f}^{(c)} = (f_{x'}{}^{(c)}, f_{y'}{}^{(c)}) = (m\omega^2 x', m\omega^2 y') \tag{C.18}$$

は遠心力であることがわかる．

もちろん S′ 系の原点では，(C.18) から遠心力 $\boldsymbol{f}^{(c)}$ ははたらかない．しかし，質点が速度 $\boldsymbol{v}' = (dx'/dt, dy'/dt)$ で S′ 系を運動する場合には，(C.17) の右辺第 2 項から見かけの力

$$\boldsymbol{F}^{(C)} = (F_{x'}{}^{(C)}, F_{y'}{}^{(C)}) = \left(2m\omega\frac{dy'}{dt}, -2m\omega\frac{dx'}{dt}\right) \tag{C.19}$$

が生じて，原点でもゼロではなく，遠心力とは全く別種の慣性力である．これは

**コリオリ (Coriolis) の力**とよばれている．

いま，S 系で $x$ 軸の正の向きに等速で進む質点があるとしよう．この場合には (C.19) より，$y$ 軸の負の向きに力がかかり，S′ 系では質点の軌道が $y$ 軸の負の向きに曲がって行くように見える．これは S′ 系が S 系に対して回転しているので，当然の結果である．この曲がりの原因を S′ 系ではたらく力と見なしたのが，コリオリの力 $\boldsymbol{F}^{(C)}$ なのである．

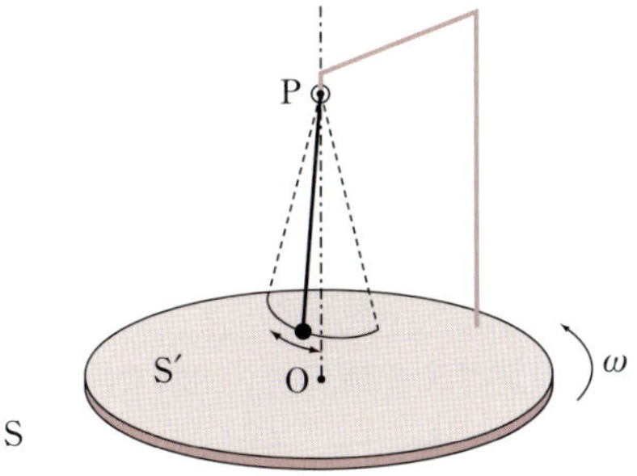


**図 C.3**　回転円盤の回転軸上に吊るされた振り子

図 C.3 に示したような，一定の角速度 $\omega$ で回転する水平な円盤があるとする．これに固定した座標系を S′ 系としよう．それを離れて見ているのが地上の慣性系 S である．図に模式的に示したように，円盤の中心軸上に支点 P をおき，そこから振り子を吊るす．振り子は支点 P で左右に振れるだけでなく，中心軸の周りに自由に回転できるようにしておく．このとき，S 系では単純に左右に振れる単振り子であっても，S′ 系に乗っかってみると，コリオリの力のせいで振り子の振れの面が円盤の回転の向きとは逆向きに角速度 $\omega$ で回転する．これがフーコー振り子の原理である．太陽系を慣性系 S とし，図 C.3 のような円盤を地球の北極に固定すれば，振り子の振れの面は 1 日にちょうど 1 回回転する．ただ，地球が球面であるために，フーコー振り子の回転周期は緯度によって違ってくる．

S′ 系で質点の位置ベクトルを $\boldsymbol{r}' = (x', y')$，速度ベクトルを $\boldsymbol{v}' = (dx'/dt, dy'/dt)$ とおく．質点にはたらく力は $\boldsymbol{F} = (F_{x'}, F_{y'})$ である．さらに，回転の角速度もベクトル $\boldsymbol{\omega}$ と見なし，回転面に垂直に向くものとする．このとき，S′ 系での運動方程式 (C.17) は簡潔に求めることができて，

$$m\frac{d^2\boldsymbol{r}'}{dt^2} = \boldsymbol{F} - 2m\boldsymbol{\omega}\times\boldsymbol{v}' - m\boldsymbol{\omega}\times(\boldsymbol{\omega}\times\boldsymbol{r}') \qquad \text{(C.20)}$$

と表される．この表記では，遠心力 $\boldsymbol{f}^{(c)}$ とコリオリ力 $\boldsymbol{F}^{(C)}$ はそれぞれ，

$$\boldsymbol{f}^{(\mathrm{c})} = (f_{x'}{}^{(\mathrm{c})}, f_{y'}{}^{(\mathrm{c})}) = -m\boldsymbol{\omega} \times (\boldsymbol{\omega} \times \boldsymbol{r}') \tag{C.21}$$

$$\boldsymbol{F}^{(\mathrm{C})} = (F_{x'}{}^{(\mathrm{C})}, F_{y'}{}^{(\mathrm{C})}) = -2m\boldsymbol{\omega} \times \boldsymbol{v}' \tag{C.22}$$

と表される．(C.20) の形にしておくと，S′ 系の回転軸がS系の $z$ 軸に限らず，どこを向いていても構わない．

最も一般的な運動座標系 S′ は，基準の慣性系Sに対して並進運動と回転運動が混じった形で運動する．そのために，S′ 系の運動方程式には (C.20) で見た遠心力とコリオリ力の他に，(C.8) で見た S′ 系のS系に対する並進運動からくる加速度による慣性力 $\boldsymbol{F}'$ と，回転運動からくる角加速度による慣性力 $\boldsymbol{F}''$ が現れる．$\boldsymbol{F}''$ については複雑になるのでここでは省略したが，それがなぜ現れるかは理解できるであろう．

## 付録 D　楕円，双曲線，放物線

### D.1　楕円と双曲線

図 D.1 のように，$xy$ 平面の $x$ 軸の上に 2 点 $\mathrm{F}(c, 0)$ と $\mathrm{F}'(-c, 0)$ を決める．$xy$ 平面上に任意に点 $\mathrm{P}(x, y)$ をとり，$\overline{\mathrm{FP}} = r$，$\overline{\mathrm{F'P}} = r'$ とする．このとき，

$$r' \pm r = 2a(= 一定) \tag{D.1}$$

を満たす点Pの軌跡を調べよう．

$r' = \sqrt{(x+c)^2 + y^2}$，$r = \sqrt{(x-c)^2 + y^2}$ だから，これらを (D.1) に代入して

$$\sqrt{(x+c)^2 + y^2} \pm \sqrt{(x-c)^2 + y^2} = 2a$$

この両辺を 2 乗して整理すると，

$$x^2 + y^2 + c^2 - 2a^2 = \mp\sqrt{(x^2+y^2+c^2)^2 - 4c^2x^2}$$

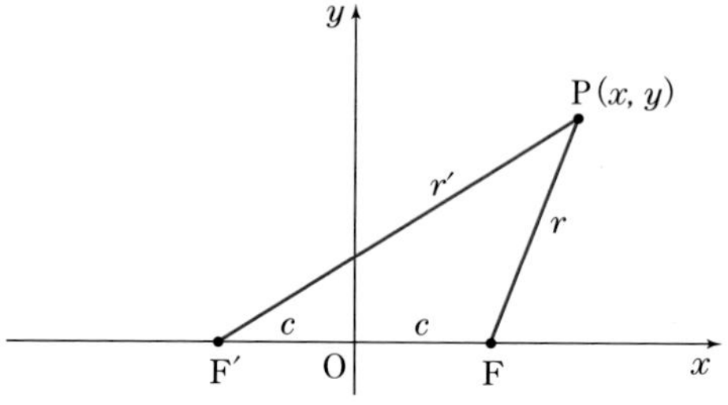


**図 D.1**　楕円と双曲線

この両辺をさらに2乗して整理すると，

$$(a^2 - c^2)x^2 + a^2y^2 = a^2(a^2 - c^2) \tag{D.2}$$

が得られる．

ここで，$a^2 - c^2$ を正負の2つの場合に分ける：

**（1）　$a^2 - c^2 = b^2\ (a > c)$ の場合**

このとき，(D.2) は $b^2x^2 + a^2y^2 = a^2b^2$ であり，整理すると

$$\frac{x^2}{a^2} + \frac{y^2}{b^2} = 1 \tag{D.3}$$

が得られる．これは $a$ を長半径，$b$ を短半径とする楕円に他ならない (図 D.2 を参照)．F，F′ はその焦点である．

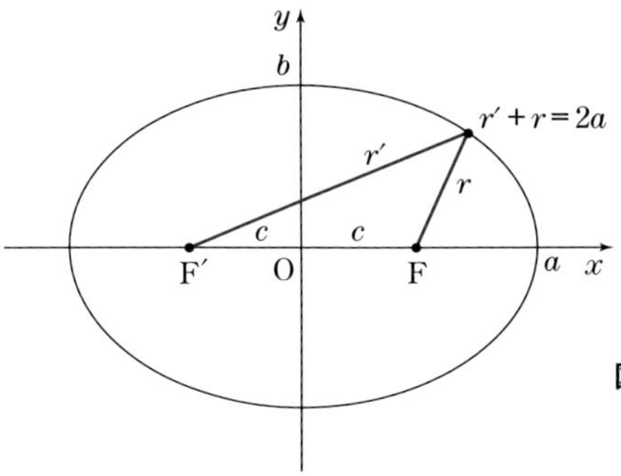


**図 D.2**　長半径 $a$，短半径 $b$ の楕円 $\dfrac{x^2}{a^2} + \dfrac{y^2}{b^2} = 1.$

**（2）　$a^2 - c^2 = -b^2\ (a < c)$ の場合**

このとき，(D.2) は $-b^2x^2 + a^2y^2 = -a^2b^2$ であり，整理すると

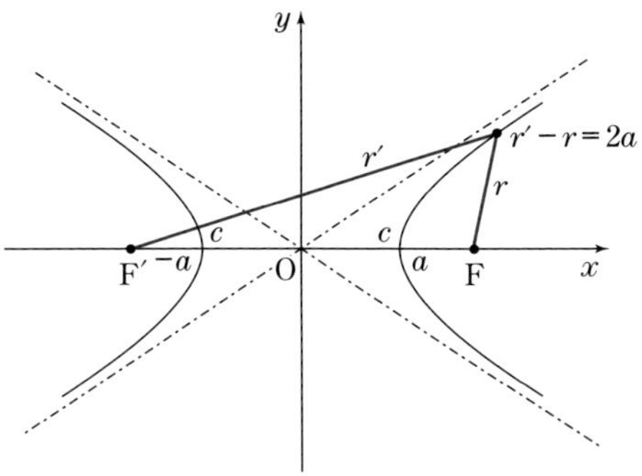


**図 D.3**　双曲線 $\dfrac{x^2}{a^2} - \dfrac{y^2}{b^2} = 1$. 左側の曲線は $r - r' = 2a$ を満たす．

$$\frac{x^2}{a^2} - \frac{y^2}{b^2} = 1 \tag{D.4}$$

が得られる．これは図 D.3 のように $y = \pm\ (b/a)x$ を漸近線とし，$x = \pm a$ で $x$ 軸と交わる双曲線であり，F，F′ はその焦点である．

### D.2 放物線

(D.3) の楕円が $x$ 軸の負の側に交わる点 $(-a,\ 0)$ に原点を移すと，この新しい座標系での楕円の方程式は，(D.3) より

$$\frac{(x-a)^2}{a^2} + \frac{y^2}{b^2} = 1$$

となる (図 D.4 を参照)．これを展開して整理すると，

$$\frac{x^2}{2a} - x + \frac{a}{2b^2}y^2 = 0 \tag{D.5}$$

ここで，$a \to \infty$ とすると，これは図 D.4 で古い座標系の原点 O を新しい座標系の原点 O′ に対してはるか右方向に移動することに相当する．このとき，(D.5) の $y^2$ の係数を

$$\frac{a}{2b^2} = k(= 一定) \tag{D.6}$$

に保ちながら $a \to \infty$ とすると，(D.5) の左辺の第 1 項目は省略できて，

$$x = ky^2 \tag{D.7}$$

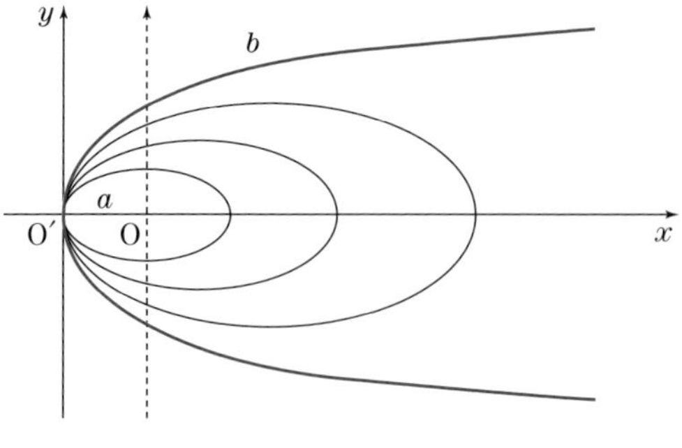


**図 D.4** ものすごく細長い楕円 $\left(a \to \infty,\ \dfrac{a}{2b^2} = k\ (= 一定)\right)$ の先端部は放物線．

が得られる．これは放物線である．

(D.6) から $b \approx \sqrt{a} \ll a$ なので，もとの楕円 (D.5) はものすごく細長い楕円ということになる．したがって，ここでの結論は，ものすごく細長い楕円の先端部は非常に良い近似で放物線と見なされるということである．ハレー彗星の軌道は非常に細長いので，太陽に接近したときの軌道は放物線と見なされる．

## D.3　楕円，双曲線，放物線の極座標表示

楕円，双曲線，放物線の2次元極座標 $(r, \varphi)$ を考えてみよう．ただし，力の中心が楕円の焦点Fにある太陽系を念頭において，図D.5に示したように，動径 $r$，方位角 $\varphi$ は点Fから測ることにする．

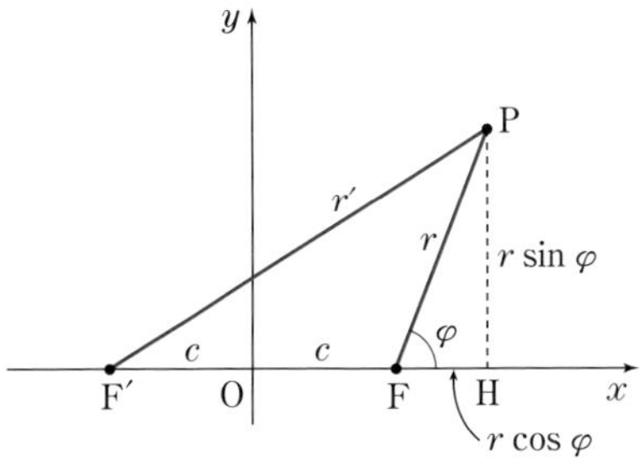


**図 D.5**　楕円，双曲線，放物線の極座標表示

図D.5の直角三角形△PF′Hで，ピタゴラスの定理により

$$r'^2 = (2c + r\cos\varphi)^2 + r^2\sin^2\varphi = r^2 + 4c^2 + 4cr\cos\varphi$$

上式の左辺に (D.1) から得られる $r' = \mp r + 2a$ を代入して，$r$ について解くと，

$$r = \frac{\dfrac{a^2 - c^2}{a}}{\pm 1 + \dfrac{c}{a}\cos\varphi} \tag{D.8}$$

が得られる．これが楕円，双曲線の極座標表示である．楕円と双曲線を区別するには，$a$ と $c$ の大小関係に注意して議論すればよい．

(D.8) には楕円や双曲線を特徴づける2つのパラメータ $a$ と $c$ が含まれる．そこで，別の2つのパラメータ $\varepsilon$ と $\lambda$ を使って，(D.8) を標準形

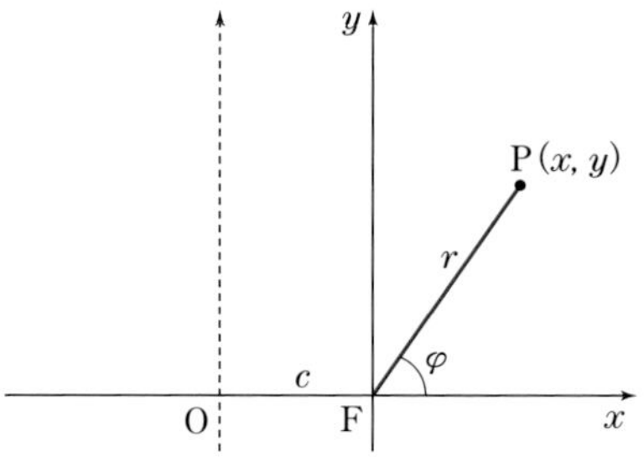


**図 D.6**　楕円，双曲線，放物線の極座標表示

$$r = \frac{\lambda}{1 + \varepsilon \cos \varphi} \tag{D.9}$$

にしておこう．その上で，(D.9) がどのような曲線を表すかを考えてみることにする．

計算を容易にするために，図 D.6 に示したように，座標の原点を点 F にとっておく．この座標系では $r = \sqrt{x^2 + y^2}$，$\cos \varphi = x/r$ なので，これらを (D.9) に代入して整理すると，

$$(1 - \varepsilon^2)x^2 + 2\varepsilon\lambda x + y^2 = \lambda^2 \tag{D.10}$$

が得られる．これは確かに楕円などの 2 次曲線を表す式である．そこで，$\varepsilon^2$ と 1 の大小関係で分類してみよう．

**（1）　$\varepsilon^2 \neq 1$ の場合**

(D.10) を標準的な 2 次関数の形にすると

$$(1 - \varepsilon^2)\left(x + \frac{\varepsilon\lambda}{1 - \varepsilon^2}\right)^2 + y^2 = \frac{\lambda^2}{1 - \varepsilon^2} \tag{D.11}$$

が得られる．

ここで，図 D.6 に縦の破線で示したように，$y$ 軸を左に

$$c = \frac{\varepsilon\lambda}{1 - \varepsilon^2} \tag{D.12}$$

だけ移して，原点を図のように O とする．このとき，平面上のすべての点で $y$ の値は変わらず，新しい座標系の $x_{\text{new}}$ ともとの座標系の $x$ との間には

$$x_{\text{new}} = x + \frac{\varepsilon\lambda}{1 - \varepsilon^2} \tag{D.13}$$

の関係がある．これを (D.11) に代入すると，

$$(1-\varepsilon^2){x_{\rm new}}^2+y^2=\frac{\lambda^2}{1-\varepsilon^2}$$

となる．ここで改めて $x_{\rm new}$ を $x$ とおくと，上式は

$$(1-\varepsilon^2)x^2+y^2=\frac{\lambda^2}{1-\varepsilon^2} \tag{D.14}$$

と表される．これは単に，原点をFとした座標系で求めた (D.11) を，原点をOに移した座標系で表しただけのことである．

ここで，

$$a^2=\frac{\lambda^2}{(1-\varepsilon^2)^2} \tag{D.15}$$

を定義しておくと，(D.14) から

$$\frac{x^2}{a^2}+\frac{y^2}{a^2(1-\varepsilon^2)}=1 \tag{D.16}$$

が得られる．上式で $\varepsilon^2$ と1の大小関係で2つの場合に分類してみよう．

（i） $0\leq\varepsilon^2<1$ の場合

このときには

$$1-\varepsilon^2=\frac{b^2}{a^2}\qquad (a>b) \tag{D.17}$$

とおくことができる．これを (D.16) に代入すれば，

$$\frac{x^2}{a^2}+\frac{y^2}{b^2}=1 \tag{D.18}$$

が得られる．これは (D.3) に一致し，$a$ を長半径，$b$ を短半径とする楕円である．

(D.12) と (D.15) から $\lambda$ を消去すると，$\varepsilon^2=c^2/a^2$ となる．そこで

$$\varepsilon=\frac{c}{a} \tag{D.19}$$

を定義しておく．これは楕円の離心率とよばれる．また，$\varepsilon^2=c^2/a^2$ を (D.17) に代入すれば，

$$a^2 - c^2 = b^2 \tag{D.20}$$

の関係も容易に得られる．さらに，(D.9) で $\varphi = \pi/2$ とすればわかるように，$\lambda$ は楕円の焦点 F での高さ ($y$ 軸方向の半弦) である．

(ii)　$\varepsilon^2 > 1$ の場合

このときは

$$1 - \varepsilon^2 = -\frac{b^2}{a^2} \tag{D.21}$$

とおくことができる．これを (D.16) に代入すると，

$$\frac{x^2}{a^2} - \frac{y^2}{b^2} = 1 \tag{D.22}$$

が得られる．これは (D.4) と一致し，双曲線である．

**（2）　$\varepsilon^2 = 1$ の場合**

(D.10) は

$$2\varepsilon\lambda x + y^2 = \lambda^2 \tag{D.23}$$

となる．これは明らかに放物線である．なお，$\varepsilon^2 = 1$ とは (D.17) で $b = 0$ ということであり，楕円の立場でいえば，極端に細長い楕円の極限ともいえる．これは確かに D.2 節で議論したことに対応する．

以上によって，2 次元極座標 $(r, \varphi)$ で表した標準形 (D.9) が楕円，双曲線，放物線を表す簡潔で便利な表式であることが明らかとなった．

# あ と が き

本書は，理工系学部の学生が入学して最初に学ぶ力学の教科書として書いたものである．はしがきにも記したように，高校時代に物理を学んだ経験のある学生にとっては，力学はすでに学んでいるはずであるが，数学で微分・積分を学習しているのに物理でそれを使ってはならないという不合理な慣わしが現在でも行き渡っているために，これらの運動に見られる規則性を公式として別々に記憶しなければならないことになっている．そうしないと，それぞれの具体的な問題が解けないからである．筆者自身，高校時代に物理が対象としている現象が限りなく興味深いのに，その学習が一向に面白くないという矛盾に泣かされたことをよく覚えている．上に記した力学現象の法則がすべて，ニュートンの運動の法則から微分・積分を通じて統一的に導かれることを知ったのは，大学に入って力学を勉強し始めてかなり経ってからであった．それどころか，その微分・積分自体が力学現象を理解するためにニュートンによって導入された数学的手法であることを知ったのも，さらにその後のことであった．

そんな理解の遅い状態で学部の1，2年を苦しんで過ごした個人的経験もあって，筆者自身が大学の初年級の物理学の授業を担当するようになってからは，最も基本的な法則は何か，それ以外のことはそれからどのように導かれるかを，記憶するのではなくて考えることが大切だということ，および道具としての微分・積分の重要性を強調してきた．その上に，長年の私大・理工学部での教育経験も積んだおかげで，初学者はどこがわからないのか，どこでつまずくことが多いのかも理解してきたと思っている．それを踏まえて，本書では力学をなぜ学ぶのかからはじめて，どのように考えるべきなのかを，初学者にとっつきやすいように，わかりやすく解説することを心がけた．理工系学部の学生を対象に書いたので，少々の数学は避けられない．しかし，それは力学を学ぶための道具として必要なのであって，数学にとらわれすぎたりおぼれることのないように，随所で戒めたつもりである．

力学をどのように考えたらよいかをわかりやすく書くことに重点をおいたために，その応用例を十分に取り上げることはできなかった．また，本書は，大学での講義を半期と通年に分けたときの半期用の講義の教科書として書かれている．そのために，変形する物体，特に流体の力学的な振る舞いや，特殊相対性理論の初歩を省略した．その一方で，第10章に「剛体の運動」を入れたが，半期の授業ではここまでいかないかもしれない．実際，筆者の経験では第9章止まりであった．しかし，第5, 6章の質点系の運動量と角運動量とのつながりを強調したかったので，教科書としてはこれを入れることにした．

付録の分量が多すぎるという批判もあるかもしれない．各章に入れると煩雑になって，本文の流れが淀みがちになるのを次々と付録に回したためである．これらについては，自習のネタにでもしていただければ幸いである．

まえがきにも記したように，現代ではカオスに代表される非線形科学の理解が，物理学を超えて自然科学・社会科学すべてに渡って重要性を増している．その最も基礎的な出発点に力学があることを知っておいてほしいと思う．また，言わずもがなのことかもしれないが，理工系学部でこれから学ぶいろいろな分野だけでなく，実社会に出た後の技術の世界でも，日常の家庭生活においてさえ，物体にはたらく力とそれによる運動が絡むいろいろな現象に出会い，それと格闘することになるはずである．本書で取り上げた力学はそれらの理解のための基礎であり，出発点でもある．

本書は力学の基礎を理解するための教科書であり，筆者は読者が本書の読了後も力学をさらに深く学ぶことを期待している．その一助として，以下に筆者の目にとまったいくつかの参考書を列挙しておく．

＊戸田盛和：「力学」(物理入門コース，岩波書店)

力学の基礎をコンパクトにまとめてある，すばらしい入門書である.

＊川村 清：「力学」(裳華房テキストシリーズ－物理学)

力学の基礎がコンパクトにまとめてある.

＊高木隆司：「力学(Ⅰ)，(Ⅱ)」(裳華房フィジックスライブラリー)

上の2著より網羅的な書.

＊R.P. ファインマン，R.B. レイトン，M.L. サンズ：「ファインマン物理学Ⅰ 力学」(坪井忠二 訳，岩波書店)

力学だけに留まらず，物理学そのものの面白さを躍動的に著した名著.

＊山内恭彦・末岡清市 編：「大学演習 力学」(裳華房)

力学で出会う公式と問題を集大成したハンドブックのような書.

# 問 題 解 答

すべての問題は，その前にある例題か，直前の本文の内容に関係したものばかりである．したがって，もしわからなかったり間違えたりした場合には，関連した例題や本文の説明に戻って，じっくりと考え直してみるとよい．

## 第1章

［問題 1］　平均の速さは

$$v = \frac{100}{5}\left[\frac{\mathrm{m}}{\mathrm{s}}\right] = 20\ [\mathrm{m/s}] = 20 \times 3600\ [\mathrm{m/h}] = 72\ [\mathrm{km/h}]$$

［問題 2］　それぞれの時刻間での位置変化 $\Delta x$ は $\Delta x = 2, 6, 10, 14, 18, \cdots$ [m]．それぞれの時間間隔 $\Delta t$ はすべて $\Delta t = 1$ [s]．したがって，それぞれの時刻間での平均速度 $v$ は $v = \Delta x/\Delta t = 2, 6, 10, 14, 18, \cdots$ [m/s]．それぞれの時刻間での速度変化 $\Delta v$ は $\Delta v = 4, 4, 4, 4, \cdots$ [m/s]．よって，平均加速度 $a$ は $a = \Delta v/\Delta t = 4$ [m/s$^2$]．

［問題 3］　$x = A\sin(\omega t + \alpha)$ について，

$$v = \dot{x} = A\omega\cos(\omega t + \alpha), \qquad a = \dot{v} = -A\omega^2\sin(\omega t + \alpha) = -\omega^2 x$$

$y = B\cos(\omega t + \beta)$ について，

$$v = \dot{y} = -B\omega\sin(\omega t + \beta), \qquad a = \dot{v} = -B\omega^2\cos(\omega t + \beta) = -\omega^2 y$$

$z = Ce^{-\gamma t}$ について，

$$v = \dot{z} = -\gamma Ce^{-\gamma t} = -\gamma z, \qquad a = \dot{v} = \gamma^2 Ce^{-\gamma t} = \gamma^2 z$$

［問題 4］　座標軸の取り方は自由であって，計算に便利なようにとればよい．いまの場合にはヒントに記したように，$\boldsymbol{A}$ を $x$ 軸上に，$\boldsymbol{B}$ を $xy$ 平面上にあるとすればよい．このとき，$\boldsymbol{A} = (A, 0, 0)$，$\boldsymbol{B} = (B_x, B_y, B_z) = (B\cos\theta, B\sin\theta, 0)$ なので，内積の定義 (1.20) より，$\boldsymbol{A}\cdot\boldsymbol{B} = AB\cos\theta$ となる．

［問題 5］　和 $\boldsymbol{C} = \boldsymbol{A} + \boldsymbol{B} = (-5+3, 4-2, -2-1) = (-2, 2, -3)$．内積 $\boldsymbol{A}\cdot\boldsymbol{B} = A_xB_x + A_yB_y + A_zB_z = (-5)\cdot 3 + 4\cdot(-2) + (-2)\cdot(-1) = -15 - 8 + 2 = -21$．

☞　間違えたり，わからなかったら，もう一度本文に戻って考え，解いてみよ（次の問題も同様）．

［問題 6］　$|\boldsymbol{i}|^2 = \boldsymbol{i}\cdot\boldsymbol{i} = 1\cdot 1 + 0\cdot 0 + 0\cdot 0 = 1$，$|\boldsymbol{j}|^2 = \boldsymbol{j}\cdot\boldsymbol{j} = 0\cdot 0 + 1\cdot 1 + 0\cdot 0 = 1$，$|\boldsymbol{k}|^2 = \boldsymbol{k}\cdot\boldsymbol{k} = 0\cdot 0 + 0\cdot 0 + 1\cdot 1 = 1$，$\boldsymbol{j}\cdot\boldsymbol{k} = 0\cdot 0 + 1\cdot 0 + 0\cdot 1 = 0$，$\boldsymbol{k}\cdot\boldsymbol{i} = 0\cdot 1 + 0\cdot 0 + 1\cdot 0 = 0$，　$\boldsymbol{i}\cdot\boldsymbol{j} = 1\cdot 0 + 0\cdot 1 + 0\cdot 0 = 0$．

[問題 7]　(1)　$r^2 = x^2 + y^2 = A^2\{\cos^2(\omega t + \alpha) + \sin^2(\omega t + \alpha)\} = A^2$,　∴　$r = A$.
(2)　$v_x = \dot{x} = -A\omega\sin(\omega t + \alpha)$.　$v_y = \dot{y} = A\omega\cos(\omega t + \alpha)$.　$v^2 = {v_x}^2 + {v_y}^2 = A^2\omega^2\{\sin^2(\omega t + \alpha) + \cos^2(\omega t + \alpha)\} = A^2\omega^2$,　∴　$v = A\omega$.
(3)　$a_x = \dot{v}_x = -A\omega^2\cos(\omega t + \alpha) = -\omega^2 x$.　$a_y = \dot{v}_y = -A\omega^2\sin(\omega t + \alpha) = -\omega^2 y$.　$a^2 = {a_x}^2 + {a_y}^2 = A^2\omega^4\{\cos^2(\omega t + \alpha) + \sin^2(\omega t + \alpha)\} = A^2\omega^4$, ∴ $a = A\omega^2$.
また，$\boldsymbol{a} = (a_x, a_y) = -\omega^2(x, y) = -\omega^2\boldsymbol{r}$ より，加速度 $\boldsymbol{a}$ は原点 O の向きにある．
(4)　内積の定義 (1.20) より，$\boldsymbol{v}\cdot\boldsymbol{a} = v_x a_x + v_y a_y = A^2\omega^3\sin(\omega t + \alpha)\cos(\omega t + \alpha) - A^2\omega^3\cos(\omega t + \alpha)\sin(\omega t + \alpha) = 0$.　すなわち，速度 $\boldsymbol{v}$ と加速度 $\boldsymbol{a}$ は直交する．
☞　2 次元 $xy$ 平面上での問題なので，ベクトルは 2 成分からなり，内積の演算も 2 成分だけで行なわれることに注意すること．

## 第 2 章

[問題 1]　50 [kg 重] = 50 × 9.81 [N] ≅ 4.9 × 10² [N].
[問題 2]　地表にある質量 $m$ の物体と地球全体との万有引力は

$$F = G\frac{M_\mathrm{E} m}{{R_\mathrm{E}}^2} = m\frac{GM_\mathrm{E}}{{R_\mathrm{E}}^2} = mg$$

$$\therefore\quad M_\mathrm{E} = \frac{g{R_\mathrm{E}}^2}{G} = \frac{9.81 \times (6.37 \times 10^6)^2}{6.67 \times 10^{-11}} \cong 5.97 \times 10^{24}\left[\frac{(\mathrm{m/s^2})\,\mathrm{m}^2}{(\mathrm{N}\cdot\mathrm{m^2/kg^2})} = \mathrm{kg}\right]$$

これは理科年表 (国立天文台 編) に記されている値に非常に近い．
☞　間違えたり，わからなかったら，もう一度直前の例題 1 に戻って考えよ．
[問題 3]　月面の質量 $m$ の物体と月全体との万有引力は

$$F = G\frac{M_\mathrm{m} m}{{R_\mathrm{m}}^2} = m\frac{GM_\mathrm{m}}{{R_\mathrm{m}}^2} = mg_\mathrm{m}$$

$$\therefore\quad g_m = \frac{GM_\mathrm{m}}{{R_\mathrm{m}}^2} = \frac{6.67 \times 10^{-11} \times 7.35 \times 10^{22}}{(1.74 \times 10^6)^2} \cong 1.62\left[\frac{(\mathrm{N}\cdot\mathrm{m^2/kg^2})\,\mathrm{kg}}{\mathrm{m}^2} = \mathrm{m/s^2}\right] \cong \frac{1}{6}g$$

☞　間違えたり，わからなかったら，もう一度直前の例題 1 に戻って考えよ．
[問題 4]　物体を動かし続けるには，重力の斜面成分と動摩擦力に抗して力を加えなければならない．重力の斜面成分は $mg\sin\theta$ であり，動摩擦力は $\mu' N = \mu' mg\cos\theta$.　したがって，必要な力は

$$\begin{aligned} F &= mg\sin\theta + \mu' mg\cos\theta \\ &= mg(\sin\theta + \mu'\cos\theta) \end{aligned}$$

☞ 間違えたり，わからなかったら，もう一度直前の例題3に戻り，考えよ（次の問題も同様）.

［問題5］ 直前の例題3と同様に，摩擦力 $F$ は斜面に平行な重力成分 $mg\sin\theta$ と，垂直抗力 $N$ は斜面に垂直な重力成分 $mg\cos\theta$ とつり合うので，

$$F = mg\sin\theta, \qquad N = mg\cos\theta$$

物体が動き始めるのは，$F = F_{\mathrm{m}} = \mu N$ のときである．このときの角度を $\alpha$ とすると，

$$mg\sin\alpha = \mu mg\cos\alpha, \quad \therefore \quad \mu = \frac{\sin\alpha}{\cos\alpha} = \frac{\sqrt{1-\cos^2\alpha}}{\cos\alpha}, \quad \therefore \quad \cos\alpha = \frac{1}{\sqrt{1+\mu^2}}$$

物体が動き始める高さを $h$ とすると，

$$h = R - R\cos\alpha = R\left(1 - \frac{1}{\sqrt{1+\mu^2}}\right)$$

## 第3章

［問題1］ （1） 時速 120［km］= $120\times10^3$［m］/3600［s］≅ 33.3［m/s］．電車は30秒間で 33.3 m/s から 0 m/s になるので，加速度 $a$ は

$$a = \frac{0-33.3[\mathrm{m/s}]}{30[\mathrm{s}]} = -1.11[\mathrm{m/s^2}]$$

（2） 電車にはたらく力は，$F = ma$ より，

$$\begin{aligned} F &= 20\times10^3\,[\mathrm{kg}]\times(-1.11\,[\mathrm{m/s^2}]) \cong -2.2\times10^4\,[\mathrm{kg\cdot m/s^2}] \\ &= -2.2\times10^4\,[\mathrm{N}] \end{aligned}$$

☞ 間違えたり，わからなかったら，もう一度直前の例題1に戻って考え，解いてみよ．

［問題2］ (3.13c) で $z_0 = 450$［m］，地上 $z = 0$［m］を代入して，

$$0 = 450 - \frac{1}{2}\times9.8\times t^2, \qquad \therefore \quad t = \sqrt{\frac{900}{9.8}} \cong 9.6\,[\mathrm{s}]$$

すなわち，落としてから約9.6秒で地上に達する．そのときの銅球の速度は，(3.11c) より

$$v_z \cong -9.8\times9.6 \cong -94\,[\mathrm{m/s}]$$

これは時速約 340 km であり，東京スカイツリーの第2展望台（高さ約 450 m）から物を落としたりすると，地上では大変な速度になることがわかるであろう．

☞ 間違えたり，わからなかったら，もう一度直前の例題2に戻って考え，解いてみよ．

［問題3］ 真上に投げるので，$\theta = \pi/2$．∴ $\sin(\pi/2) = 1$．これを (3.17c) と

(3.19c) に代入して，

$$v_z = v_{0z} - gt, \qquad z = v_{0z}t - \frac{1}{2}gt^2$$

最高点では $v_z = 0$ なので，投げてからそこまでに達する時間は $t_m = v_{0z}/g$ であり，そのときの高さ $H$ は

$$H = v_{0z}t_m - \frac{1}{2}g{t_m}^2 = \frac{{v_{0z}}^2}{g} - \frac{1}{2}g\left(\frac{v_{0z}}{g}\right)^2 = \frac{{v_{0z}}^2}{2g} = \frac{30^2}{2\times 9.8} \cong 46\,[\mathrm{m}]$$

再び地上に戻るまでの時間 $T$ は最高点に達するまでの時間 $t_m$ の 2 倍なので，

$$T = 2t_m = \frac{2v_{0z}}{g} = \frac{2\times 30}{9.8} \cong 6.1\,[\mathrm{s}]$$

［問題 4］　水平に投げるので，$\theta = 0$．これを (3.19a) と (3.19c) に代入して，

$$x = v_0 t, \qquad z = -\frac{1}{2}gt^2$$

上の第 1 式から $t = x/v_0$．これを第 2 式に代入して，

$$z = -\frac{g}{2{v_0}^2}x^2$$

これは放物線である．

［問題 5］　最高点では $v_z = 0$ なので，(3.17c) より，投げてからそこまでに達する時間は $t_m = v_{0z}/g = v_0 \sin\theta/g$ である．そのときの $z$ の値が最高点の高さ $H$ なので，(3.19c) より

$$H = v_{0z}t_m - \frac{1}{2}g{t_m}^2 = \frac{{v_{0z}}^2}{g} - \frac{1}{2}g\left(\frac{v_{0z}}{g}\right)^2 = \frac{{v_{0z}}^2}{2g} = \frac{{v_0}^2\sin^2\theta}{2g}$$

水平方向には速度 $v_0\cos\theta$ の等速運動で，出発点から水平方向への到達時間は $T = 2t_m = 2v_0\sin\theta/g$ なので，到達距離 $L$ は (3.19a) より

$$L = v_0\cos\theta\cdot 2t_m = \frac{2{v_0}^2\sin\theta\cos\theta}{g} = \frac{{v_0}^2\sin 2\theta}{g}$$

☞　間違えたり，わからなかったら，もう一度本文に戻って読み直し，考えよ．

［問題 6］　前問の答えより，到達距離 $L$ が最長になるのは $\sin 2\theta = 1$ のとき．すなわち，$2\theta = \pi/2$．　∴　$\theta = \pi/4$．

また，高さ $H$ を最高にするには，前問の答えより $\theta = \pi/2$．これは真上に投げることであり，当り前ともいえる．

［問題 7］　$y = \cos x$ のとき，$dy/dx = -\sin x$．　∴　$d^2y/dx^2 = -\cos x = -y$．すなわち，$y = \cos x$ は (3.29) を満たし，その解である．

［問題 8］　$y = C_1\sin x + C_2\cos x$ のとき，$dy/dx = C_1\cos x - C_2\sin x$．これをもう一度微分すると，$d^2y/dx^2 = -C_1\sin x - C_2\cos x = -y$．すなわち，$y = C_1\sin x + C_2\cos x$ は (3.29) を満たし，その解である．

同様にして，$y = A\cos(x+\alpha)$ も $dy/dx = -A\sin(x+\alpha)$，$d^2y/dx^2 =$

$-A\cos(x+\alpha) = -y$ より，(3.29) の解である．

［問題 9］ 振れ角の振幅は

$$\frac{v_0}{\sqrt{gl}} = \frac{0.2}{\sqrt{9.8\times 1}} \cong 0.064\,[\mathrm{rad}]$$

これは角度にして約 3.7°．また，振れの振幅は

$$v_0\sqrt{\frac{l}{g}} = v_0\sqrt{\frac{l}{g}} = 0.2\times\sqrt{\frac{1}{9.8}}\,\frac{0.2}{\sqrt{9.8\times 1}} \cong 0.064\,[\mathrm{m}]$$

［問題 10］ (3.33) より，おもりの質量を変えても周期は変化しない．棒の長さを 4 倍すると，周期は $\sqrt{4}=2$ 倍長くなる．結局，周期は 2 倍長くなる．

［問題 11］ （1） バネの伸びは $x-L$ なので，物体にかかる復元力は $-k(x-L)$．また，重力の斜面に平行な成分は $mg\sin\theta$．したがって，物体の運動方程式は

$$m\frac{d^2x}{dt^2} = -k(x-L)+mg\sin\theta$$

（2） 物体の静止位置を $x_0$ とすると，そこでは力がつり合うので，上の運動方程式の右辺がゼロである．このことから，$x_0 = L+(mg/k)\sin\theta$．これを上の運動方程式に代入すると，$m\,d^2x/dt^2 = -k(x-x_0)$ が得られる．そこで，新しい変数として $\xi = x-x_0$ を導入すると，$d\xi/dt = dx/dt$，$d^2\xi/dt^2 = d^2x/dt^2$ なので，新しい変数 $\xi$ で表した運動方程式は $m\,d^2\xi/dt^2 = -k\xi$ となる．これより，固有振動数 $\omega_0$ を使って，$d^2\xi/dt^2 = -\omega_0{}^2\xi$ となり，これは確かに単振動の標準的な微分方程式である．

（3） $d^2\xi/dt^2 = -\omega_0{}^2\xi$ の解は (3.37 a) で表される．新しい変数 $\xi$ は物体の静止位置からのずれなので，その時刻 $t=0$ での初期位置は $\xi(t=0) = C_2 = A$．$\therefore\ \xi = C_1\sin\omega_0 t + A\cos\omega_0 t$．物体の速度は $v = \dot{\xi} = \omega_0 C_1\cos\omega_0 t - \omega_0 A\sin\omega_0 t$ なので，その初速度より，$v(t=0) = \omega_0 C_1 = 0$．$\therefore\ C_1 = 0$．$\therefore\ \xi = A\cos\omega_0 t$．これに（2）の結果を代入して，

$$\begin{aligned} x &= x_0+\xi \\ &= L+\frac{mg}{k}\sin\theta + A\cos\omega_0 t \end{aligned}$$

☞ 間違えたり，わからなかったら，もう一度本文に戻り，バネ振動について考えよ．

## 第 4 章

［問題 1］ $x$ で偏微分するとき，他の変数 $y, z$ を定数と見なしてよいので，$\partial f/\partial x = 2x$．他の場合も同様なので，$\partial f/\partial y = 2y$，$\partial f/\partial z = 2z$．

☞ 間違えたり，わからなかったら，もう一度本文に戻って考え，解いてみよ．

［問題 2］ ベクトルの自分自身との内積 (1.22) より，$\boldsymbol{v}\cdot\boldsymbol{v}=v^2$． ∴ $(1/2)mv^2=(1/2)m\boldsymbol{v}\cdot\boldsymbol{v}$．この式の両辺を微分して，

$$\frac{d}{dt}\left(\frac{1}{2}mv^2\right)=\frac{d}{dt}\left(\frac{1}{2}m\boldsymbol{v}\cdot\boldsymbol{v}\right)=\frac{1}{2}m\frac{d}{dt}(\boldsymbol{v}\cdot\boldsymbol{v})$$
$$=\frac{1}{2}m\left(\frac{d\boldsymbol{v}}{dt}\cdot\boldsymbol{v}+\boldsymbol{v}\cdot\frac{d\boldsymbol{v}}{dt}\right)$$
$$=m\boldsymbol{v}\cdot\frac{d\boldsymbol{v}}{dt}$$

上の第 2 の等号では定数 $(1/2)m$ を微分演算の外に出してもよいことを使い，第 4 の等号では内積の交換則を使った．

［問題 3］ 地表での力学的エネルギーは $E=(1/2)mv_0{}^2$（運動エネルギーだけ）であり，最高点の高さ $H$ では物体は静止していて，その力学的エネルギーは $E=mgH$（位置エネルギーだけ）である．力学的エネルギー保存則から両者は等しく，$E=(1/2)mv_0{}^2=mgH$．これより

$$H=\frac{v_0{}^2}{2g}$$

$m=0.15$ [kg]，$v_0=50$ [m/s]，$g=9.8$ [m/s$^2$] の場合，最高点の高さ $H$ は

$$H=\frac{50^2}{2\times9.8}\cong128\,[\mathrm{m}]$$

このとき，初速は時速 180 km であり，130 m ほどの高さに達する．

［問題 4］ 前問と同様に考えて，力学的エネルギー保存則から

$$E=mgh=\frac{1}{2}mv^2,\qquad\therefore\quad v=\sqrt{2gh}$$

☞ 間違えたり，わからなかったら，もう一度直前の本文，例題 4，問題 3 に戻って考え，解いてみよ．

## 第 5 章

［問題 1］ 第 4 章の問題 4 より，$v_1=-\sqrt{2gh}=-\sqrt{2\times9.1\times1}\cong-4.4$ [m/s]（負号は鉛直下向きを表す），$v_2=\sqrt{2\times9.8\times0.66}\cong3.6$ [m/s]．運動量の変化 $\Delta p$ は $\Delta p=m(v_2-v_1)=0.056\times(3.6+4.4)\cong0.45$ [kg・m/s]．これが力積 $I$ に等しいので，$I\cong0.45$ [kg・m/s]．

☞ わからなかったら，もう一度本文または例題 1 に戻って考えよ．

［問題 2］ (5.13) を (5.16) に代入して，

$$K=\frac{1}{2}\sum_{i=1}^{n}m_i(\dot{\boldsymbol{r}}_i)^2=\frac{1}{2}\sum_{i=1}^{n}m_i(\dot{\boldsymbol{r}}_G+\dot{\boldsymbol{r}}_i')^2=\frac{1}{2}\sum_{i=1}^{n}m_i(\boldsymbol{v}_G+\boldsymbol{v}_i')^2$$
$$=\frac{1}{2}\sum_{i=1}^{n}m_i({v_G}^2+2\boldsymbol{v}_G\cdot\boldsymbol{v}_i'+{v_i'}^2)=\frac{1}{2}\sum_{i=1}^{n}m_i{v_G}^2+\sum_{i=1}^{n}m_i\boldsymbol{v}_G\cdot\boldsymbol{v}_i'+\frac{1}{2}\sum_{i=1}^{n}m_i{v_i'}^2$$
$$=\frac{1}{2}M{v_G}^2+\boldsymbol{v}_G\cdot\sum_{i=1}^{n}m_i\boldsymbol{v}_i'+\frac{1}{2}\sum_{i=1}^{n}m_i{v_i'}^2$$
$$=\frac{1}{2}M{v_G}^2+\frac{1}{2}\sum_{i=1}^{n}m_i{v_i'}^2=K_G+K'$$

ただし，最後から 2 番目の等号で (5.15) を使った．

☞ 計算するだけでなく，結果の意味を考えることが重要である．

［問題 3］ 衝突前後の運動量保存則より，

$$m_1v_1=m_1v_1'+m_2v_2', \qquad \therefore \quad v_1=v_1'+\frac{m_2}{m_1}v_2' \tag{1}$$

2 つの物体は完全弾性衝突をするので，衝突の前後でエネルギーは保存され，

$$\frac{1}{2}m_1{v_1}^2=\frac{1}{2}m_1{v_1'}^2+\frac{1}{2}m_2{v_2'}^2, \qquad \therefore \quad {v_1}^2={v_1'}^2+\frac{m_2}{m_1}{v_2'}^2 \tag{2}$$

(1) を (2) の左辺に代入して，

$${v_1'}^2+2\frac{m_2}{m_1}v_1'v_2'+\frac{{m_2}^2}{{m_1}^2}{v_2'}^2={v_1'}^2+\frac{m_2}{m_1}{v_2'}^2$$
$$\therefore \quad 2v_1'v_2'+\frac{m_2}{m_1}{v_2'}^2={v_2'}^2$$

衝突された方がゼロになることはない ($v_2'\neq 0$) ので，

$$2v_1'+\frac{m_2}{m_1}v_2'=v_2', \qquad \therefore \quad v_2'=\frac{2m_1}{m_1-m_2}v_1' \tag{3}$$

これを (1) に代入して

$$v_1'=\frac{m_1-m_2}{m_1+m_2}v_1 \tag{4}$$

これを (3) に代入して

$$v_2'=\frac{2m_1}{m_1+m_2}v_1 \tag{5}$$

が得られる．$m_1=m_2=m$ の場合，確かに (4) と (5) は例題 2 の結果に一致する．

☞ 間違えたり，わからなかったら，もう一度例題 2 に戻って考え，解いてみよ．また，$m_1$ と $m_2$ の大小関係で結果がどのように変わるかを考察してみよ．例えば，$m_1 \ll m_2$ の場合，まずどうなるかを想像し，次に上の結果がどうなるかを調べてみよ．

［問題 4］ 衝突する物体相互にどんなことが起こっても，全体を質点系と見なすと

全運動量は保存しなければならない，というのが本文での結論であった．したがって，運動量保存則により，

$$m_1v_1 + m_2v_2 = (m_1 + m_2)V', \qquad \therefore \quad V' = \frac{m_1v_1 + m_2v_2}{m_1 + m_2}$$

## 第 6 章

［問題 1］（1） これは内積なので，(1.20) より

$$(\boldsymbol{A} - \boldsymbol{B})\cdot(\boldsymbol{A} + \boldsymbol{B}) = \boldsymbol{A}\cdot\boldsymbol{A} + \boldsymbol{A}\cdot\boldsymbol{B} - \boldsymbol{B}\cdot\boldsymbol{A} - \boldsymbol{B}\cdot\boldsymbol{B} = \boldsymbol{A}\cdot\boldsymbol{A} - \boldsymbol{B}\cdot\boldsymbol{B}$$

（2） $(\boldsymbol{A} - \boldsymbol{B})\times(\boldsymbol{A} + \boldsymbol{B}) = \boldsymbol{A}\times\boldsymbol{A} + \boldsymbol{A}\times\boldsymbol{B} - \boldsymbol{B}\times\boldsymbol{A} - \boldsymbol{B}\times\boldsymbol{B} = \boldsymbol{A}\times\boldsymbol{B} - \boldsymbol{B}\times\boldsymbol{A} = 2\boldsymbol{A}\times\boldsymbol{B}$

（3） $\boldsymbol{B}\cdot(\boldsymbol{A}\times\boldsymbol{C}) = -\boldsymbol{B}\cdot(\boldsymbol{C}\times\boldsymbol{A}) = -\boldsymbol{A}\cdot(\boldsymbol{B}\times\boldsymbol{C})$

（4） まず，$(\boldsymbol{B} + \boldsymbol{C})\times(\boldsymbol{C} + \boldsymbol{A}) = \boldsymbol{B}\times\boldsymbol{C} + \boldsymbol{B}\times\boldsymbol{A} + \boldsymbol{C}\times\boldsymbol{C} + \boldsymbol{C}\times\boldsymbol{A} = \boldsymbol{B}\times\boldsymbol{C} + \boldsymbol{B}\times\boldsymbol{A} + \boldsymbol{C}\times\boldsymbol{A}$.

$$\begin{aligned}\therefore\quad &(\boldsymbol{A} + \boldsymbol{B})\cdot\{(\boldsymbol{B} + \boldsymbol{C})\times(\boldsymbol{C} + \boldsymbol{A})\}\\ &= (\boldsymbol{A} + \boldsymbol{B})\cdot(\boldsymbol{B}\times\boldsymbol{C} + \boldsymbol{B}\times\boldsymbol{A} + \boldsymbol{C}\times\boldsymbol{A})\\ &= \boldsymbol{A}\cdot(\boldsymbol{B}\times\boldsymbol{C}) + \boldsymbol{A}\cdot(\boldsymbol{B}\times\boldsymbol{A}) + \boldsymbol{A}\cdot(\boldsymbol{C}\times\boldsymbol{A}) + \boldsymbol{B}\cdot(\boldsymbol{B}\times\boldsymbol{C})\\ &\qquad + \boldsymbol{B}\cdot(\boldsymbol{B}\times\boldsymbol{A}) + \boldsymbol{B}\cdot(\boldsymbol{C}\times\boldsymbol{A})\end{aligned}$$

ここで例えば，$\boldsymbol{A}\cdot(\boldsymbol{B}\times\boldsymbol{A})$ をスカラー 3 重積の公式 (6.3) に従って変形し，(6.1d) を使うと，$\boldsymbol{A}\cdot(\boldsymbol{B}\times\boldsymbol{A}) = \boldsymbol{B}\cdot(\boldsymbol{A}\times\boldsymbol{A}) = 0$ となる．同様に，$\boldsymbol{A}\cdot(\boldsymbol{C}\times\boldsymbol{A}) = \boldsymbol{B}\cdot(\boldsymbol{B}\times\boldsymbol{C}) = \boldsymbol{B}\cdot(\boldsymbol{B}\times\boldsymbol{A}) = 0$. すなわち，スカラー 3 重積では 3 つのベクトルのうち少なくとも 2 つが同じベクトルのときには必ずゼロになるのである．こうして，

$(\boldsymbol{A} + \boldsymbol{B})\cdot\{(\boldsymbol{B} + \boldsymbol{C})\times(\boldsymbol{C} + \boldsymbol{A})\} = \boldsymbol{A}\cdot(\boldsymbol{B}\times\boldsymbol{C}) + \boldsymbol{B}\cdot(\boldsymbol{C}\times\boldsymbol{A}) = 2\boldsymbol{A}\cdot(\boldsymbol{B}\times\mathbf{C})$

最後の等号で再び (6.3) を使った．

☞ 間違えたり，わからなかったら，もう一度本文および例題 1 に戻って考え，解いてみよ．

［問題 2］ $\boldsymbol{D} = \boldsymbol{B}\times\boldsymbol{C}$ とおくと，$\boldsymbol{B}$, $\boldsymbol{C}$ が $xy$ 平面内にあるとしたので，$\boldsymbol{D}$ は $z$ 軸を向くベクトルである．したがって，内積の性質 (1.21) により，$\boldsymbol{A}\cdot(\boldsymbol{B}\times\boldsymbol{C}) = \boldsymbol{A}\cdot\boldsymbol{D} = AD\cos\theta$. ところで，$D = |\boldsymbol{B}\times\boldsymbol{C}|$ は (6.1b) より $\boldsymbol{B}$, $\boldsymbol{C}$ が $xy$ 平面内につくる平行四辺形の面積であり，$A\cos\theta$ は $\boldsymbol{A}$ の $xy$ 平面からの高さなので，3 重積 $\boldsymbol{A}\cdot(\boldsymbol{B}\times\boldsymbol{C})$ の大きさ $|\,\boldsymbol{A}\cdot(\boldsymbol{B}\times\boldsymbol{C})\,|$ は 3 つのベクトル $\boldsymbol{A}$, $\boldsymbol{B}$, $\boldsymbol{C}$ がつくる平行六面体の体積に等しい．

［問題 3］ このとき，質点 P の位置ベクトルは $\boldsymbol{r} = (x_0, y, 0)$，運動量は $\boldsymbol{p} = (0, mv, 0)$ なので，外積の定義 (6.1a) より角運動量 $\boldsymbol{l}$ は $\boldsymbol{l} = \boldsymbol{r}\times\boldsymbol{p} = (0, 0, mx_0v)$. すなわち，角運動量 $\boldsymbol{l}$ は $z$ 方向を向き，その $z$ 成分 $l_z$ は一定値 $l_z = mx_0v$ である．

［問題 4］ 太陽から惑星にはたらく万有引力 $\boldsymbol{F}$ は惑星の位置ベクトル $\boldsymbol{r}$ と反平行なので，外積の性質 (6.1b) で 2 つのベクトル $\boldsymbol{r}$ と $\boldsymbol{F}$ のなす角は $\theta = \pi$ であり，$\sin \pi = 0$．したがって，力のモーメント $\boldsymbol{N}$ は $\boldsymbol{N} = \boldsymbol{r} \times \boldsymbol{F} = \boldsymbol{0}$.

［問題 5］ $\dot{\boldsymbol{r}}_i = \boldsymbol{v}_i$, $\boldsymbol{p}_i = m_i \boldsymbol{v}_i$ なので，$\dot{\boldsymbol{r}}_i \times \boldsymbol{p}_i = \boldsymbol{v}_i \times (m_i \boldsymbol{v}_i) = m_i \boldsymbol{v}_i \times \boldsymbol{v}_i = \boldsymbol{0}$.

［問題 6］ 棒の支点 O の周りの角運動量 $\boldsymbol{L}$ に関する運動方程式は $\dot{\boldsymbol{L}} = \boldsymbol{N} = \boldsymbol{0}$（棒は静止している）．物体にかかる重力を $\boldsymbol{F}_g$ とすると，$\boldsymbol{r}_1 = (r_1, 0, 0)$，$\boldsymbol{F}_g = (0, 0, -m_1 g)$ であり，$\boldsymbol{r}_2 = (r_2, 0, 0)$，$\boldsymbol{F} = (0, 0, F)$ である．したがって，力の全モーメント $\boldsymbol{N}$ は
$\boldsymbol{N} = \boldsymbol{r}_1 \times \boldsymbol{F}_g + \boldsymbol{r}_2 \times \boldsymbol{F} = (0, m_1 g r_1, 0) + (0, -r_2 F, 0) = (0, m_1 g r_1 - r_2 F, 0)$
これが $\boldsymbol{0} = (0, 0, 0)$ であることから，$m_1 g r_1 - r_2 F = 0$. $\therefore F = m_1 g r_1 / r_2$. これより力 $\boldsymbol{F}$ は

$$\boldsymbol{F} = \left(0, 0, \frac{m_1 g r_1}{r_2}\right)$$

☞ 間違えたり，わからなかったら，もう一度直前の例題 2 に戻って考え，解いてみよ（次の問題も同様）．

［問題 7］ 前問と同様に，棒の支点 O の周りの角運動量 $\boldsymbol{L}$ に関する運動方程式は

$$\dot{\boldsymbol{L}} = \boldsymbol{N} = \boldsymbol{0}$$

力の全モーメント $\boldsymbol{N}$ は，いまの場合，$\boldsymbol{N} = \boldsymbol{r}_1 \times \boldsymbol{F}_g + \boldsymbol{r}_2 \times \boldsymbol{T}$ であり，張力 $\boldsymbol{T}$ は図から $\boldsymbol{T} = (-T\cos\theta, 0, T\sin\theta)$．$\boldsymbol{r}_1 \times \boldsymbol{F}_g = (0, m_1 g r_1, 0)$，$\boldsymbol{r}_2 \times \boldsymbol{T} = (0, -r_2 T \sin\theta, 0)$ だから，

$$\boldsymbol{N} = \boldsymbol{r}_1 \times \boldsymbol{F}_g + \boldsymbol{r}_2 \times \boldsymbol{T} = (0, m_1 g r_1 - r_2 T \sin\theta, 0) = (0, 0, 0)$$

よって，$m_1 g r_1 - r_2 T \sin\theta = 0$. $\therefore \quad T = m_1 g r_1 / r_2 \sin\theta$. これより，

$$\boldsymbol{T} = \left(-\frac{m_1 g r_1 \cos\theta}{r_2 \sin\theta}, 0, \frac{m_1 g r_1}{r_2}\right)$$

## 第 7 章

［問題 1］ (7.15) に現れる $M$ が太陽の質量なので，それと $T = 365\ [\mathrm{d}] = 365 \times 24 \times 60 \times 60\ [\mathrm{s}] \cong 3.15 \times 10^7\ [\mathrm{s}]$ より

$$M = \frac{4\pi^2 R^3}{GT^2} \cong \frac{4 \times 3.14^2 \times (1.5 \times 10^{11})^3}{6.7 \times 10^{-11} \times (3.15 \times 10^7)^2} \cong \frac{4 \times 9.9 \times 3.4}{6.7 \times 9.9} \times 10^{30}$$
$$\cong 2.0 \times 10^{30}\ [\mathrm{kg}]$$

これは理科年表（国立天文台編）にある値（$1.989 \times 10^{30}$ kg）に非常に近い．

☞ 間違えたり，わからなかったら，もう一度直前の本文および例題 1 に戻って考え，解いてみよ（次の問題も同様）．

［問題 2］ 人工衛星の質量を $m$ とすると，地表近くでの重力は $mg$ であり，これが

半径 $r$ の等速円運動の向心力 $F = mr\omega^2 = m{v_1}^2/r$ に等しくなければならない（あるいは，同じ大きさの遠心力につり合わなければならない）．よって，$mg = m{v_1}^2/r$．
$\therefore \quad {v_1}^2 = gr$．これより

$$v_1 = \sqrt{gr} = \sqrt{9.8 \times 6.4 \times 10^6} \cong 7.9 \times 10^3 \, [\mathrm{m/s}]$$

第 1 宇宙速度 $v_1$は約 7.9 km/s である．

## 第 8 章

［問題 1］ 質量 $m_1, m_2$の 2 つの質点の位置ベクトルをそれぞれ $\boldsymbol{r}_1, \boldsymbol{r}_2$とすると，2 つの質点の重心 G の位置ベクトル $\boldsymbol{r}_G$は (5.10) より $\boldsymbol{r}_G = (m_1\boldsymbol{r}_1 + m_2\boldsymbol{r}_2)/(m_1 + m_2)$ で与えられる．この式の右辺の分母分子を $m_1$で割って $m_2/m_1 \ll 1$ を使うと，

$$\boldsymbol{r}_G = \frac{m_1\boldsymbol{r}_1 + m_2\boldsymbol{r}_2}{m_1 + m_2} = \frac{\boldsymbol{r}_1 + \dfrac{m_2}{m_1}\boldsymbol{r}_2}{1 + \dfrac{m_2}{m_1}} \cong \boldsymbol{r}_1$$

これは，2 つの質点の重心が質量 $m_1$の質点の位置ベクトルに一致することを表す．

［問題 2］ この場合，$r$ が一定なので，$\dot{r} = 0$ である．これを (8.7) に代入して，

$$v^2 = r^2\dot{\varphi}^2, \qquad \therefore \quad v = r|\dot{\varphi}|$$

となり，(7.3) に一致する．

［問題 3］ この場合，$\dot{r} = \ddot{r} = 0$，$\dot{\varphi} = \omega$ (= 一定)，$\ddot{\varphi} = 0$ なので，(8.8) は

$$a_x = \ddot{r}\cos\varphi - 2\dot{r}\dot{\varphi}\sin\varphi - r\ddot{\varphi}\sin\varphi - r\dot{\varphi}^2\cos\varphi = -r\dot{\varphi}^2\cos\varphi = -r\omega^2\cos\varphi$$
$$a_y = \ddot{r}\sin\varphi + 2\dot{r}\dot{\varphi}\cos\varphi + r\ddot{\varphi}\cos\varphi - r\dot{\varphi}^2\sin\varphi = -r\dot{\varphi}^2\sin\varphi = -r\omega^2\sin\varphi$$

となる．$\dot{\varphi} = \omega$ (= 一定) より $\varphi = \omega t + \alpha$ とおくことができるので，(8.8) は (7.10) になる．

［問題 4］ $a_x\cos\varphi + a_y\sin\varphi$

$$\begin{aligned}
&= \ddot{r}\cos^2\varphi - 2\dot{r}\dot{\varphi}\sin\varphi\cos\varphi - r\ddot{\varphi}\sin\varphi\cos\varphi - r\dot{\varphi}^2\cos^2\varphi \\
&\quad + \ddot{r}\sin^2\varphi + 2\dot{r}\dot{\varphi}\cos\varphi\sin\varphi + r\ddot{\varphi}\cos\varphi\sin\varphi - r\dot{\varphi}^2\sin^2\varphi \\
&= \ddot{r}\,(\cos^2\varphi + \sin^2\varphi) - r\dot{\varphi}^2(\cos^2\varphi + \sin^2\varphi) \\
&= \ddot{r} - r\dot{\varphi}^2
\end{aligned}$$

これを (8.10a) の左辺に代入すると，(8.11a) が得られる．同様の計算を $a_x\sin\varphi - a_y\cos\varphi$ について行ない，結果を (8.10b) の左辺に代入すると，(8.11b) が得られる．

［問題 5］ (8.14) で $\dot{\varphi} = \omega$ とおいて，

$$\frac{dS}{dt} = \frac{1}{2}r^2\dot{\varphi} = \frac{1}{2}r^2\omega$$

等速円運動では，その動径が周期 $T = 2\pi/\omega$ の間に円の面積 $S = \pi r^2$を覆うこと

になるので，面積速度は

$$\frac{dS}{dt} = \frac{S}{T} = \frac{\pi r^2}{\dfrac{2\pi}{\omega}} = \frac{1}{2} r^2 \omega$$

となり，上の結果と一致する．

［問題 6］ 半径 $r$ の円運動では $r$ が一定なので，$\dot{r} = \ddot{r} = 0$ であり，(8.16) より向心力 $f(r)$ は

$$f(r) = -\frac{mh^2}{r^3}$$

等速円運動では $\dot{\varphi} = \omega$ なので，(8.13) より $h = r^2\dot{\varphi} = r^2\omega$．これを上式に代入して

$$f(r) = -\frac{mh^2}{r^3} = -mr\omega^2$$

これは (7.14) の等速円運動の向心力である．負号は向心力が中心に向いていることを表す．

［問題 7］ $l_z = xp_y - yp_x = m(xv_y - yv_x)$ に (8.5) と (8.6) を代入すると，

$$\begin{aligned} l_z &= m(xv_y - yv_x) \\ &= m\{r\cos\varphi\,(\dot{r}\sin\varphi + r\dot{\varphi}\cos\varphi) - r\sin\varphi\,(\dot{r}\cos\varphi - r\dot{\varphi}\sin\varphi)\} \\ &= m\{r^2\dot{\varphi}(\cos^2\varphi + \sin^2\varphi)\} = mr^2\dot{\varphi} = mh \end{aligned}$$

最後の等号には (8.13) を使った．さらに (8.15) を使うと，(8.26) の最後の表式が得られる．

## 第 9 章

［問題 1］ (9.5) を $r$ で微分すると，$dU/dr = G\,mM/r^2$．これを (9.4) に代入すると，確かに

$$\boldsymbol{F} = -\frac{dU}{dr}\boldsymbol{e}_r = -G\frac{mM}{r^2}\boldsymbol{e}_r$$

となり，万有引力 (9.3a,b) に一致することがわかる．

［問題 2］ (9.14) を $\varphi$ で 1 回微分すると，$GM/h^2$ が定数なので，$du/d\varphi = -A \times \sin(\varphi - \varphi_0)$．これをもう 1 回 $\varphi$ で微分すると，$d^2u/d\varphi^2 = -A\cos(\varphi - \varphi_0)$．これに (9.14) を代入すると，

$$\frac{d^2u}{d\varphi^2} = -A\cos(\varphi - \varphi_0) = -u + \frac{GM}{h^2}, \qquad \therefore \quad \frac{d^2u}{d\varphi^2} + u = \frac{GM}{h^2}$$

これは (9.13) そのものなので，(9.14) が (9.13) を満たす．すなわち，(9.14) は (9.13) の解である．

## 第 10 章

［問題 1］ 棒の下端にはたらく床からの摩擦力は $F_O = mg\cos\theta/2\sin\theta$. これが最大摩擦力 $F_M = \mu N_O = \mu mg$ を超えなければ，棒は静止したままなので，棒の静止条件は

$$\frac{mg\cos\theta}{2\sin\theta} \leq \mu mg, \qquad \therefore \quad \frac{\sin\theta}{\cos\theta} = \tan\theta \geq \frac{1}{2\mu}$$

したがって，$\tan\alpha = 1/2\mu$ を満たす角 $\alpha$ を定義すると，$\alpha \leq \theta \leq \pi/2$ の範囲で棒が床を滑らない.

☞ 間違えたり，わからなかったら，もう一度 2.4 節に戻って考え，解いてみよ.

［問題 2］ 丸太の他端に加える力を $F$ とする．丸太の長さを $l$ とし，丸太の一端 O の周りの力のモーメント $N$ のつり合いを考えると，$N = -(l/2)\,mg + lF = 0$.
$\therefore \quad F = (1/2)mg = 245$ [N]. これは簡単に，丸太の重力 $mg$ を丸太の両端にかかる力で分け合って，$F = (1/2)mg$ と考えてもよい.

☞ わからなかったら，図を描いて考えよ.

［問題 3］ (10.33) に (10.30) を代入すると，

$$\begin{aligned} I &= \sum_{i=1}^{n} m_i(x_i^2 + y_i^2) \\ &= \sum_{i=1}^{n} m_i\{(x_G + x_i')^2 + (y_G + y_i')^2\} \\ &= \sum_{i=1}^{n} m_i(x_G^2 + y_G^2 + x_i'^2 + y_i'^2 + 2x_G x_i' + 2y_G y_i') \\ &= M(x_G^2 + y_G^2) + \sum_{i=1}^{n} m_i(x_i'^2 + y_i'^2) + 2x_G\sum_{i=1}^{n} m_i x_i' + 2y_G\sum_{i=1}^{n} m_i y_i' \end{aligned}$$

上式に (10.31) と (10.32) を代入すると，

$$I = M\lambda^2 + I_G + 2x_G\sum_{i=1}^{n} m_i x_i' + 2y_G\sum_{i=1}^{n} m_i y_i'$$

となる．さらに，重心の定義から得られる (5.14) より $\sum_{i=0}^{n} m_i x_i' = \sum_{i=0}^{n} m_i y_i' = 0$ だから，

$$I = M\lambda^2 + I_G$$

となって，(10.34) が導かれる.

☞ わからなかったら，もう一度 5.3 節に戻って，重心の意味を考えよ.

［問題 4］ 求めたい積分

$$I_G = \rho\int_0^a r^4\,dr\int_0^{\pi}\sin^3\theta\,d\theta\int_0^{2\pi} d\varphi \tag{1}$$

において，$r, \theta, \varphi$ の積分が分離しているので，別々に独立に積分でき，

$$\int_0^a r^4\,dr = \frac{1}{5}a^5, \qquad \int_0^{2\pi} d\varphi = 2\pi \tag{2}$$

は容易に求めることができる．$\int_0^\pi \sin^3\theta\,d\theta$ については次の工夫をしてみよう．$\mu = \cos\theta$ とおくと，$d\mu = -\sin\theta\,d\theta$ である．したがって，

$$\sin^3\theta\,d\theta = \sin^2\theta\sin\theta\,d\theta = (1-\cos^2\theta)\sin\theta\,d\theta = -(1-\mu^2)\,d\mu$$

と表される．ここでのポイントは，$\theta$ についての三角関数の被積分関数が別の変数 $\mu$ の多項式関数に変形できたことである．そして $\theta$ の値の範囲 $0 \sim \pi$ に対して，$\mu = \cos\theta$ がとる値の範囲は $1 \sim -1$ になる．$-1 \sim 1$ でないことに注意しよう．

したがって，積分 $\int_0^\pi \sin^3\theta\,d\theta$ は

$$\int_0^\pi \sin^3\theta\,d\theta = -\int_1^{-1}(1-\mu^2)\,d\mu = \int_{-1}^1(1-\mu^2)\,d\mu = \frac{4}{3} \tag{3}$$

となる．(2) と (3) を (1) に代入すると，

$$I_\mathrm{G} = \rho\cdot\frac{1}{5}a^5\cdot 2\pi\cdot\frac{4}{3} = \rho\frac{8\pi}{15}a^5$$

が得られ，これは (10.43) と一致する．

また，(10.42) の質量 $M$ の積分に出てきた $\int_0^\pi \sin\theta\,d\theta$ も (3) と同じようにして

$$\int_0^\pi \sin\theta\,d\theta = -\int_1^{-1} d\mu = \int_{-1}^1 d\mu = 2$$

と求められる．

[問題 5]　(10.45) は

$$M = \rho\int_{a-h}^a r^2\,dr\int_0^\pi \sin\theta\,d\theta\int_0^{2\pi} d\varphi = \rho\cdot\frac{1}{3}\{a^3-(a-h)^3\}\cdot 2\cdot 2\pi$$
$$= \rho\frac{4\pi}{3}\{a^3-(a-h)^3\} \tag{1}$$

となる（積分 $\int_0^\pi \sin\theta\,d\theta$ は前問の解答を見よ）．同様に，(10.46) は

$$I_\mathrm{G} = \rho\int_{a-h}^a r^4\,dr\int_0^\pi \sin^3\theta\,d\theta\int_0^{2\pi} d\varphi = \rho\cdot\frac{1}{5}\{a^5-(a-h)^5\}\cdot\frac{4}{3}\cdot 2\pi$$
$$= \rho\frac{8\pi}{15}\{a^5-(a-h)^5\} \tag{2}$$

となる．(2) を変形し (1) を使うと，

$$I_\mathrm{G} = \rho\frac{4\pi}{3}\{a^3-(a-h)^3\}\frac{2\{a^5-(a-h)^5\}}{5\{a^3-(a-h)^3\}} = M\frac{2\{a^5-(a-h)^5\}}{5\{a^3-(a-h)^3\}} \tag{3}$$

となり，これが (10.47) に対応する．

(1) ～ (3) において $a \gg h$ とすると，(10.45) ～ (10.47) が得られる．また，

$a - h \to 0$（球殻から穴を小さくして球に近づける）とすると，(3) は球の場合の結果 (10.44) になることもわかる．確かめてみよ．

［問題 6］ 四角棒の微小ブロックの体積は $dV = a^2 dx$ であり，その質量は $dm = \rho\, dV = \rho a^2\, dx = \sigma\, dx$ である．ここで $\sigma = \rho a^2$ は四角棒の単位長さ当りの質量である．したがって，棒の質量 $M$ は

$$M = \int_{-l/2}^{l/2} \sigma\, dx = \sigma l$$

となる．棒の慣性モーメント $I_{\mathrm{G}}$ は，上の微小ブロックの $z$ 軸からの距離が $x$ なので，

$$I_{\mathrm{G}} = \int_{-l/2}^{l/2} \sigma\, dx\, x^2 = \frac{1}{12}\sigma l^3 = \frac{1}{12}Ml^2$$

となる．この結果は丸棒のときの (10.50) と全く同じである．すなわち，棒の太さに比べてずっと長い棒の慣性モーメント $I_{\mathrm{G}}$ は，断面が丸くても四角でも三角でも変わらない．それは，棒の単位長さ当りの質量が計算に入るが，断面の形状は影響しないからである．

☞ 間違えたり，わからなかったら，もう一度本文に戻って考え，解いてみよ．

［問題 7］ このとき，棒の質量 $M = \int_0^l \sigma\, dx = \sigma l$ は変わらない．しかし，固定軸は重心を通らないので，慣性モーメント $I$ は，もとの定義に戻って

$$I = \int_0^l \sigma\, dx\, x^2 = \frac{1}{3}\sigma l^3 = \frac{1}{3}Ml^2$$

ヒントに記したように (10.34) を使うと，いまの場合 $\lambda = l/2$ なので，

$$I = I_{\mathrm{G}} + M\lambda^2 = \frac{1}{12}Ml^2 + \frac{1}{4}Ml^2 = \frac{1}{3}Ml^2$$

となって，容易に上の結果が得られる．

［問題 8］ 円柱の慣性モーメントは (10.39) より $I_{\mathrm{G}} = (1/2)Ma^2$ なので，(10.57) ～ (10.59) より

$$\begin{aligned} K &= K_{\mathrm{t}} + K_{\mathrm{r}} \\ &= \frac{1}{2}Mv_0{}^2 + \frac{1}{2}I_{\mathrm{G}}\omega_0{}^2 = \frac{1}{2}Mv_0{}^2 + \frac{1}{4}Ma^2\omega_0{}^2 \\ &= \frac{1}{2}Mv_0{}^2 + \frac{1}{4}Mv_0{}^2 = \frac{3}{4}Mv_0{}^2 \end{aligned}$$

となる．

☞ 間違えたり，わからなかったら，もう一度本文に戻って考え，解いてみよ（次の問題も同様）．

［問題 9］ 球の慣性モーメントは (10.44) より $I_{\mathrm{G}} = (2/5)Ma^2$ なので，

$$\begin{aligned} K &= K_t + K_r \\ &= \frac{1}{2}Mv_0{}^2 + \frac{1}{2}I_G\omega_0{}^2 = \frac{1}{2}Mv_0{}^2 + \frac{1}{5}Ma^2\omega_0{}^2 \\ &= \frac{1}{2}Mv_0{}^2 + \frac{1}{5}Mv_0{}^2 = \frac{7}{10}Mv_0{}^2 \end{aligned}$$

となる.

[問題 10] (10.62) の両辺を時間 $t$ で微分すると,

$$\left(M + \frac{I_G}{a^2}\right)v\frac{dv}{dt} + Mg\frac{dy}{dt} = 0$$

(10.63) より $dy/dt = -v\sin\theta$ なので, これを上式に代入して

$$\left(M + \frac{I_G}{a^2}\right)v\frac{dv}{dt} - Mgv\sin\theta = 0, \qquad \therefore \quad \frac{dv}{dt} = \frac{Mg\sin\theta}{M + \frac{I_G}{a^2}}$$

[問題 11] この場合も球の場合の (10.64) がそのまま使える. ただし, 円柱では (10.39) より $I_G/a^2 = (1/2)M$ なので, これを (10.64) に代入して

$$\frac{dv}{dt} = \frac{Mg\sin\theta}{M + \frac{I_G}{a^2}} = \frac{Mg\sin\theta}{M + \frac{1}{2}M} = \frac{2}{3}g\sin\theta$$

円柱の場合, 滑らかな斜面を転がらないで降りる場合の加速度の 2/3 倍である.

☞ 間違えたり, わからなかったら, もう一度本文に戻って考え, 解いてみよ.

# 索　引

## 著者略歴

松下（まつした） 貢（みつぐ）

1943年 富山県出身. 東京大学工学部物理工学科卒, 同大学院理学系物理学博士課程修了. 日本電子（株）開発部, 東北大学電気通信研究所助手, 中央大学理工学部助教授, 教授を経て, 現在, 同大学名誉教授. 理学博士.

主な著訳書：「裳華房テキストシリーズ‐物理学　物理数学（増補修訂版）」,「裳華房フィジックスライブラリー　フラクタルの物理（Ⅰ）・（Ⅱ）」,「物理学講義　熱力学」,「物理学講義　電磁気学」,「物理学講義　量子力学入門」,「物理学講義　統計力学入門」,「力学・電磁気学・熱力学のための　基礎数学」（以上, 裳華房）,「医学・生物学におけるフラクタル」（編著, 朝倉書店）,「カオス力学入門」（ベイカー・ゴラブ著, 啓学出版）,「フラクタルな世界」（ブリッグズ著, 監訳, 丸善）,「生物にみられるパターンとその起源」（編著, 東京大学出版会）,「英語で楽しむ寺田寅彦」（共著, 岩波科学ライブラリー 203）,「キリンの斑論争と寺田寅彦」（編著, 岩波科学ライブラリー 220）, 他.



物理学講義　**力　学**

2012年11月20日　第1版1刷発行
2024年 4月15日　第1版5刷発行

検印省略

定価はカバーに表示してあります.

著作者　松下　貢
発行者　吉野和浩
発行所　東京都千代田区四番町 8-1
電話　03-3262-9166（代）
郵便番号　102-0081
株式会社　裳華房
印刷所　三報社印刷株式会社
製本所　株式会社松岳社

一般社団法人
自然科学書協会会員





ISBN 978-4-7853-2239-7